Hazard and Risk in Food Safety

과학과 법리로 읽는
인체 위해성 기반 **식품 안전성 이해**

강길진 지음

光文閣
www.kwangmoonkag.co.kr

식품과 유해물질! 그 고질적인 연결고리
유해(Hazard)와 위해(Risk)의 이해로 끊어라

유해물질은 식품에서 제로("0")일 수는 없다. 다만, 미미할 뿐이다.

⚑ 머리말

　언론이나 소비자들은 식품에서 유해물질이 검출되었다고 하면, 금방이라도 나에게 해를 끼치지 않을까 불안해하고 있다. 전혀 그럴 필요가 없는데도 말이다. 식품과 유해물질! 그 고질적인 연결고리를 어떻게 설명할 것인가. 그 답을 드리도록 하겠다.

　저자는 대학에서 10년 동안 식품을 전공하고 식품의약품안전처에서 27년을 근무하면서 식품 기준 규격 관리, 유해물질 기준 설정, 위해 평가, 시험검사 등 식품 안전관리에 대한 정책 및 실무, 사건사고 등의 경험을 토대로 깨달은 이론과학과 실무를 중심으로 소비자와 언론, 식품정책 전문가들이 알아야 하는 유해물질Hazard로 인한 식품의 안전과 위해Risk에 대하여 저술하고자 한다.

　우리는 날마다 자연환경, 생활환경, 식생활 등과 함께 수많은 유해물질에 노출되어 살고 있다. 단지 노출되는 양이 적어서 인체 건강에 그다지 영향을 미치지 않을 뿐이다. 식품에는 왜 유해물질이 존재하는 걸까? 그 이유는 첫째, 자연환경 때문일 것이다. 지각지구표면, 즉 토양은 중금속이 하나의 성분으로 되어 있다. 자연환경 중 수많은 미생물이 번식하고 있어서 곰팡이독소의 생성은 당연하다. 지구상 존재하는 생물은 자기를 보호하기 위해 독성패독, 복어독, 식물독 등을 보유하고 있다. 둘째, 인류가 살아가기 위한 생활 방식 때문일 것이다. 생활 폐기물의 처리 등에서 다이옥신, PCB 등 유해물질이 나온다. 셋째, 우리의 전통적인 식습관 때문일 것이다. 굽기, 훈연 과정에서 생성되는 벤조피렌, 발효 과정에서 생성되는 메탄올, 에칠카바메이트, 튀김 과정에서 생성되는 아크릴아마이드 등이 존재한다. 우리의 식생활은 이러한 유해물질과 공존하고 있다고 해도 과언이 아니다. 다만, 우리 인체 들어오는 양이 적어서 문제를 일으키지 않을 뿐이다.

유해물질이 검출된 식품의 안전성은 유해有害, Hazard와 위해危害, Risk를 구별해야만 이해할 수 있다.

그러나 소비자, 언론, 국회 등 대부분은 유해와 위해를 구분하지 않고 유해라는 단어만으로 해석하고 이해함으로써 불필요한 논쟁과 불신, 사회 불안 등을 일으키고 있다.

유해hazard는 농약, 중금속, 발암물질, 식중독균 등과 같이 위해risk를 일으킬 수 있는 위해 요소들이다. 하지만 우리가 이들유해에 노출되지 않으면 위해risk는 일어나지 않는다. 위해risk는 농약, 중금속, 발암물질, 식중독균 등이 검출된 식품을 먹을 때 얼마만큼 노출섭취이 되는가가 중요하다. 많이 노출되면먹으면 인체 건강에 해를 끼쳐 위험하고, 조금 노출되면먹으면 무시할 수 있다. 즉 유해위해요소가 곧 위해risk는 아니라는 이야기다.

예를 들어, 뱀과 사람과의 관계에서 뱀은 독이 있는 유해물질이다. 뱀이 사람을 물었을 때만이 비로소 인체 건강에 해를 끼치며, 이때를 위해가 발생했다고 표현한다. 이때 유해 크기는 독의 정도가 다른 뱀의 종류로 표현할 수 있고, 위해 크기는 뱀이 사람에게 얼마나 접근했느냐로 표현할 수 있다. 뱀의 유해 크기독이 없는 뱀이냐, 독이 강한 뱀이냐는 그 뱀이 사람을 물어서 인체 건강에 얼마나 심각한 해를 끼치는지를 결정하는 것이고, 뱀이 사람을 물 수 있는지 없는지는 사람에게 얼마나 가깝게 접근1m 거리, 5m 거리, 10m 거리했느냐에 따라 결정된다. 아무리 독이 강한 살모사라 할지라도 1m 거리보다는 10m 거리에 있는 뱀에게 물릴 가능성이 매우 낮다. 우리 사회소비자들는 10m 아니 100m 거리에 있는 살모사유해물질이 검출된 식품를 무서워하면서 공포에 떠는, 할 일을 못하는식품을 못 먹는 세상이다.

앞으로 유해와 위해를 구별하여 이해한다면 식품 안전은 과학으로 바뀌어 설명하게 될 것이다.

> 식품 중에 유해물질이 검출되었을 때, 유해와 위해를 구별한다면
> → ① 유해하니 무조건 먹으면 안 된다는 개념1단계에서

> → ② 어떤 독성을 가진 유해물질이 얼마나 검출되었으니 먹으면 안 된다는 개념2단계에서
>
> → ③ 이제는 **어떤 독성을 가진 유해물질이 얼마나 검출되었으니 그 식품을 얼마나**예, 한 번에 몇 g 이하 **어떻게**예, 1주일에 몇 번 **먹으면 안전하다**또는 위해하다는 개념3단계으로 바뀌게 된다.

이제는 식품에서 유해물질의 검출량이 아니라 유해물질이 검출된 식품을 얼마나 많이 얼마나 자주 먹느냐로 바꿔야 하고, 그 위해성은 내가 먹는 식품 섭취량이 그 유해물질의 유해 크기독성평가로 측정에 얼마나 접근했느냐를 따져야 한다는 이야기이다. 즉 유해물질이 검출된 식품의 안전성은 인체 건강에 해를 끼치는 정도를 나타내는 위해 크기위해평가로 측정로 따져야 한다.

우리는 식품을 섭취하면서 "중금속 기준에 부적합한 식품을 먹으면 인체에 해로울까? 적합한 식품이라고 마음 놓고 먹어도 될까?"라는 질문을 할 수 있다. 유해물질로 인한 식품의 안전은 "식품 중 기준 설정만이 최선이 아니다."라는 대답이 나올 수도 있다. 중금속 기준은 왜 식품마다 기준값이 다를까. 소고기와 같이 카드뮴 기준이 낮은 것0.05mg/kg 이하과 조개와 같이 카드뮴 기준이 높은 것2.0mg/kg 이하은 왜 그럴까. 조개를 소고기처럼 기준을 설정하면 모두 기준을 초과하여 조개류를 먹을 수 없다. 소고기를 조개처럼 기준을 높게 설정하면 소고기 중 중금속의 오염을 관리할 수가 없다.

따라서 유해물질농약, 중금속 등 기준잔류허용기준, 최대기준은 식품으로 인해 유해물질이 인체에 축적되는 것을 관리하는 수단이지 인체의 위해 여부를 따질 수는 없다. 인체 위해 여부를 따지는 것은 그 유해물질의 인체 노출량과 유해물질의 유해 크기인 독성값인체노출안전기준이다. 식약처는 2013년 유해물질 5개년 종합계획을 수립하여 식품 중 유해물질의 검출량에서 인체 총 노출량 관리 체제로 전환하였다저자 정책입안. 유해물질의 인체 총 노출량이 유해 크기를 초과하지 않아야 인체의 건강에 해위해를 끼치지 않기 때문이다.

위해의 개념으로 볼 때, 유해물질로부터 안전한 올바른 식품 섭취 방법은 다양한 식품을 적당한 양으로 골고루 편식하지 않고 먹는 것이 유해물질로부터 안전을 확보하는 최선의 방법이다. 유해물질의 함유량이 낮아도 섭취량이 너무 많으면 인체 노출량이 증가하여 위해 크기가 증가하고, 유해물질의 함유량이 높아도 섭취량을 줄이면 위해 크기가 낮아지기 때문이다.

식품 중 유해물질의 안전성을 과학적으로 설명한 이 책을 통하여 인체 건강의 위해성에 대한 인식 전환을 통하여 국민 건강 증진과 식품산업의 활성화에 조금이나마 도움이 되었으면 한다. 첫째, 소비자는 식품 중에 유해물질의 검출로 인한 불안감 해소하고, 둘째, 방송, 신문 등 언론은 식품 중 유해물질 검출 위주의 보도에서 유해물질이 검출된 식품으로 인한 인체 위해성 여부로 보도하고, 셋째, 위해식품의 법 적용은 식품의 안전성을 인체 위해성 여부로 판단하는 근거로 활용하고, 넷째, 식품산업계에게는 식품 중 유해물질 검출에 대한 부정적 이미지 쇄신을 기대해 본다.

이번 책은 과학적 내용을 142개 문답식과 반복 언급을 통하여 누구나 식품 중 유해물질의 안전성을 이해하기 쉽게 읽을 수 있도록 하였으나 그래도 이해하는 데 다소 어려움이 있을 수 있을 것 같다. 전문적, 과학적, 법리적 내용을 실무 경험 중심으로 처음으로 정리하다 보니 다소 미흡한 점이 있을 수 있으니 지적해 주시면 바로 잡을 것임을 약속드린다.

이 책을 출판할 수 있도록 지원해 주신 '오뚜기함태호재단'에 감사를 드린다. 그리고 어려운 환경임에도 불구하고 기꺼이 출판해 주신 광문각출판사 박정태 대표님께도 감사드린다.

🔍 목차 CONTENTS

3장 유해물질로 인한 식품의 위해성을 판단하는 잣대 ···················· 71

4장 유해물질의 유해 크기 ····································· 89

7장 위해식품과 식품위생법 적용

11장 식품첨가물의 안전성 ·········· 231

12장 건강기능식품 기능성 원료의 안전성 ·································· 243

01

식품 중 유해물질의
검출과 안전성

식품 중 유해물질의 검출과 안전성

1.1 유해물질은 식품에서 검출되면 안 되나요?

> 유해물질 등 화학적 합성품은 식품으로 사용 또는 섭취하는 것을 원칙적으로 금지하고 있다. 다만, 식품에 사용이 허용되는 화학적 합성품은 농약, 동물용 의약품, 식품첨가물 등이다. 이들은 모두 식품에 사용 허가를 받아야만 사용이 가능한 의도적 사용 물질로서 사후에 식품 중 잔류량을 최소화하는 방향으로 안전관리를 한다.
>
> 허용하지 않은 화학적 합성품이지만 비의도적 오염에 의해 식품에서 검출될 수 있다. 이들은 중금속 등 비의도적 오염 유해물질로서 식품에서 안전관리가 필요한 부분이다.

식품 중에서 검출되는 유해물질은 식품에 사용이 허용되는 '의도적 사용 유해물질'과 식품에 사용할 수는 없지만 환경오염 등에 의해 본의 아니게 식품으로 이행되는 '비의도적 오염 유해물질'로 나누어진다.

식품에는 허가되지 않은 화학적 합성품은 사용할 수 없다. 따라서 식품에 사용을 허가하지 않은 화학적 합성품이 검출되면 안 된다. 그러나 식품에 천연적으로 화학적 합성품 성분이 함유되어 있는 것은 고유 성분으로 허용된다. 만일 천연적으로 함유된 성분이라도 독성이 강한 성분이 식품에 함유되어 있다면 원래부터 식품 원료로 사용이 불가능하다.

식품에 사용이 허용되는 화학적 합성품은 농약, 동물용 의약품, 식품첨가물 등이다. 이들은 모두 식품에 사용을 허가받아야만 사용이 가능하다. 그리고 이들은 식품에서 검출될 수 있다.

식품에 사용하도록 허용한 이러한 물질은 그 독성이 발암성이나 축적성이 강한 경우는 처음부터 식품에 사용을 허가하지 않는다. 식품에 잔존하여도 안전하게 관리가 가능한 물질만 허가하여 용도에 맞게 사용하도록 하고 있다. 안전하게 관리가 가능하다는 것은 사용 기준만 준수하면 식품에 잔류하지 않거나, 잔류하더라도 인체에 축적되어 만성 독성이 없다는 것이다. 또한, 인체에 악영향을 미치지 않도록 잔류기준을 정하여 관리한다. 이것은 잔류허용기준만 준수하면 인체에 안전하므로 식품 중에 사용을 허가한다.

반면, 식품에 비의도적으로 오염되는 유해물질은 사전 안전관리가 거의 불가능하고 사후관리에 의존한다. 식품에 오염되기 전에 환경 등에 오염된 것을 저감화하는 방법이 있을 수 있으나, 의도적 사용 유해물질처럼 사전에 안전관리가 거의 불가능하다.

이러한 유해물질은 비의도적으로 환경에서 식품으로 오염될 수도 있고, 원래 자연 생성될 수도 있다. 이러한 비의도적 오염 유해물질이 식품에 검출되지 않도록 사후관리를 하면 대부분의 식품은 먹을 수가 없을 것이다. 그래서 비의도적 오염 유해물질은 국제적으로도 식품에 가능한 한 최소한으로 오염되도록 관리하는 것이 원칙ALARA 원칙이다. 즉 합리적으로 달성 가능한 낮은 수준으로 식품에서 관리하는 것이다.

따라서 비의도적 오염 유해물질은 사람이 유해물질에 오염된 식품을 먹어서 그 식품으로 인하여 인체에 해를 끼치지 않도록 사후관리를 한다. 이것이 식품의 안전관리 중 매우 중요한 문제이며, 의도적 사용 유해물질의 안전관리와 다른 점이다. 예를 들어, 다이옥신이 검출된 식육, 중금속이 검출된 수산물 등 많은 이슈가 되는 안전관리의 문제이기도 하다. 이것을 이 책에서 하나하나씩 풀어 보고자 한다.

허가되지 않은 화학적 합성품은 식품에 사용할 수 없으며, 식품에서 검출 시 위해 우려가 있다. 다만, 허가하지 않은 화학 성분이 검출되었다 하더라도 화학적 합성품은 위해 우려가 있어 관리 대상이지만 천연적으로 존재하는 화학 성분은 관리 대상은 아니다. 천연적으로 식품에 존재하는 천연 유해 유독물질이 인체에 해를 끼칠 우려가 있는 원료_{식물, 동물, 곤충, 미생물 등}는 식품으로 허용이 되지 않는다. 만약에 식품에 천연적으로 들어 있는 화학물질이 인체에 해를 끼친다면 그것은 모두 위해식품으로 관리한다.

1.2 식품에서 유해물질이 검출되었을 때 식품의 안전성 판단

아래 그림은 식품 중에 유해물질이 검출되었다면 안전성을 어떻게 판단해야 하는지를 나타낸 것이다.

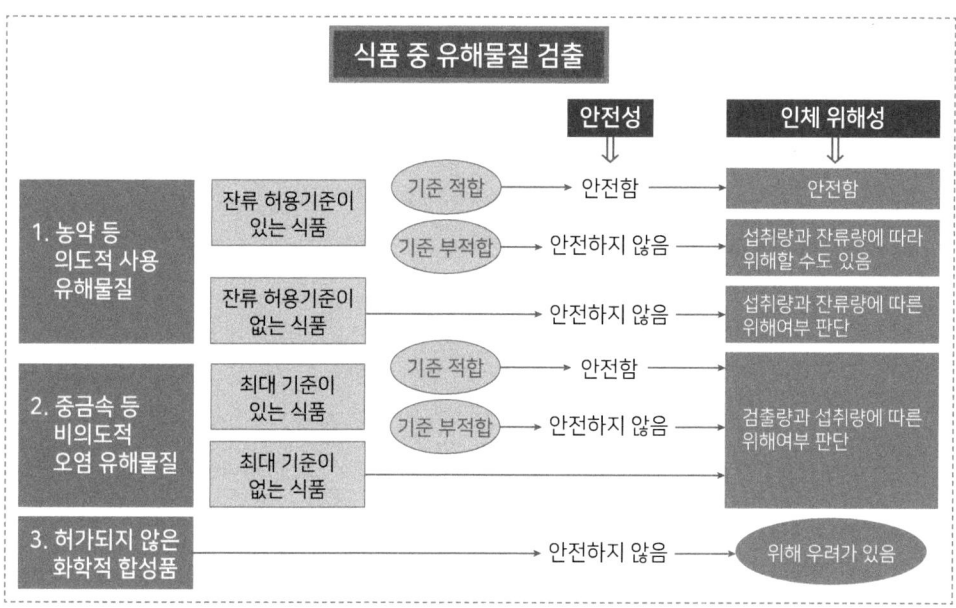

먼저, 의도적 사용 유해물질인지, 비의도적 오염 유해물질인지, 아니면 허가되지 않은 화학적 합성품 성분인지를 구분하여야 한다.

1) 의도적 사용 유해물질농약 등일 경우

식품에 잔류허용기준이 있는 것인지, 아니면 식품에 잔류허용기준이 없는 것인지를 구분한다.

잔류허용기준이 있다면 기준에 적합할 경우 안전한 식품이고 위해 우려가 거의 없다. 그러나 기준에 부적합할 경우 안전하지 않은 식품이고, 위해 우려가 있을 수 있다.

식품에 잔류허용기준이 설정되지 않은 것은 안전하지 않은 식품이고, 위해 우려가 있는 식품이다.

농약은 식품에 사용한 후 잔류하는 양을 관리하는 최종적인 수단이 잔류허용기준을 설정하여 관리하는 것이다. 그래서 식품에 잔류허용기준을 설정할 때는 최종적으로 식품을 섭취함에 있어서 농약을 사용하는 식품에 잔류하는 양이 안전섭취량1일 허용섭취량, ADI을 초과하지 않도록 설정한다. 잔류농약의 인체 총 노출량을 고려하여 대상 식품 품목과 그 식품 중 잔류량을 잔류허용기준으로 설정한다. 따라서 잔류허용기준의 적합/부적합 여부가 그 식품의 안전성과 위해성에 절대적으로 영향을 미칠 수 있다.

2) 비의도적 오염 유해물질중금속 등일 경우

비의도적 오염 유해물질이 검출되었을 경우, 식품에 설정된 최대기준이 적합이든 부적합이든 또는 식품에 최대기준이 설정되어 있지 않은 것이든지 식품의 안전을 절대적으로 보장할 수는 없다. 안전성의 보장은 검출량과 섭취량을 통하여 인체 총 노출량으로 인체 건강의 위해 수준을 판단한다. 그러나 식품에 오염 유해물질의 최대기준이 설정되어 있고 그 기준에 적합할 경우는 안전한 식품으로 보아야 한다.

비의도적 오염 유해물질의 최대기준은 의도적 사용 유해물질의 잔류허용기준과는 다르게 적합/부적합 여부가 그 식품의 안전성과 위해성에 절대적으로 영향을 미친다고 볼 수 없다. 왜냐하면 중금속 등 비의도적 오염 유해물질은 원래는 식품에 존재하면 안 되는 물질이다. 이러한 오염 유해물질은 환경오염 등으로 어쩔 수 없이 식품에 존재할 수밖에 없다. 이런 이유에서 오염 유해물질이 인체 건강에 위해하지 않도록 하기 위해 인체 총 노출량을 관리하는 방법으로 최대기준을 설정하여 관리하고 있다.

오염 유해물질의 기준을 설정할 때는 유해물질이 언제/어디서 오염될지 모르기 때문에 될 수 있는 대로 가능한 한 최소화하도록 해서 기준을 설정한다ALARA 원칙. 따라서 비의도적 오염 유해물질은 최대기준이 식품마다, 지역국가마다 다르다. 이렇듯 최대기준의 적합/부적합 여부는 그 식품의 안전성과 위해성에 절대적으로 영향을 미친다고 볼 수 없는 이유이다.

3) 허가되지 않은 화학적 합성품일 경우

일반 식품에는 원칙적으로 화학적 합성품을 사용할 수 없다. 그러나 허가한 식품첨가물 등은 사용이 가능하다. 만약에 허가되지 않은 화학적 합성품이 검출되었다면 안전하지 않은 식품이고, 위해 우려가 있는 식품이다.

1.3 식품 중 의도적 사용 유해물질의 검출과 안전성

다음 예시는 식품 중 유해물질이 검출되었을 때 안전과 위해이 식품이 인체 건강에 얼마나 해를 끼치는지를 설명하기 위한 가상 사례이며, 실제 사항과 거리가 먼 것도 포함되어 있을 수 있다.

1) 식품 중에 잔류농약이 검출되었다. → 안전하지 않다? 위해하다? 유해하다?

⇒ 안전하다/안전하지 않다고 말할 수 없다. 위해 여부 또한 말할 수 없다.
* 유해물질이 검출된 식품에 대하여 유해하다/유해하지 않다는 표현은 없으며, 위해하다/위해하지 않다가 맞는 표현이다.

식품에는 허가되지 않은 화학물질은 사용할 수 없다. 따라서 식품에 사용을 허가하지 않은 화학물질이 검출되면 안 된다. 그러나 사용하지 않은 화학 성분으로 식품에 천연적으로 함유되어 있는 것은 고유 성분으로 보고 허용된다. 만일 천연적으로 함유된 성분이라도 독성이 강한 성분이 식품에 함유되었다면 원래부터 식품 원료로 사용이 불가능하다.

식품에 사용이 허용되는 유해물질은 농약, 동물용 의약품, 식품첨가물 등이다. 이들은 모두 식품에 사용 허가를 받아야만 사용이 가능하다. 그리고 식품에 사용이 허가된 유해물질은 식품에 검출될 수도 있다.

식품에 사용이 허가된 유해물질은 식품에 잔류검출 한도를 사전에 정하여 관리한다. 잔류 한도잔류허용기준는 식품 섭취로 인해 그 유해물질의 유해 크기를 초과하지 않도록 사전허가 당시에 식품 품목은 물론이고, 그 식품 품목별로 검출 한도잔류허용기준을 정하여 관리한다. 그래서 식품별로 정해져 있는 잔류허용기준만 잘 준수하면 인체에 위해 우려가 없다. 식품에 농약으로 사용을 허가했다고 하더라도 모든 식품에 사용을 허가하는 것은 아니며, 해당 식품에 잔류허용기준이 없으면 해당 식품에는 허가되지 않은 농약이다.

2) 식품 중에 잔류농약이 0.05mg/kg 검출되었다.

→ 안전하지 않다? 위해하다? 유해하다?

⇒ 안전하다/안전하지 않다고 말할 수 없다.

먼저, 검출된 농약이 허가된 농약인지 아닌지가 중요하다. 허가되지 않은 농약이 검출되면 위해 우려가 있으며 안전하지 않은 식품이다.

둘째, 만약 식품에 허가된 농약이라면 해당 식품별 잔류허용기준이 있는지 없는지가 중요하다. 허가된 농약으로 그 식품에 잔류허용기준이 정해져 있고, 그 기준을 초과하였다면 위해 우려가 있다고 볼 수 있다.

하지만 기준을 초과하였다고 반드시 위해하다고 판단할 수는 없다. 이것 또한 잔류농약이 0.05mg/kg 검출된 식품을 얼마나 먹었는지를 알아야 인체에 유입된 농약 양을 산출할 수 있다. 산출된 인체에 유입 농약 양이 그 농약의 유해 크기1일 섭취허용량, ADI

를 초과하는지 여부로 위해 여부를 판단한다.

셋째, 허가된 농약이라 할지라도 그 식품_{해당 식품}에는 잔류허용기준이 없다면 그 식품_{해당 식품}에는 허가되지 않은 농약이다. 따라서 잔류허용기준이 없는 그 식품_{해당 식품}에서 잔류농약이 검출되었다면 위해 우려가 있을 수 있다. 다만, 위해 여부는 잔류농약이 검출된 식품을 얼마나 먹었는지를 알아야 인체에 유입된 농약의 양을 산출하여 유해 크기_{1일 섭취허용량, ADI}와 비교하여 판단할 수 있다.

식품에 잔류허용기준이 없는 농약은 식품 중에 검출되면 안 된다. 이때 불검출의 기준은 0.01mg/kg 이하로 관리하는데, 이것이 잔류농약 PLS의 근간이다.

3) 식품 중에 허가되지 않은 농약이 0.5mg/kg 검출되었다.

→ 안전하지 않다? 위해하다? 유해하다?

> ⇒ 위해식품이다. 안전하지 않다. 인체 건강에 위해 우려가 있다.

농약 등 식품에 사용하도록 허용한 유해물질은 그 독성이 발암성이나 축적성이 강한 경우 등은 처음부터 식품에 사용을 허가하지 않는다. 안전하게 관리가 가능한 물질만 허가하여 용도에 맞게 사용하도록 한다. 안전하게 관리가 가능하다는 것은 사용 기준만 준수하면 식품에 잔류하지 않거나, 잔류하더라도 인체에 축적되어 만성 독성이 없어야 한다. 따라서 허가되지 않은 농약이 검출되면 위해 우려가 있으며 안전하지 않은 식품이다.

4) 식품에 사용이 허가된 농약이지만, 잔류허용기준이 없는 잔류농약이 0.5mg/kg 검출되었다. → 안전하지 않다? 위해하다? 유해하다?

> ⇒ 불량식품이다. 안전하지 않다.
> 인체 건강에 위해 여부는 말할 수 없다. 그 식품의 섭취량에 따라 달라질 수 있다.

허가된 농약이라 할지라도 그 식품_{해당 식품}에는 잔류허용기준이 없다면 그 식품_{해당 식품}에는 허가되지 않은 농약이다. 따라서 잔류허용기준이 없는 그 식품_{해당 식품}에서 농약이 검출되었다면 위해 우려가 있을 수 있고 안전하지 않은 식품이다. 그 식품에서의 잔류성 등이 문제가 될 수 있고 자칫 그로 인하여 1일 섭취허용량_{ADI}을 초과할 수도 있기 때문이다.

다만, 그러함에도 불구하고 위해 여부는 얼마큼의 농약이 검출된 식품을 얼마나 먹었는지를 가지고 인체에 유입된 농약의 양을 산출하여 유해 크기_{1일 섭취허용량, ADI}와 비교하여 판단할 수는 있다.

5) 식품에 사용이 허가된 농약으로 잔류허용기준을 초과하여 잔류농약이 0.5mg/kg 검출되었다. → 안전하지 않다? 위해하다? 유해하다?

> ⇒ 불량식품이다. 안전하지 않다.
>
> 인체 건강에 위해 여부는 판단할 수 없으며, 그 식품의 섭취량에 따라 달라질 수 있기 때문이다.
>
> 안전하지 않은 이유는 농약은 식품 중에 잔류허용기준을 설정할 당시 인체 총 노출량과 1일 섭취허용량을 고려하여 잔류량이 1일 섭취허용량의 100%을 초과하지 않도록 기준을 설정하였기 때문에 그 기준을 초과한 식품_{부적합 식품}들을 섭취하게 되면 자칫 1일 섭취허용량의 100%을 초과할 수 있기 때문이다.

농약의 식품 중 잔류허용기준은 유해 크기_{인체노출안전기준, 1일 섭취허용량}의 100%를 기준으로 식품과 식품별 잔류허용기준을 설정한다. 식품별 잔류허용기준이 모두 적합하여야 1일 섭취허용량을 초과하지 않는다. 식품별 잔류허용기준을 지키지 않으면 자칫 1일 섭취허용량_{ADI}을 초과할 우려가 있기 때문에 잔류허용기준 초과 식품은 안전한 식품이라 볼 수 없다. 다만, 초과한 식품만을 섭취한 경우 위해 여부는 따져볼 필요는 있다.

6) 잔류농약이 0.3mg/kg 검출되어 잔류허용기준0.2mg/kg에 부적합하였다. 이 식품
을 하루에 500g씩 먹었다. 농약의 ADI, 0.001mg/kg/day

→ 안전하지 않다? 위해하다? 유해하다?

> ⇒ 위해식품이다. 안전하지 않다. 인체 건강에 위해 우려가 있다.

잔류허용기준에 부적합한 식품은 식품으로 먹을 수 없지만 이를 모르고 먹었을 경
우 인체 건강에 어떻게 영향을 미칠까?

농약이 0.3mg/kg 검출된 식품을 성인이 하루에 500g씩 먹었다면, 성인60kg은 농
약 0.15mg/kg을 하루에 먹었다. 1일 섭취허용량은 성인으로 환산하면 0.06mg/day이
다. 따라서 위해 수준은 해당 농약의 1일 섭취허용량의 250%로 1일 섭취허용량을 초
과하였다. 즉 인체 건강에 위해하다고 볼 수 있다.

7) 잔류농약이 0.5mg/kg 검출되어 잔류허용기준0.1mg/kg에 부적합하였다. 이 식품을
하루에 100g씩 먹었다. 농약의 ADI, 0.01mg/kg/day

→ 안전하지 않다? 위해하다? 유해하다?

> ⇒ 불량식품이다. 안전하지 않다. 인체 건강에는 위해 우려가 없다.

이것은 성인60kg이 농약 0.05mg/kg을 하루에 먹은 것이다. 이 농약의 1일 섭취허용
량은 성인의 경우 0.6mg/day이다. 따라서 위해 수준은 해당 농약의 1일 섭취허용량
의 8.3% 수준으로 위해 우려가 없다고 볼 수 있다.

아무리 잔류허용기준에 부적합한 식품이라 할지라도 섭취량이 적으면 인체 건강에
위해하지 않을 수도 있다. 하지만 이것은 예를 들어 설명한 것으로 잔류허용기준을 초
과한 식품을 섭취할 경우 인체 건강에 위해 우려가 있을 가능성이 높다.

또한, 잔류허용기준에 적합한 식품이라 할지라도 그 식품의 섭취량이 많으면 인체

건강에 위해할 수 있다. 하지만 식품 중 잔류허용기준을 설정할 때는 국민들의 식품섭취량을 고려하여 설정하기 때문에 실제로는 그러할 염려는 없다.

1.4 식품 중 비의도적 오염 유해물질의 검출과 안전성

다음 예시는 식품 중 유해물질이 검출되었을 때 안전과 위해이 식품이 인체 건강에 얼마나 해를 끼치는지를 설명하기 위한 가상 사례이며, 실제 사항과 거리가 먼 것도 포함되어 있을 수 있다.

1) 식품 중에 발암물질로 알려진 무기비소가 검출되었다.

→ 안전하지 않다? 위해하다? 유해하다?

⇒ 안전하다/안전하지 않다고 말할 수 없다. 위해 여부 또한 말할 수 없다.

* 유해물질이 검출된 식품에 대하여 유해하다/유해하지 않다는 표현은 없으며, 위해하다/ 위해하지 않다가 맞는 표현이다.
* 유해물질이 검출되었다는 사실만으로 안전하지 않은 식품으로 취급한다면 우리는 대부분의 식품을 먹을 수 없다. 식품 섭취로 인한 인체 건강의 위해 여부를 따져야 한다.

환경에 오염된 유해물질이 식품을 생산/제조하는 과정에서 비의도적으로 오염/생성될 수 있다. 이렇게 유해물질은 환경오염 등에 의해 의도하지 않게 식품으로 오염될 수 있어서 식품에서 검출될 수 있다. 이러한 비의도적 오염 유해물질이 식품에서 검출되었다는 사실만으로 '안전하다', '안전하지 않다', '위해하다', '위해하지 않다'고 말할 수 없다.

식품에서 얼마나 검출되었는지, 그 식품을 얼마나 먹었는지 등을 모르기 때문에 인체에 축적된 양을 알 수 없다. 인체에 유해물질이 들어와서 얼마나 축적되었는지를 알아야 건강에 어떠한 영향을 미치는지를 판단할 수 있다.

식품에 유해물질이 검출되었다는 사실만으로 먹을 수 없는 식품, 안전하지 않은 식품으로 취급한다면 우리는 대부분의 식품을 먹을 수 없다. 예를 들어, 어떤 식품에서 "A"라는 유해물질이 검출되었다면 그 식품을 먹지 않을 것인가? 아니다. "A"라는 유해물질이 우리 인체 건강에 미치는 영향을 평가해서 그 정도에 따라서 먹을지 말지를 결정해야 할 것이다. 따라서 유해물질이 검출된 식품을 먹었을 때는 인체 건강에 해를 끼치는지를 따져서 그 식품의 섭취 가능 유무를 따져야 한다.

2) 식품 중에 발암물질로 알려진 무기비소가 0.05mg/kg 검출되었다.

→ 안전하지 않다? 위해하다? 유해하다?

> ⇒ 무기비소의 검출량만으로 안전하다/안전하지 않다거나 인체 위해 여부를 판단할 수 없다. 인체 건강에 위해 여부는 그 식품의 섭취량에 따라 달라질 수 있기 때문이다. '유해물질은 인체에 일정량_{유해물질의 독성값, 인체노출안전기준} 이상 축적되었을 때 인체 건강에 해를 끼친다.

식품 중에는 유해물질이 비의도적으로 오염될 수 있다. 유해물질은 환경오염 등에 의해 의도하지 않게 식품으로 오염될 수 있어서 식품에서 검출될 수 있다. 이러한 비의도적 오염 유해물질인 무기비소가 식품에서 0.05mg/kg이 검출되었다. 이렇게 식품에 저함량으로 함유되었다 할지라도 '안전하다', '안전하지 않다', '위해하다', '위해하지 않다'고 말할 수 없다.

무기비소가 0.05mg/kg 검출된 식품을 얼마나 먹었는지 등을 모르기 때문에 인체에 축적된 양을 알 수 없다. 인체에 무기비소가 들어와서 얼마나 축적되었는지를 알아야 건강에 어떠한 영향을 미치는지를 판단할 수 있다. 즉 유해물질은 인체에 일정량_유 _{해물질의 독성값, 인체노출안전기준} 이상 축적되었을 때 인체 건강에 해를 끼치기 때문이다.

3) 식품 중에 발암물질로 알려진 무기비소가 5mg/kg 함유되어 있다.

　→ 안전하지 않다? 위해하다? 유해하다?

> ⇒ 무기비소의 검출량만으로 안전하다/안전하지 않다거나 인체 위해 여부를 판단할 수 없다.

식품 중에는 유해물질이 비의도적으로 오염될 수 있다. 유해물질은 환경오염 등에 의해 의도하지 않게 식품으로 오염될 수 있어서 식품에서 검출될 수 있다. 이러한 비의도적 오염 유해물질인 무기비소가 식품에서 5mg/kg이 검출되었다. 이렇게 식품에 고함량으로 함유되었다 할지라도 '안전하다', '안전하지 않다', '위해하다', '위해하지 않다'고 말할 수 없다.

무기비소가 5mg/kg 검출된 식품을 얼마나 먹었는지 등을 모르기 때문에 인체에 축적된 양을 알 수 없다. 인체에 유해물질이 들어와서 얼마나 축적되었는지를 알아야 건강에 어떠한 영향을 미치는지를 판단할 수 있다. 막연히 검출된 사실만으로 말할 수 없다.

4) 식품 중에 발암물질로 알려진 무기비소가 0.05mg/kg 함유되어 있는 식품을 성인이 오늘 점심에 100g을 먹었다. → 안전하지 않다? 위해하다? 유해하다?

> ⇒ 안전하다. 인체 건강에 위해 우려가 없다.

무기비소가 0.05mg/kg 검출된 식품을 100g을 먹었다. 그렇다면 오늘 무기비소 0.005mg을 먹은 셈이다. 무기비소 0.005mg은 인체에 어떤 건강을 미칠 것인가로 판단하여야 한다.

인체 건강에 해를 끼치는 무기비소의 유해 크기 유해물질의 독성값, 인체노출안전기준를 알면 된다. 인체노출안전기준보다 오늘 먹는 양이 많으면 인체 건강에 영향을 미쳐 해를 끼칠 수 있다. 무기비소의 유해 크기인 인체노출안전기준은 9.0ug/kg bw/week로서 1주일에 몸무게 1kg당 9.0ug을 초과하면 위해할 수 있다는 것이다.

따라서 오늘 성인_{60kg}의 무기비소 섭취량_{노출량}은 0.005mg을 먹었고, 무기비소의 인체노출안전기준은 성인_{60kg}이 하루 먹는 양으로 환산하면 77.14ug이다. 오늘 무기비소가 함유된 식품을 먹고 무기비소를 섭취한 양_{노출량}과 성인 1일 인체노출안전기준을 비교하면 오늘 섭취한 무기비소는 5ug_{0.005mg}이므로 무기비소 인체노출안전기준 77.14ug의 6.5% 수준으로 위해 우려가 없으며, 안전하다고 말할 수 있다.

5) 식품 중에 발암물질로 알려진 무기비소가 5mg/kg 함유되어 있는 식품을 오늘 점심에 100g을 먹었다. → 안전하지 않다? 위해하다? 유해하다?

> ⇒ 위해식품이다. 인체의 건강에 위해 우려가 있다.

무기비소가 5mg/kg 검출된 식품을 100g을 먹었다. 그렇다면 오늘 무기비소 0.5mg을 먹은 셈이다. 무기비소 0.5mg은 인체에 어떤 건강을 미칠 것인가로 판단하여야 한다.

인체 건강에 해를 끼치는 무기비소의 유해크기_{유해물질의 독성값, 인체노출안전기준}를 알면 된다. 인체노출안전기준보다 오늘 먹는 양이 많으면 인체 건강에 영향을 미쳐 해를 끼칠 수 있다. 무기비소의 유해 크기인 인체노출안전기준은 9.0ug/kg bw/week로서 1주일에 몸무게 1kg당 9.0ug을 초과하면 위해할 수 있다는 것이다.

따라서 오늘 성인_{60kg}의 무기비소 섭취량_{노출량}은 0.5mg을 먹었고, 무기비소의 인체노출안전기준은 성인_{60kg}이 하루 먹는 양으로 환산하면 77.14ug이다.

오늘 무기비소가 함유된 식품을 먹고 무기비소를 섭취한 양_{노출량}과 성인 1일 인체노출안전기준을 비교하면 오늘 섭취한 무기비소는 500ug_{0.5mg}이므로 무기비소 인체노출안전기준 77.14ug의 648% 수준으로 무기비소 유해 크기의 6.48배를 초과하여 위해 우려가 있다.

그러나 무기비소는 인체 축적성을 고려하여 인체노출기준이 1주일 단위로 설정되어 있다. 만약에 1주일 동안 오늘 하루만 섭취하였다면 오늘 섭취한 500ug을 TWI와 비교하면 92.6%이다. 따라서 100%를 초과하지 않았으나, 92.6%로 초과할 우려가 있어 위해 우려가 있다고 볼 수 있다.

6) 식품 중에 발암물질로 알려진 무기비소가 0.05mg/kg 함유되어 있는 식품을 매일 100g을 먹었다. → 안전하지 않다? 위해하다? 유해하다?

> ⇒ 안전하다. 인체의 건강에 위해 우려가 없다.

무기비소가 0.05mg/kg 검출된 식품을 100g을 먹었다. 그렇다면 매일 무기비소 0.005mg을 먹은 셈이다. 매일 무기비소 0.005mg의 축적은 인체에 어떤 건강을 미칠 것인가로 판단하여야 한다.

인체 건강에 해를 끼치는 무기비소의 유해 크기(유해물질의 독성값, 인체노출안전기준)를 알면 된다. 인체노출안전기준보다 매일 먹는 양이 많으면 인체 건강에 영향을 미쳐 해를 끼칠 수 있다. 무기비소의 유해 크기인 인체노출안전기준은 9.0ug/kg bw/week로서 1주일에 몸무게 1kg당 9.0ug을 초과하면 위해할 수 있다는 것이다.

무기비소의 인체노출안전기준은 1주일 단위로 섭취량 기준이 정해져 있다. 이는 무기비소가 장기간 축적으로 인한 인체 건강 영향까지를 반영한 것이다. 오염된 식품을 매일 먹을 경우, 오염된 식품의 섭취량도 1주일 단위로 계산하여야 한다.

따라서 1주일 동안 성인(60kg)의 무기비소 섭취량(노출량)은 0.035mg을 먹었고, 무기비소의 인체노출안전기준은 성인(60kg)으로 환산하면 540ug이다.

무기비소가 함유된 식품을 먹고 1주일 동안 무기비소를 섭취한 양(노출량)과 성인 인체노출안전기준을 비교하면, 1주일 동안 섭취한 무기비소는 35ug(0.035mg)이므로 무기비소 인체노출안전기준 540ug의 6.48% 수준이다. 이 식품은 위해하지 않으며 안전한 식품이다.

7) 식품 중에 발암물질로 알려진 무기비소가 0.05mg/kg 함유되어 있는 식품을 1주
일에 1번씩 100g을 먹었다. → 안전하지 않다? 위해하다? 유해하다?

> ⇒ 안전하다. 인체의 건강에 위해 우려가 없다.

무기비소가 0.05mg/kg 검출된 식품을 1주일에 1번씩 100g을 먹었다. 그렇다면 1주일
에 무기비소 0.005mg을 먹은 셈이다. 무기비소 0.005mg은 인체의 건강을 미칠 것인가.

무기비소의 유해 크기인 인체노출안전기준은 9.0ug/kg bw/week로서 1주일에 몸
무게 1kg당 9.0ug을 초과하면 위해할 수 있다는 것이다.

무기비소의 인체노출안전기준은 1주일 단위로 섭취량 기준이 정해져 있다. 이는 무
기비소가 장기간 축적으로 인한 인체 건강 영향까지를 반영한 것이다.

따라서 일주일 동안 성인60kg의 무기비소 섭취량노출량은 0.005mg을 먹었고, 무기
비소의 인체노출안전기준은 성인60kg으로 환산하면 540ug이다.

무기비소가 함유된 식품을 먹고 일주일 동안 무기비소를 섭취한 양노출량과 성인 인
체노출안전기준을 비교하면, 1주일간 섭취한 무기비소는 5ug0.005mg이므로 무기비소
인체노출안전기준 540ug의 0.9% 수준으로 위해 우려가 전혀 없으며, 매우 안전하다
고 말할 수 있다.

8) 식품 중에 발암물질로 알려진 무기비소가 0.5mg/kg 검출되어 최대기준식품의 무기
비소 최대기준 0.2mg/kg 이하에 부적합하였다.

→ 안전하지 않다? 위해하다? 유해하다?

> ⇒ 불량식품이다. 그러나 인체 건강의 위해 여부는 그 식품의 섭취량에 따라 달라질 수
> 있다.

유해물질의 최대기준에 부적합하다고 반드시 '위해하다', '안전하지 않다'고 말할 수

없다. 식품 중 무기비소의 최대기준은 무기비소가 인체에 과량 축적되어 인체 건강에 해를 끼치는 것을 사전에 예방하기 위한 관리 수단이다. 무기비소로 인한 위해 여부를 따지는 기준은 유해 크기인 인체노출안전기준이다.

비의도적 오염 유해물질의 최대기준에 '적합' 또는 '부적합하다' 할지라도 이 식품이 인체에 들어와서 위해한지 위해하지 않는지 따져봐야 알 수 있다. 즉 유해 크기인 인체노출안전기준과 부적합 식품의 섭취량을 비교하여 위해 여부를 평가한다.

9) 식품 중에 발암물질로 알려진 무기비소가 0.5mg/kg 검출되어 무기비소의 최대기준0.2mg 이하에 부적합한 식품을 1주일에 1번씩 100g을 먹었다.

→ 안전하지 않다? 위해하다? 유해하다?

> ⇒ 불량식품이다. 인체 건강에 위해 우려는 없다. 하지만 부적합 식품을 먹어서는 안 된다. 중금속의 최대기준은 인체 안전 여부를 판단하는 기준이 아니라 인체 건강에 위해 우려를 사전에 차단하기 위하여 설정된 기준이다. 인체 건강에 해를 끼치는지 판단 기준은 무기비소의 유해 크기무기비소의 독성값인 인체노출안전기준이다.

무기비소가 0.5mg/kg 검출된 식품을 1주일에 1번씩 100g을 먹었다. 그렇다면 1주일에 무기비소 0.05mg을 먹은 셈이다. 1주일 동안 축적된 무기비소 0.05mg은 인체의 건강을 미칠 것인가.

무기비소의 유해 크기인 인체노출안전기준은 9.0ug/kg bw/week로서 1주일에 몸무게 1kg당 9.0ug을 초과하면 위해할 수 있다는 것이다.

무기비소의 인체노출안전기준은 1주일 단위로 섭취량 기준이 정해져 있다. 이는 무기비소가 장기간 축적으로 인한 인체 건강 영향까지를 반영한 것이다.

따라서 1주일 동안 성인60kg의 무기비소 섭취량노출량은 0.05mg을 먹었고, 무기비소의 인체노출안전기준은 성인60kg으로 환산하면 540ug이다.

무기비소가 함유된 식품을 먹고 1주일 동안 무기비소를 섭취한 양노출량과 성인 인체노출안전기준을 비교하면, 1주일간 섭취한 무기비소는 50ug_{0.05mg}이므로 무기비소 인체노출안전기준 540ug의 9.25% 수준으로 위해 우려가 없으며, 안전하다고 말할 수 있다. 그렇다고 최대기준에 부적합한 식품을 먹어도 된다는 이야기는 아니다. 인체 건강에 위해 우려를 사전에 차단하기 위해서는 최대기준을 설정하여 관리하는 것으로 부적합 식품을 먹어서는 안 된다.

비록 식품 중 무기비소의 최대기준_{0.2mg 이하}을 초과하였다 할지라도 인체에는 위해 하지 않다는 것이다. 이것이 주는 의미는 무엇일까. 왜 최대기준을 초과하면 회수 폐기 하고 행정 제재를 가하는가? 이유는 뒤에서 설명하도록 하겠다.

10) 식품 중에 발암물질로 알려진 무기비소가 0.2mg/kg 검출되어 무기비소의 최대 기준_{0.1mg 이하}에 부적합한 식품을 매일 500g을 먹었다.

→ 안전하지 않다? 위해하다? 유해하다?

⇒ 위해식품이다. 인체 건강에 위해 우려가 있다.

무기비소가 0.2mg/kg 검출된 식품을 매일 500g을 먹었다. 그렇다면 1주일에 무기 비소 0.7mg을 먹은 셈이다. 1주일간 축적된 무기비소 0.7mg은 인체의 건강을 미칠 것 인가.

유해 크기_{무기비소 독성값, 인체안전섭취량, 인체노출안전기준}보다 먹는 양이 많으면 인체에 영향 을 미치므로 위해할 수 있다. 즉 무기비소의 유해 크기_{인체노출안전기준}는 9.0ug/kg bw/ week로서 1주일에 몸무게 1kg당 무기비소 9.0ug을 초과하면 위해할 수 있다는 것이다.

따라서 1주일 동안 성인_{60kg}은 오염된 식품으로 인하여 무기비소 0.7mg을 먹었고, 성인의 인체노출안전기준은 540ug이다. 이를 비교하면 1주일간 섭취한 무기비소는 700ug_{0.7mg}이므로 무기비소 인체노출안전기준 540ug의 130% 수준으로 위해 우려 가 있으며, 안전하다고 말할 수 없다.

만약에 이 식품이 무기비소 기준이 0.1mg 이하가 아니라 0.2mg 이하인 식품이었다면 기준에 적합한 식품이다. 그렇다면 이 식품은 비록 식품 중 무기비소의 최대기준 0.2mg 이하을 초과하지 않았다고 할지라도 오염된 식품 섭취량과 빈도에 따라 인체에는 위해 우려가 있을 수 있다. 최대기준에 적합한 식품인데 이렇게 위해 우려가 있을 수 있다는 것은 먹으면 안 된다는 것 아닌가. 이것이 주는 의미는 무엇일까. 왜 최대기준을 초과하지도 않았는데 인체에는 위해하다는 것일까? 이유는 뒤에서 설명하도록 하겠다.

식품 중 무기비소의 최대기준은 무기비소가 인체에 과량 축적되어 인체 건강에 해를 끼치는 것을 사전에 예방하기 위한 관리 수단이다. 무기비소로 인한 인체 건강에 해를 끼치는지 판단 기준은 유해 크기독성값, 인체안전섭취량인 인체노출안전기준이다.

우리는 식생활에서 이러한 경우를 예방하기 위해서는 식품을 편식하지 않고 골고루 먹는 습관이 중요하다. 즉 맛있다고 건강에 좋다고 일정 식품에 편식하는 것은 건강에 위해를 가할 수도 있다.

1.5 식품 중 잔류농약과 중금속 기준의 초과에 대한 해석이 다른 이유는

> 그 이유는 농약 등 의도적 사용 유해물질은 식품 중 잔류허용기준만으로 인체 총 노출량을 1일 섭취허용량ADI 이하로 통제할 수 있지만, 비의도적 오염 유해물질은 식품중 최대기준만으로 인체 총 노출량을 1일 섭취한계량TDI 이하로 통제하기 어렵기 때문이다.

식품 중 농약의 잔류허용기준을 초과할 경우 안전하지 않은 식품이라고 하는 이유는 농약이 식품 중에 잔류허용기준을 설정할 당시 인체 총 노출량과 1일 섭취허용량을 고려하여 잔류량이 1일 섭취허용량의 100%을 초과하지 않도록 기준을 설정하였기 때문에 그 기준을 초과한 식품들을 섭취하게 되면 자칫 1일 섭취허용량의 100%을 초과할 수 있기 때문이다.

　하지만 중금속 등 비의도적 오염 유해물질은 모든 식품에 오염될 수 있고 식품마다 오염되어 흡수되는 특성이 달라서 식품별로 함량이 모두 다르다. 그리고 그 최대기준도 최대한 식품에 오염_{함유}되지 않도록 허용기준이 아닌 최대기준으로 ALARA 원칙 하에 설정하고 식품별로 모두 다르다. 그래서 비의도적 오염 유해물질이 검출된 식품은 최대기준의 적합/부적합 여부만으로는 인체노출안전기준을 초과하지 않도록 인체 총 노출량을 통제할 수 없다.

　따라서 식품 중 잔류농약과 중금속의 기준의 초과에 대한 해석이 다른 이유는 농약 등 의도적 사용 유해물질은 기준으로 인체 총 노출량을 통제할 수 있지만, 비의도적 오염 유해물질은 모든 식품에 오염될 수 있으며, 모든 식품에 최대기준을 설정한다 하더라도 최대기준만으로는 인체노출안전기준을 초과하지 않도록 인체 총 노출량을 통제할 수 없기 때문이다.

1.6 중금속 등 비의도적 오염 유해물질은 왜 기준에 적합 또는 부적합임에도 불구하고 안전하다/안전하지 않다고 말하지 못하는 이유는

> 중금속 등 비의도적 오염 유해물질 경우 모든 식품에 최대기준을 설정하고 그 기준에 적합하다고 할지라도 유해물질의 인체 총 노출량이 그 유해물질의 인체노출안전기준인 1일 섭취한계량_{TDI} 등을 초과할 수도 있기 때문이다.

　중금속 등 비의도적 오염 유해물질은 식품 중 최대기준에 적합 또는 부적합한 식품이 안전하다/안전하지 않다고 말할 수가 없다. 그 이유는 첫째, 비의도적 오염 유해물질은 모든 식품에 오염될 수 있다. 기준 설정만으로 유해물질의 인체 총 노출량이 인체노출안전기준을 초과하지 못하도록 통제할 수 없다.

　둘째, 식품 중에 기준을 설정할 때는 최대한 식품에 오염_{함유}되지 않도록 ALARA 원칙하에 설정한다. 셋째, 최대기준은 유해물질이 인체에 과량 축적되어 인체 건강에 해를 끼치는 것을 사전에 예방하기 위한 관리 수단일 뿐이다. 넷째, 유해물질의 인체 건강에 해를 끼치는지 판단은 인체 총 노출량에 대한 유해 크기독성값, 인체안전섭취량인 인체노출안전기준으로 한다.

1.7 왜 우리는 유해물질과 공생할 수밖에 없는가? 식품 중에 유해물질을 없앨 수는 없나요.

> 식품 중 유해물질은 존재할 수밖에 없는 이유는 자연환경, 인류의 생활 방식, 전통적 식습관 등에서 유해물질이 상재되어 있기 때문이다. 우리는 유해물질과 공존하고 있다고 해도 과언이 아니다. 다만, 우리 인체 들어오는 양이 적어서 문제를 일으키지 않을 뿐이다.

식품 중 유해물질은 존재할 수밖에 없다. 그래서 우리는 날마다 여러 유해물질에 노출되어 있다. 단지 노출되는 양이 적어서 인체 건강에 그다지 영향을 미치지 않을 뿐이다.

그러면 왜 식품에 유해물질이 존재한가 그 이유는 첫째, 자연환경 때문일 것이다. 지각지구표면, 즉 토양은 중금속이 하나의 성분으로 되어 있다. 자연환경 중 수많은 미생물이 번식하고 있어서 곰팡이독소의 생성은 당연하다. 지구상 존재하는 생물은 자기를 보호하기 위해 독성패독, 복어독, 식물독 등을 보유하고 있다.

둘째, 인류가 살아가기 위한 생활 방식 때문일 것이다. 생활 폐기물 등의 처리에서 나오는 다이옥신, PCB 등 유해물질이다.

셋째, 우리의 전통적인 식습관 때문일 것이다. 굽기, 훈연 과정에서 생성되는 벤조피렌, 발효 과정에서 생성되는 메탄올, 에칠카바메이트, 튀김 과정에서 생성되는 아크릴아마이드 등이다.

우리는 유해물질과 공존하고 있다고 해도 과언이 아니다. 다만, 우리 인체 들어오는 양이 적어서 문제를 일으키지 않을 뿐이다. 온 나라를 떠들썩하게 했던 낙지머리 중금속 카드뮴 과다 검출 등의 사건은 지금은 다 잊힌지 오래다.

1.8 식품 중 유해물질의 시험 결과에서 검출과 불검출은 어떻게 판단하나요?

> 식품 중 유해물질의 시험검사 시에 검출이냐 불검출이냐를 따지는 것은 정량한계LOQ이다. 검출한계는 기계적인 분석한계로서 수치화하는 데 한계가 있기 때문이다. 잔류농약의 경우는 기준이 설정되지 아니한 식품에 대하여 불검출 수준의 정량한계 대신에 PLS 제도를 도입하면서 일률적으로 0.01mg/kg 이하를 불검출 기준으로 적용하고 있다.

식품 중 유해물질의 시험검사 시에 검출이냐 불검출이냐를 따지는 것은 정량한계LOQ, Limit of Quantification이다. 정량한계란 신뢰할 만한 정밀성과 정확성에 근거하여 해당 분석 기기가 분석 시료 중 측정할 수 있는 최소의 값이다. 통상적으로 분석 기기의 신호 대 잡음비signal to noise ratio가 10 이상 또는 검출한계의 3배를 적용한다.

※ 검출한계LOD, Limit of Detection는 시료 중 분석 물질의 검출 가능한 최솟값으로 신호 대 잡음비가 3 이상으로 검출한계 부근에서는 많은 오차가 발생한다. 검출한계는 기계적인 분석 한계로써 수치화하는 데 한계가 있다.

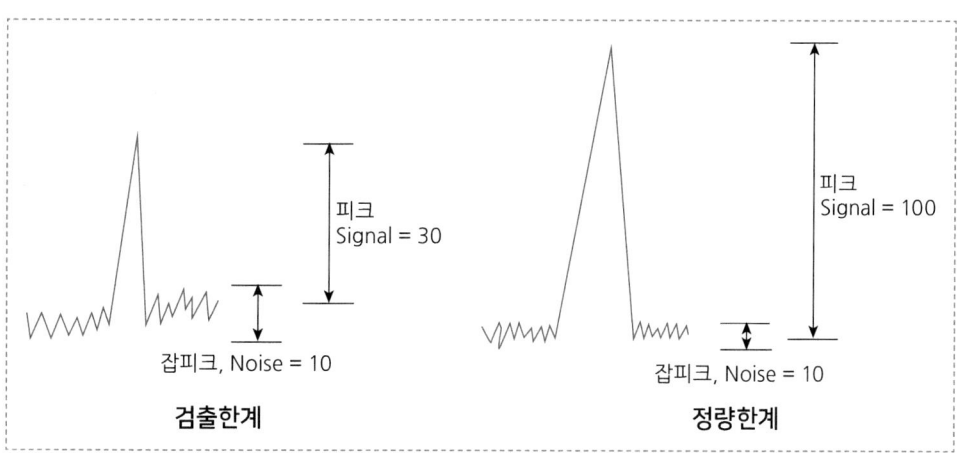

잔류농약의 경우 기준이 설정되지 아니한 식품에 대하여 불검출 수준으로 정량한계 대신에 일률적으로 0.01mg/kg을 적용한다. 이것은 잔류농약의 PLSPositive List System, 사용 가능한 농약 목록 제도를 도입하면서 이를 적용하고 있다. 즉 식품에 사용이 허용되지 않은 농약은 사용할 수 없는 제도를 말한다. 그래서 농약의 잔류허용기준이 정해져 있지 않은 식품은 잔류농약이 검출되면 안 된다불검출로 관리한다. 그 검출이 안 되는 정도불검출를 0.01mg/kg 이하로 관리한다. 식품에 허용되지 않은 농약은 식품에서 0.01mg/kg을 초과하면 안 된다.

반면, 비의도적 오염 유해물질의 경우 불검출이라는 기준은 있을 수 없다. 언제 어디서 오염이 도사리고 있다. 그래서 ALARA 원칙하에 관리하는 것이다. 즉 오염을 최소화해서 인류는 식품으로 먹을 수밖에 없다는 말이다. 유해물질이 조금 오염되었다고 건강을 걱정해서 먹지 않는다면 먹을 수 있는 식품은 없다.

식품에 사용을 허가하지 않은 화학적 합성품의 경우 불검출 기준이 적용된다. 이때는 정량한계를 기준으로 불검출 여부를 따져야 한다. 물론 실험실마다, 분석 기기마다 정량한계는 다를 수 있다. 따라서 측정 불확도를 적용해야 실험 결과의 신뢰성을 높일 수 있다.

1.9 식품 중 유해물질의 시험 결과에 측정 불확도는 반영하나요?

> 식품 중 유해물질의 시험검사를 함에 있어, 모든 측정값은 어느 정도의 오차를 포함하고 있으며, 참값을 얻는다는 것은 거의 불가능하다. 그러나 참값을 모르기 때문에 오차 또한 알 수 없다. 따라서 측정값을 얻는 데 있어서는 측정 중에 존재할 모든 불확실성을 감안한 측정 불확도 값으로 보정측정값 ± 측정 불확도할 수밖에 없다.

식품 중 유해물질의 시험검사를 할 때, 모든 측정값은 어느 정도의 오차를 포함하고 있으며, 참값을 얻는다는 것은 거의 불가능하다. 그러나 참값을 모르기 때문에 오차 또한 알 수 없다. 결국 측정값을 얻는 데 있어, 측정 중에 있을 모든 불확실성을 감안한 측정 불확도 값으로 보정_{측정값 ± 측정 불확도}할 수밖에 없다.

예를 들어, 측정값이 '10'이고 측정하는 데 있어서 불확도가 '1'이 존재하였다면 측정값은 10±1로서 참값은 '9'와 '11'사이에 있는 것이다. 예를 들어, 유해물질 기준이 '9' 이하라면 측정값 10을 그대로 적용하면 부적합이나 측정불확도를 감안한 측정값 10±1을 적용하면 참값이 '9'일 수도 있기 때문에 적합이다.

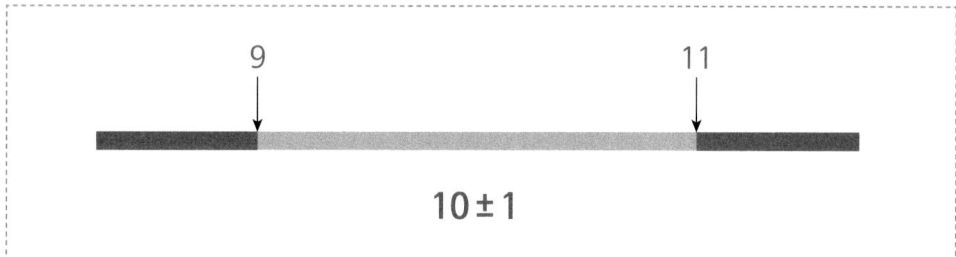

그래서 식품 중 유해물질의 기준_{잔류허용기준, 최대기준, 사용기준 등}의 적용은 측정 불확도를 감안하여 적용하여야 한다.

아래 그림에서 보듯이 측정값 I만 참값이 유해물질 기준 초과로 부적합이고, 측정값 II, III, IV는 참값이 유해물질 기준 이하일 수 있어 모두 적합으로 판정해야 한다.

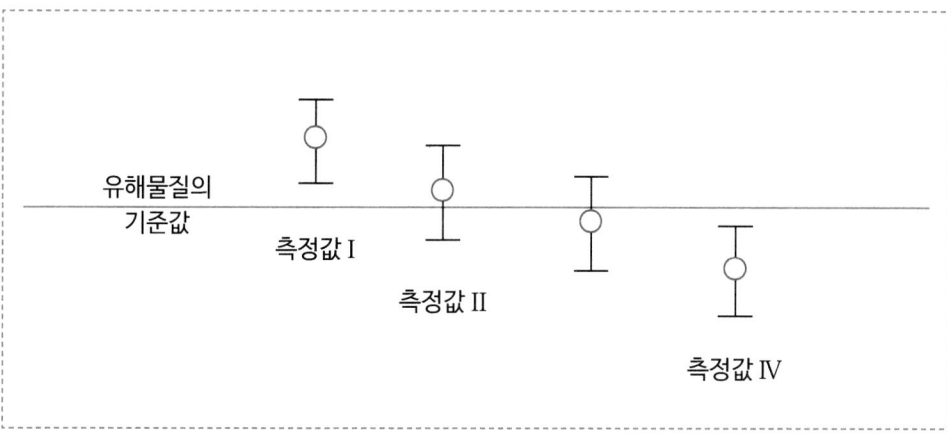

고속도로 차량 제한속도가 100km/hr인 경우 단속하는 경찰은 왜 100km/hr가 아닌 110km/hr를 초과하면 단속하는 걸까? 그 이유는 측정 불확도 때문이다. 측정 불확도의 논란을 피하기 위하여 아예 110km/hr를 초과하면 단속하는 것이다. 마찬 가지로 허가하지 않은 농약을 사용한 식품에서도 불검출 기준이지만 측정 불확도 때문에 0.01mg/kg 이하로 관리하는 것이다.

02

유해물질로 인한
식품의 안전과 위해의 이해

유해물질로 인한
식품의 안전과 위해의 이해

2.1 식품 안전성이란 무엇인가?

> 식품 안전성이란 식품 섭취로 인하여 인체의 건강에 해를 끼치지 않는 것을 말한다.
> 유해물질이 함유된 식품의 안전성은 유해물질이 함유된 식품을 사람이 섭취하
> 여 그 유해물질이 사람에게 노출됨으로써 인체의 건강에 해를 끼치지 않는 것이
> 다. 식품 안전관리는 식품이 최종적으로 인체의 건강에 해를 끼치지 않도록_{위해하}
> 지 않도록 위해 요소를 관리하는 모든 절차다.

위해 요소들이 직·간접적으로 식품에 접근하여 불량식품이 되고 이를 사람이 섭취
하였을 때 인체의 건강에 해를 끼치게 되면 안전한 식품이 아니다. 위해 요소가 식품
에 존재한다고 해서 모두 위해식품인 것은 아니지만, 위해 요소가 식품에 존재함으로
써 인체의 건강에 해를 끼치거나 그 우려가 있는 식품은 위해식품인 것이다.

식품 안전성이란 식품 섭취로 인하여 인체의 건강에 해를 끼치지 않는 것이다.

식품의 안전성 확보는 궁극적으로 식품 섭취로 인하여 인체의 건강에 해를 끼치지 않
도록 하는 것이다. 식품의 안전성을 확보하기 위하여 식품 중에 위해 요소_{hazards}를 확
인·분석·평가하고 허용 가능한 수준으로 관리하는 것이다. 이렇듯 식품의 안전을 관리
하는 과정에서 발생한 기준 및 규격 등 관리 규정을 위반한 식품은 모두 불량식품이다.

식품의 안전관리는 최종적으로 식품을 섭취함으로써 인체의 건강에 해를 끼치지 않도록_{위해하지 않도록} 위해요소를 관리하는 모든 절차다. 즉 위해식품이 발생하지 않도록 관리하는 과정이다. 이러한 절차는 식품안전기본법, 식품위생법, 축산물 위생관리법, 건강기능식품에 관한 법률, 식품 등의 표시 광고에 관한 법률, 수입식품안전관리특별법, 농수산물품질관리법, 위생용품관리법, 먹는물 관리법, 식품·의약품 분야 시험·검사 등에 관한 법률 등에 구체적으로 정해져 있다. 즉 식품의 안전관리는 식품위생 관련 법령에 따라 위해식품이 발생하지 않도록 사전에 식품위생을 확보하는 것이고, 식품위생이 확보되지 않은 불량식품을 사전에 차단함으로써 식품으로 인한 위해를 관리하는 것이다.

- 식품 안전성/위해성 평가: 식품의 생산/유통/소비 단계에서 모든 위해 요소_{hazards}를 확인, 분석, 평가하고 이 위해 요소가 함유 또는 오염되어 있는 식품을 섭취 시 인체 건강에 얼마나 나쁜 영향을 미칠지를 밝혀내는 것이다.
- 식품 안전관리: 식품이 최종적으로 인체의 건강에 해를 끼치지 않도록_{위해하지 않도록} 위해 요소를 관리하는 모든 절차다.
- 위해 요소_{Hazard}: 잠재적으로 건강에 나쁜 영향을 미칠 수 있는 생물학적, 화학적, 물리적 인자_{물질, 성분}, 위해를 야기시키는 위협적 요소들이다. 흔히 화학적 위해 요소는 유해물질이라 부른다.

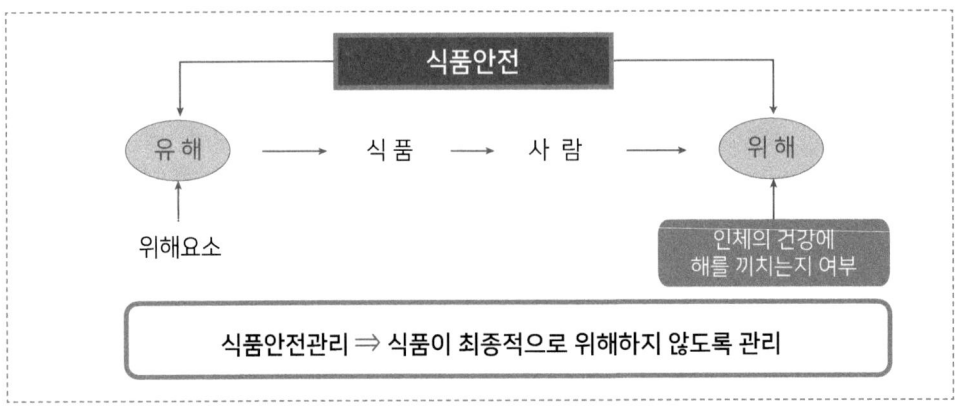

유해물질이 함유된 식품의 안전성은 그 유해물질을 함유한 식품을 사람이 섭취하여 그 유해물질의 유해 크기_{독성 크기, 인체노출안전기준}보다 더 많은 양의 유해물질이 사람에게 노출되었을 때, 인체의 건강에 해를 끼치므로 안전하지 않다고 말하고 이를 위해 식품이라고 한다. 이와 반대의 경우를 안전한 식품이라 할 수 있다.

다시 말하면, 유해물질이 함유된 식품을 섭취함으로써 인체에 노출된 유해물질 양이 그 유해물질의 독성 크기_{유해 크기, 인체노출안전기준}보다 더 많으면 인체의 건강에 해를 끼치는 것이고 그 식품은 위해식품이다.

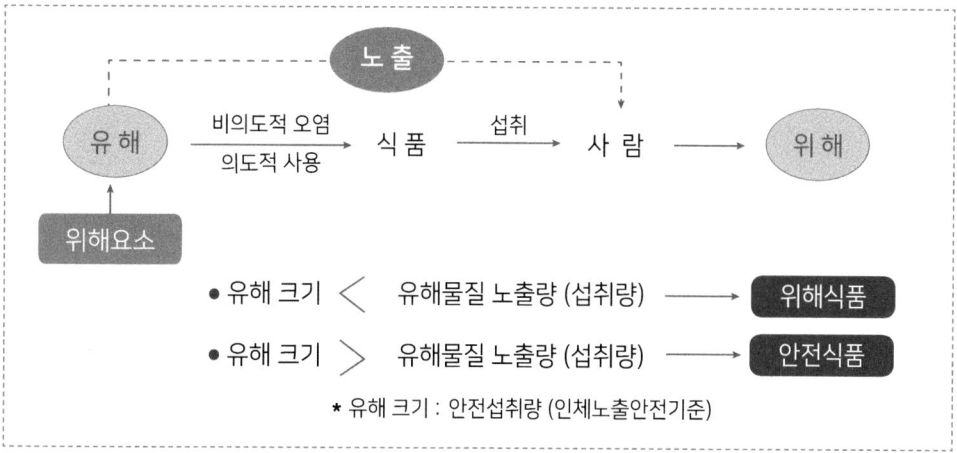

[참고] 위해 요소의 종류는 생물학적 위해 요소, 화학적 위해 요소, 물리적 위해 요소로 나눌 수 있다. 이 책에서는 화학적 위해 요소_{유해물질}를 중심으로 서술할 것이다.

- 생물학적 위해 요소: 생물학적 위해란 미생물이나 기생충과 같은 생물체가 식품에 오염되어 증식하거나 독소를 생성한 것을 소비자가 섭취하여 질병에 걸리거나 건강 장해가 나타난 것을 말한다. 살모넬라균 *Salmonella spp*, 황색포도상구균 *Staphyloccus aureus*, 병원성대장균 *Esherichia coli O157 H7*, 캠피로박터 *Campylobacter jejuni*, 리스테리아 *Listeria monocytogenes*, 여시니아 *Yersinia enterocolitica*, 보투리너스식중독균 *Clostridium botulinum*, 가스괴저균 *Clostridium perfringenes*, 세레우스균 *Bacillus cereus*, 비브리오 *Vibrio* 등

- 화학적 위해 요소: 화학물질로 인한 화학적 독성으로 만성적으로 장기간에 걸쳐 장애를 일으켜 알레르기, 신경장애, 생식장애 등과 같은 건강 장해를 초래하는 것을 말한다.
    - 의도적 사용 유해물질: 농약, 동물용 의약품, 미허용 식품첨가물 등
    - 비의도적 오염 유해물질: 중금속, 곰팡이독소, 다이옥신, PCB, 벤조피렌, 복어독, 패류독 등 자연독소 등

- 물리적 위해 요소: 식품에서 통상 발견되지는 않으나 소비자에게 찔리거나, 베이거나, 이가 부러지는 것과 같은 상해를 소비자에 일으킬 수 있는 위해 요소이다. 유리, 돌, 금속, 해충 등

2.2 불량식품과 위해식품이란 무엇인가

불량식품은 식품의 안전성, 적합성 등의 식품위생을 확보하지 못한 식품이다. 즉 기준 규격 등 식품위생 관련 법령에 벗어나 생산·제조·판매·유통하는 것은 모두 불량식품이다. 이는 위해식품이 발생하지 않도록 관리하는 과정에서 발생한다.

위해식품은 식품에 위해 요소가 오염/잘못 사용/의도적 사용 등으로 식품에 존재함으로써 인체 건강에 해를 끼치거나 그 우려가 있는 식품을 말한다.

식품의 안전은 식품의 위생을 확보하는 것이고, 식품위생의 확보는 안전성과 적합성_{건전성, 완전성}을 확보하는 것이다. 이 중에 어느 하나라도 만족하지 못하면 불량식품이다. 즉 식품의 기준 및 규격 등 식품위생 관련 법령에 벗어나 생산·제조·판매·유통하는 것은 모두 불량식품이다.

반면 위해식품은 식품위생을 확보하지 못한 식품으로 인하여 인체의 건강에 해를 끼치거나 끼칠 우려가 있는 식품을 말한다. 불량식품은 위해식품이 발생하지 않도록 관리하는 과정에서 발생한다.

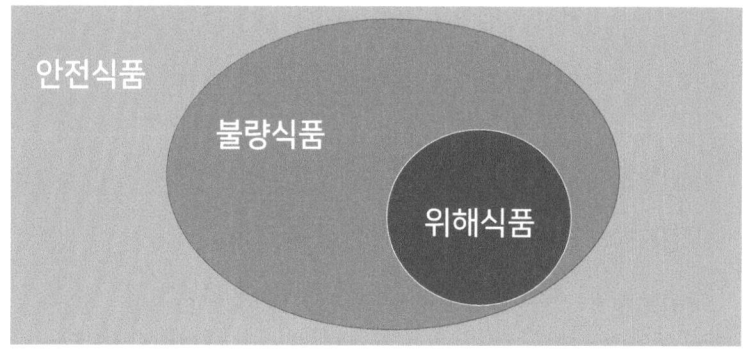

즉 위해식품은 식품에 위해 요소가 오염/잘못 사용/의도적 사용 등으로 식품에 존재함으로써 인체 건강에 해를 끼치거나 그 우려가 있는 식품으로,

첫째, 화학적 위해 요소에 의한 위해식품은 유해물질이 식품에 과량 오염되거나 농약 등 의도적 사용 유해물질을 잘못 사용/과량 사용 또는 허가되지 않은 화학적 합성품을 사용 등에 의하여 발생할 수 있다.

둘째, 생물학적 위해 요소에 의한 위해식품은 대표적인 것이 살모렐라균 등 식중독균에 오염된 식품으로 이를 사람이 섭취하여 식중독을 일으키는 경우이다.

셋째, 물리적 위해 요소에 의한 위해식품은 대표적으로 식품 중에 쇳조각, 유리조각 등의 이물이 존재하여 사람이 섭취 시 해를 일으키는 경우이다.

식품의 안전관리는 위해식품이 발생하지 않도록 사전에 식품위생을 확보하는 것이고, 식품위생이 확보되지 않은 불량식품을 사전에 차단함으로써 식품의 위해를 관리한다.

2.3 불량식품의 사례는

식품은 원료의 재배·생산, 식품의 제조·가공·조리, 보존·유통 과정 등을 거쳐 소비자가 최종 섭취할 때까지 모든 식품 공급사슬에서 안전성safety, 건전성soundness, 완전성wholesomeness이 확보되었을 때 그 역할을 한다. 이를 위해서는 식품위생 관리가 필수적이다. 식품위생이 뒷받침되지 않은 식품은 소비자가 섭취할 수 없으며, 식품으로 유통될 수 없는 불량식품이다.

식품위생의 확보는 안전성과 적합성건전성, 완전성을 확보하는 것이다. 이 중에 어느 하나라도 만족하지 못하면 불량식품이다. 즉 식품의 기준 및 규격 등 식품위생관련 법령 식품안전기본법, 식품위생법, 축산물 위생관리법, 건강기능식품에 관한 법률, 식품 등의 표시광고에 관한 법률, 수입식품 안전관리 특별법, 농수산물품질관리법, 위생용품관리법, 먹는물 관리법 등에 벗어나 생산·제조·판매·유통하는 것을 모두 불량식품이다.

다음은 불량식품에 대한 사례를 들어 보겠다.

(식품의 적합성 위반) 유산균 제품 중에 장용성 제품이 있다. 유산균은 주로 장에서 활동하기 때문에 유산균 제품을 섭취 시 유산균이 장까지 살아서 가야 한다. 장용성 유산균 제품은 사람이 섭취 시 위에서 분해되지 않고 장에서 분해되어 유산균이 장에 전달되도록 하는 제품이다. 만약 장에 전달되기 전에 위에서 분해된다면 유산균은 위산에 의해 죽고 말 것이다. 이러한 제품은 섭취 의도에 적합하지 않은 제품으로 안전성에는 문제가 없지만 불량식품으로 시중에 유통될 수 없다. 이러한 이유로 불가리산 장용성 유산균 제품이 수입 차단된 바 있다.

장용성 시험은 첫 번째 위액 조건염산, 염화나트륨 pH 2 이하과 두 번째 장액 조건인산이수소칼륨, 수산화나트륨 pH 7에서 붕해도 실험을 하고 그중 하나라도 충족하지 못하면 부적합 제품이다. 장용성 제품은 위에서는 분해되지 않고, 장에서는 분해되어야 한다.

(식품의 안전성 위반) 미국에서 수입하려던 과자 중에 식용색소를 검사한 결과, 사용기준을 초과하여 수입이 차단되었다.

과자에는 식용색소<small>녹색, 적색, 청색, 황색</small> 사용을 허용하고 그 사용량을 제한하여 안전관리를 하고 있다.

이번에 검출된 색소는 식용색소 황색 제5호로 사용기준 <small>0.2g/kg</small>을 초과하였다.

예전에도 과자에서 적색 40호가 사용기준을 초과하여 수입이 차단된 바 있다. 이렇듯 수입식품 안전관리는 수입 전에 시험검사를 통해 유해식품을 차단하고 있다.

식용색소 황색5호는 4-아미노벤젠설폰산을 디아조화하고 6-히드로시-2-아프탈렌설폰산과 커플링 반응시켜 제조한 식품첨가물이다. 시험은 시료에 대하여 메탄올성 암모니아 용액으로 색소를 추출하여 HPLC로 정량한다.

(식품의 표시기준 위반) 최근 소시지에 콜레스테롤 함량을 5배나 낮게 표시한 사례가 실험을 통하여 확인되었다. 가공식품에는 소비자가 알아야 할 안전과 영양에 대한 정보를 표시하도록 하고 있다. 그중의 하나가 영양 성분에 대한 표시이다.

가공식품의 '영양'에 대한 적절한 정보를 소비자에게 전달해 주고 소비자들이 식품의 영양적 가치를 근거로 합리적인 식품 선택을 할 수 있도록 돕는 제도이다. 또한, 허위, 과대 표시 또는 광고로부터 소비자를 보호하고 국민 건강 증진하는 데 목적이 있다.

그러나 일부 업자들은 영양 성분을 허위로 표시하여 그로 인하여 소비자가 잘못된 식품 선택으로 자칫 건강을 해칠 수도 있다. 최근 소시지에 콜레스테롤 함량을 5배나 낮게 표시한 예가 실험을 통한 검사로 적발되었다. 이것은 소비자의 건강권을 침해하는 예로 볼 수도 있지 않을까. 이 제품은 콜레스테롤 함량이 적은 것처럼 허위 표시한 것으로 적합하지 않은 식품이다. 이 또한 불량식품에 해당한다.

(식품의 안전성 위반) 최근 과실주를 수입함에 있어 최초로 수입할 때는 과실주의 기준을 위주로 적용함으로써 적합하여 수입되었으나, 재차 수입 시에는 위해 우려

물질 위주로 기준을 적용하다 보니 부적합 판정된 사례가 발생하였다.

물론 수입 업자는 과실주에 사용한 모든 물질을 표시해야 함에도 표시를 하지 않음으로써 서류 심사를 통과한 것이다. 그러나 정부의 정밀검사_{무작위 검사}에서 발각되었다.

식품위생에 있어서 유해물질의 안전기준은 중요하다. 식품 중에서 기준 설정도 중요하지만 관리를 어떻게 하느냐가 더 중요하다. 식품 규격의 관리는 첫째 식품에 모두 적용되는 공통 기준과 개별 식품에만 적용되는 기준으로 구분된다. 유통 식품이나 국내 수입을 위한 식품의 기준 관리는 식품별로 적용하고 공통 기준을 선별 적용한다. 이러다 보니 일부 기준 항목이 누락되는 등 식품에 대한 기준 관리의 한계점이 늘 발생한다. 그래서 우리나라는 수입 식품에 대하여 철저한 안전관리를 위하여 이원화된 기준 관리를 하고 있다. 최초 수입을 위한 식품에는 식품별 기준과 일반적 공통 기준을 적용_{최초 정밀검사}하고 재차 수입되는 식품에 대해서는 위해 우려 물질에 대한 기준을 집중 적용_{무작위 검사}하고 있다.

2.4 위해식품의 사례는

위해식품은 식품 중에 위해 요소_{화학적 위해 요소, 생물학적 위해 요소, 물리적 위해 요소}가 존재하여 인체의 건강에 해를 끼칠 우려가 있는 식품을 말한다. 기준 및 규격 위반 등 각종 규정을 위한 불량식품과는 차이가 있다. 불량식품이라고 할지라도 위해식품이 아닐 수 있다는 말이다. 그러나 위해식품은 모두 불량식품에 해당한다고 보면 된다.

식품 중 유해물질의 기준에 부적합한 불량식품이라고 모두 위해식품은 아니다. 기준에 부적합하더라도 식품에 존재하는 양이 그 식품을 섭취함으로 인하여 인체 건강에 해를 끼칠 우려가 있어야 위해식품이다.

[화학적 위해 요소]

(화학적 합성품을 첨가한 식품 제조)

인삼 음료나 기타 식품 등에 비아그라 성분인 구연산실데나필을 첨가하거나 비아그라 성분과 유사한 물질인 호모실데나필을 첨가하여 제조한 식품은 위해식품이다. 이들 제품은 1회 섭취 용량당 구연산실데나필이 최고 133.32mg까지 검출되거나 동일 제품 중에도 함량 차이가 있는 등 균질화되지 않아 섭취 시 위험성이 큰 것으로 나타났다고 식약처는 밝혔다. 구연산실데나필과 호모실데나필을 사용하여 식품을 제조한 것은 식품위생법 제6조 기준 및 규격이 정해지지 않은 화학적 합성품을 식품에 사용한 사례로 볼 수 있고, 그 첨가량 역시 인체에 해를 끼칠 정도의 양으로 위해식품에 해당한다고 볼 수 있다.

(의약품 성분화학적 합성품을 첨가한 식품 제조)

스테로이드제 성분과 소염·진통제 성분이 함유된 원료를 식품과 건강기능식품에 몰래 넣어 통증, 관절염 특효 제품으로 판매한 업소 대표를 식품위생법 제6조 및 건강기능식품에 관한 법률 제24조 위반 혐의로 구속했다. 이들은 '2009년 10월부터 ' 2011년 4월까지 스테로이드제 성분인 '덱사메타손'과 프레드니솔론', 소염·진통제 성분인 '이부프로펜' 등을 식품 원료에 섞어 불법 제품을 만들어 판매한 것으로 조사되었다. 이들 성분의 첨가한 양은 약품의 효과를 목적으로 첨가되었으므로 섭취 시 인체 건강에 해를 끼치는 위해식품이다.

[생물학적 위해 요소]

(세균이나 바이러스 등 식중독균이 오염된 식품)

세균성 식중독, 노로바이러스에 의한 식중독은 유해미생물의 식품 중 오염에 의하여 일어난다. 식품 제조, 조리, 유통 과정에서 유해 미생물의 오염은 고의적이 아니더라도 오염 자체가 위생관리를 잘못했기 때문이다. 이들 식품은 식중독을 일으켜 인체 건강에 해를 끼치는 식품으로 모두 위해식품이다.

(1) 2018년 학교급식 초코 케이크 식중독 사건에서 보듯이 계란의 껍질에 오염된 살모렐라균이 계란액으로 재오염되었으나 이를 제대로 살균하지 못하여 발생하였다. 이것은 계란액에 살모레라균이 오염되었고 케이크 제조 시 오염된 살모레라균을 완벽하게 제균하지 못함으로써 일어난 사건이다. 살모렐라균에 오염된 초코 케이크는 사람이 섭취함으로써 건강에 해를 끼친 위해식품이다. 이러한 위해식품을 제조 또는 유통한 자는 고의성이 없다고 할지라도 식품 안전관리의 책임을 다하지 못하여 발생한 것이다.

(2) 식품 제조·가공 업체인 '(주)○○'이 제조·판매한 '○○○○ 식품유형: 과자'에서 식중독균인 황색포도상구균이 검출되어, 해당 제품을 판매 중단하고 회수 조치한 사례

(3) 살모렐라 식중독균 검출 김밥, 포도상구균 검출 도시락 등은 모두 위해식품이다. 이를 섭취 시는 식중독을 일으켜 인체 건강에 해를 끼친다.

[물리적 위해 요소]

(유리 조각 이물)

(1) 식품 제조·가공 업체가 유통한 '혼합음료' 제품에서 유리 조각 이물 길이: 약 7mm이 제조 과정에서 혼입돼 당국이 판매 중단 및 회수 2015

(2) 식품 제조·가공 업체인 '○○○'가 제조하고 유통전문판매원인 '○○○(주)'가 판매한 '○○○' 식품유형: 혼합음료 제품에서 유리 조각 이물 길이: 약 8mm이 제조 과정에서 혼입되어 해당 제품을 판매 중단 및 회수 조치 2017

(3) 식품 제조·가공 업체가 제조한 '○○○쥐포' 제품에서 유리 조각 이물 약 3mm, 5mm, 10mm 크기이 혼입되어 해당 제품을 판매 중단 및 회수 조치 2015

(쇳조각 이물)

(1) 통조림 캔 제품에 카트 칼날이 혼입되어 판매 중단 및 회수 조치, 문제 제품이 생산된 날에 생산라인의 컨베이어벨트가 끊어져 생산 작업이 정지된 상태에서

공장 관계자가 문제된 커트칼과 같은 칼을 사용하여 수리 작업을 한 것으로 확인되었고, 칼날 이물은 문제 제품이 생산된 컨베이어벨트 수리 과정에서 수리에 사용된 칼날이 부러져 제품에 혼입되어 통과된 가능성이 큰 것으로 판단되었다. 한편, 금속 검출기 및 X-ray 이물 검색기가 설치되어 있으나, 현장에서 실험한 결과 제품 속에 이물이 박힌 위치에 따라 이물을 검색해내지 못하는 기계적 결함이 확인되었다.

(2) 핫도그 소시지에 콕 박힌 작은 쇳조각, 모 대형마트에서 구매한 C제조사 냉동 핫도그를 익혀서 먹던 중 핫도그 속에서 작은 쇳조각이 발견되었다.

(**머리카락 이물)

식품 속에 머리카락의 존재는 분명히 위해 요소 중의 하나인 이물이다. 그러나 이것은 위해식품은 아니다. 단지 불량식품에 해당한다. 그 이유는 뭘까? 이물이 존재하는 식품을 먹었을 때 사람에게 건강상 해를 끼치는지 또는 그렇지 않은지의 판단이다. 유리 조각이나 쇳조각 등은 인체의 건강에 해를 끼칠 수 있으나, 머리카락은 위생관리상의 문제이지 당장 건강에 해를 끼칠 정도는 아니다.

2.5 '유해하다'와 '위해하다'는 의미가 다른가요?

'유해하다'는 어떤 물질 자체의 특성이 독성이나 위험성이 있는 경우를 말한다. '위해하다'는 '유해하다'라는 실체유해물질 등 위해 요소가 있을 때 그 유해로 인하여 사람의 건강에 좋지 않은 결과를 가져올 때 사용하는 용어이다. 즉 어떤 유해한 물질유해물질이 들어 있는 식품을 사람이 먹어서 인체에 해를 끼칠 우려가 있는 경우, '위해하다'고 표현한다.

'유해하다'와 '위해하다'는 의미가 확실히 다르다. 이를 이해하여야만 식품의 안전성을 이해할 수 있을 것이다.

'유해하다'는 그 물질이 독성학적으로 독성이 '있느냐', '없느냐'를 따져서 독성이 있으면 '유해하다'고 말하고 독성이 없으면 '무해하다'고 말한다. 그래서 독성이 있는 물질을 일반적으로 유해물질이라고 한다.

'위해하다'는 의미는 이러한 유해물질이 사람에게 노출되었을 때, 사람에게서 어떤 좋지 않은 영향이 일어날 가능성을 표현한 말로 인체 건강에 해를 끼칠 경우를 '위해하다'고 한다. 즉 사람에게 유해한 '영향을 미치느냐', '미치지 않느냐'를 따져서 아무런 영향을 미치지 않으면 '위해하지 않다'고 말하고, 좋지 않은 영향_{인체 건강에 해를 끼치는 것}을 미치면 '위해하다'고 말한다.

'위해하다'는 용어는 '유해하다'라는 실체_{유해물질 등 위해 요소}가 있을 때 그 유해로 인하여 인체 건강에 좋지 않은 결과를 가져올 때 사용하는 용어이다.

그렇다면 어떤 유해물질이 들어 있는 식품을 먹어서 인체에 해를 끼칠 우려가 있는 경우, 그 식품이 '유해하다' 아니면 '위해하다'가 맞는 표현일까요? 답은 '위해하다'가 맞는 표현이다.

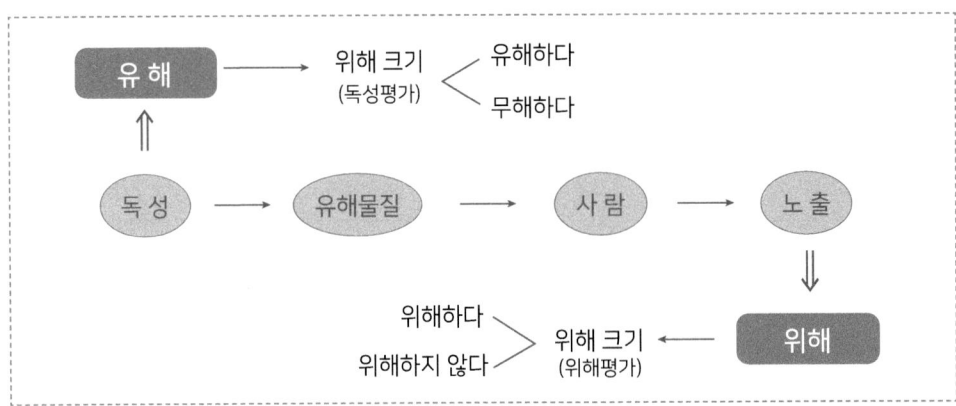

2.6 유해(Hazard)와 위해(Risk)는 어떻게 구별하나요?

유해와 위해의 개념은 비슷한 것 같지만 전혀 다른 의미이다.

유해_{Hazard}는 사람에게 좋지 않은 고유 특성_{독성 등}을 가지고 있는 것_{물질}으로 Hazard, 유해물질, 위해 요소 등으로 표현된다.

위해_{Risk}는 유해_{Hazard}라는 것이 인체에 들어와서 인체의 건강에 좋지 않은 영향_{인체 건강에 해를 끼치는 것}을 줄 가능성을 말하며, 위해 우려가 있다. 위해 우려가 없다 등으로 표현한다. 즉 위해_{Risk}는 유해라는 도구_{유해물질}로 인하여 인체 건강에 해를 끼칠 정도_{확률}를 말한다.

따라서 유해물질이 '유해하다'는 사실만으로 그 유해물질이 식품에서 검출되었을 때, 그 식품이 '유해하다'고 말하는 것은 잘못된 것이다.

식품의 안전에 있어서 유해와 위해는 구별되어야 한다. 식품 안전성은 유해_{Hazard}가 아니라 위해_{Risk}로 결정된다.

유해물질의 안전관리에 있어서 유해와 위해의 차이는 무엇일까? 유해_{유해물질, 위해 요소}는 사람에게 좋지 않은 영향을 가하는 것_{물질}이고, 위해는 유해_{유해물질, 위해 요소}로 인하여 사람에게 좋지 않은 영향을 줄 수 있는 확률이다. 즉 유해물질은 유해_{Hazard}의 도구이고, 위해_{Risk}는 유해라는 도구로 인하여 인체 건강에 해를 끼칠 정도_{확률}를 말한다.

예를 들어, 뱀은 사람에게 유해_{위해 요소, 유해물질}한 것이다. 사람들은 집 앞뜰에 있는 뱀은 무서워하고 위험하다고 느낀다. 하지만 그림책 속의 뱀_{그림}은 전혀 무서워하지 않는다.

한편, 뜰에 있는 뱀이 나의 1m 앞에 있으면 매우 위험하다. 5m 앞에 있으면 좀 덜 위험하다. 10m 앞에 있으면 뱀은 별로 위험하지 않다고 말한다. 이렇게 위험의 정도를 나타내는 용어가 위해이다.

분명히 뱀은 인간에게 해를 끼칠 수 있는 유해한 것_{유해물질, 위해 요소}이지만, 그림책 속의 뱀과 집 앞뜰에 있는 뱀은 위해의 정도가 다르다. 즉 위해는 유해물질_뱀에 노출_{집 앞뜰에 있는 뱀}되었을 때 일어나고 노출되지 않았을 때_{그림 속 뱀} 위해는 일어나지 않는다.

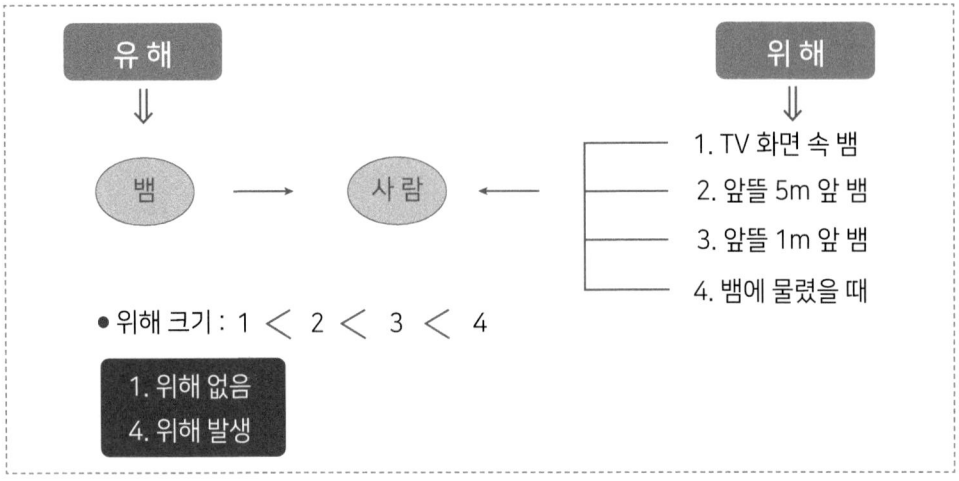

다른 예를 들어보면, A라는 잔류농약A의 유해 크기, ADI=0.01mg/kg/day이 0.5mg/kg 검출된 식품을 100g 먹었을 때와 A라는 잔류농약A의 유해 크기, ADI=0.01mg/kg 검출된 식품을 100g 먹었을 때 위해 크기는 다르다. 즉 같은 유해 크기를 가진 유해물질의 경우 검출량이나 섭취량에 따라 위해 크기가 다르다는 것이다.

유해 크기가 다른 B라는 잔류농약B의 유해 크기, ADI=0.001mg/kg/day이 검출된 0.5mg/kg 검출된 식품을 100g 먹었을 때와 A라는 잔류농약A의 유해 크기, ADI=0.01mg/kg/day이 0.5mg/kg 검출된 식품을 100g 먹었을 때, B라는 농약이 A라는 농약보다 유해 크기인체노출안전기준가 크기 때문에 같은 검출량과 같은 섭취량이라도 위해 크기는 B 농약이 검출된 식품이 더 크다.

따라서 유해물질의 위해 크기는 그 유해물질의 유해 크기, 식품 중 유해물질 함유량, 그 식품의 섭취량에 따라 다르다는 것이다.

따라서 유해물질이 '유해하다'는 사실만으로 그 유해물질이 식품에서 검출되었을 때, 그 식품이 '유해하다'고 말하는 것은 잘못된 표현이다.

	유해(Hazard, 有害)	위해(Risk, 危害)
정의	사람에게 해를 가하는 물질 해를 가지고 있는 물질	유해로 인하여 인체 건강에 해를 끼치는 정도, 해를 끼칠 두려움
역할	유독·유해물질의 본질(그 자체) 위해 요소의 본질(그 자체)	유독·유해물질이 인체 건강에 작용 위해 요소가 인체 건강에 작용
크기 측정	독성시험, 독성평가	위해평가
적용 예시 (뱀)	뱀	뱀이 사람에게 다가오는 것 뱀이 사람을 무는 것
	[유해 크기] 독이 없는 뱀(A) 독이 약한 뱀(B) 독이 강한 뱀(C) 유해 크기: A < B < C	[위해 크기: 사람에게 노출 정도] 뱀이 사람에게 10m까지 접근했을 때(a) 뱀이 사람에게 1m 까지 접근했을 때(b) 뱀이 사람을 물기 직전(c) 뱀이 사람을 물었을 때(d) 위해 크기: a < b < c < d
	독이 없는 뱀은 사람에게 전혀 위해가 없다. 왜냐하면 인체 건강에 해를 끼치지 않기 때문이다. 하지만 독이 강한 뱀은 사람에게 1m만 접근하여도 위해 우려가 있고, 이 뱀에 물렸을 때는 심각한 인체 건강에 해를 끼친다. 이렇듯 위해는 사람에게 유해가 접근해야만 일어날 수 있으며, 유해의 크기에 따라 사람에게 접근(노출) 정도에 따라 위해 크기는 달라진다.	
적용 예시 (농약)	농약	잔류농약이 검출된 식품을 먹고 나타난 현상
	[유해 크기] 농약(A): ADI가 0.001mg/kg/day 농약(B): ADI가 0.01mg/kg/day 농약(C): ADI가 0.1mg/kg/day 유해 크기: A > B > C	[위해 크기: 사람에게 노출 정도] 잔류농약(A)이 0.5mg/kg 검출된 식품을 100g 먹은 사람(a) 잔류농약(A)이 0.5mg/kg 검출된 식품을 1kg 먹은 사람(b) 잔류농약(A)이 5mg/kg 검출된 식품을 100g 먹은 사람(c) 위해 크기: a < b = c

	잔류농약(A)가 검출된 식품을 먹었을 때 위해 크기는 0.5mg/kg 검출된 식품을 100g 먹은 사람보다는 1kg 먹은 사람이 더 크다. 그리고 잔류농약(A)이 0.5mg/kg 검출된 식품을 100g 먹은 사람보다는 5mg/kg 검출된 식품을 100g 먹은 사람이 위해가 더 크다. 즉 유해물질을 사람이 먹는 양에 따라 위해 크기는 달라진다.	
	잔류농약(A)이 0.5mg/kg 검출된 식품을 100g 먹은 사람보다는 잔류농약(B)이 0.5mg/kg 검출된 식품을 100g 먹은 사람이 위해가 더 작다. 왜냐하면 농약(A)보다는 농약(B)이 유해 크기가 작기 때문이다. 즉 유해물질의 유해 크기에 따라 위해 크기는 달라진다.	
용어의 적용 예시	농약, 중금속, 다이옥신 등 유독 유해물질, 뱀, 이물 등 위해 요소	폐광 지역 주민의 중금속 중독의 안전 여부 등 인체 건강에 영향
용어의 적용	독성평가를 통한 유해물질의 독성 값 결정 유해 크기(인체노출안전기준 등) 식품 제조 안전관리 시 위해 요소 분석 (hazard analysis)	위해 평가(risk assessment)를 통한 식품의 위해크기 결정 위해 크기에 따른 위해관리(risk management)
용어의 상호 관계	유해물질이 노출되지 않으면 인체 건강에 해가 발생하지 않음(위해가 발생하지 않음)	인간에게 유해(유해물질)가 노출되었을 때 인체 건강에 위해가 발생하고 그 노출 정도에 따라 위해(risk) 크기가 달라짐(안전성이 달라진다)

2.7 유해물질로 인한 식품의 안전성 표현에서 '유해하다'와 '위해하다' 중 어느 것이 맞나요

유해물질로 인한 식품의 안전성을 표현하는 데 있어서, '안전하다', '안전하지 않다'의 표현은 '위해하다', '위해하지 않다'고 해야 할 것이다.

* 유해하다는 물질이 유해하다는 표현이다. 즉 해롭라는 특성이 있어서 유해물질이다.

식품의 안전성은 '안전하다', '안전하지 않다'고 표현한다. 그리고 식품이 '안전하다', '안전하지 않다'는 '위해하다', '위해하지 않다'고 말할 수 있다.

왜냐하면, 유해가 있는 것_{유해물질}을 사람이 섭취했을 때 그 유해한 것_{유해물질}이 사람에게 어떤 좋지 않은 영향을 '미쳤는지', '미치지 않았는지'를 판단한 결과가 '위해하다', '위해하지 않다'이기 때문이다. 즉 위해는 인체 건강에 해를 끼치는지 여부이다.

따라서 유해물질로 인한 식품의 안전성은 어떤 유해물질이 함유된 식품을 섭취함으로써 사람에게 '위해한지' 또는 '위해하지 않은지'의 표현이 맞다.

여기서 잠깐 '유해물질'과 '위해물질'이란 용어는 어느 것이 맞는 말일까? 식품의 안전성을 설명하는 데 있어서 '유해물질'이란 용어가 맞는 것이고, '위해물질'이란 용어는 있을 수 없다. 왜냐하면 '위해'라는 용어는 유해물질로 인하여 인체에 좋지 않은 영향을 미칠 확률_{정도}을 나타내는 것이어서 위해물질이라 표현은 맞지 않다. 그래서 유해물질과 위해물질을 혼동하여 사용해서는 안 된다. 그 대신에 위해 요소란 용어를 사용하여 유해물질과 동일하게 사용하기도 한다.

2.8 유해물질로 인한 식품의 안전과 위해의 의미는 무엇이나요

식품 안전성이란 유해물질이 식품에서 검출되었느냐, 검출되지 않았느냐가 아니라 유해물질이 검출된 식품을 먹었을 때 사람에게 어떤 좋지 않은 영향을 '미치느냐', '미치지 않느냐'_{위해 여부}는 것이다.

식품의 안전성에서 식품 중에 유해물질이 검출되었으니 먹으면 '유해하다'는 표현은 있을 수 없으며, 어떤 유해물질이 얼마나 검출된 식품을 얼마나 먹으면 '위해하다'라고 표현해야 한다.

식품의 안전성에서 '유해하다', '유해하지 않다' 대신에 '위해하다', '위해하지 않다'라는 용어를 사용하는 순간 식품 안전은 모두 과학으로 바뀐다.

식품의 안전성은 사람이 식품 섭취로 인하여 유해한 것유해물질에 직접 또는 간접적으로 노출되었을 때, 어떤 좋지 않은 영향을 '받았는지', '안 받았는지', '어느 정도 받았는지'를 평가하는 것이다. 이런 일련의 과정이 위해Risk 평가이다. 이때 평가한 결과의 표현은 '위해하다' 또는 '위해하지 않다'고 말하고, 위해하다면 '위해가 작다', '위해가 크다', '위해 우려가 있다' 등으로 표현한다.

즉 유해물질이 식품에 '들어 있느냐', '들어 있지 않냐'가 아니라 유해물질이 들어 있는 식품을 먹었을 때, 사람에게 어떤 좋지 않은 영향을 '미치느냐', '미치지 않느냐'를 따지는 것이 식품의 안전성이다.

식품의 안전성에서 식품에 유해물질이 들어 있으니 먹으면 '유해하다'는 표현은 있을 수 없으며, 유해물질이 얼마나 들어 있는 식품을 얼마나 먹으면 '위해하다'라고 표현해야 한다.

식품의 안전성에서 '위해하다', '위해하지 않다'라는 용어를 사용하는 순간 모든 식품 안전은 과학으로 변한다.

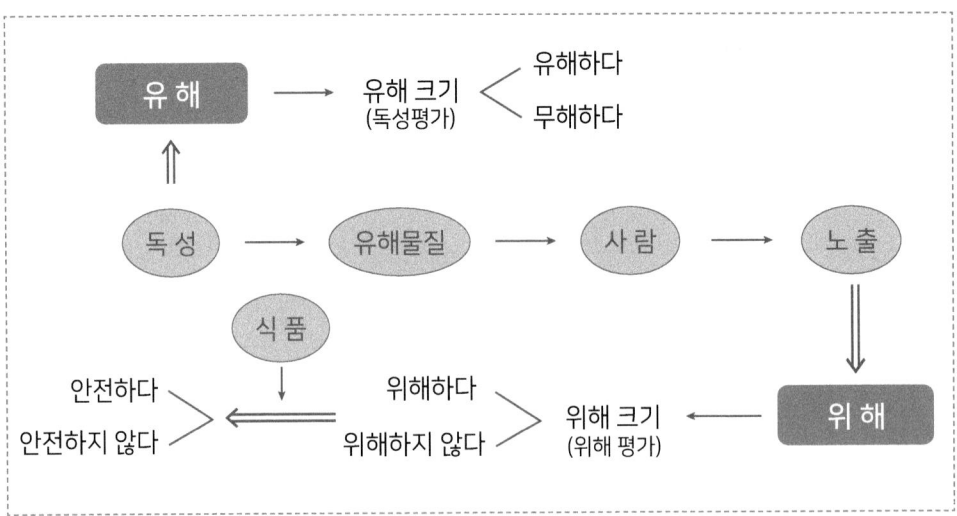

2.9 위해가 있는지, 없는지는 어떻게 알 수 있나요?

'유해'라는 도구가 인체에 들어 온 양과 그 '유해'의 크기독성 등를 비교해서, 인체에 들어 온 '유해'의 양이 유해 크기보다 크면많으면 위해 우려가 있다고 말한다. 즉 위해 요소의 유해 크기예로서 물뱀, 살모사 등 뱀의 종류와 노출 정도예로서 뱀과 나와의 거리에 따라 위해의 크기가능성을 측정한다. 이러한 일련의 위해 측정 과정을 전문용어로 위해평가라고 한다.

집 앞뜰에 있는 뱀은 뱀의 종류, 사람과의 접근노출 정도에 따라 위해는 다르다. 즉 뱀의 종류나 나와의 거리에서 위해의 크기를 알 수 있다. 뱀과 나와의 거리가 20미터, 10미터, 1미터이냐에 따라 뱀에 물릴 확률은 다르기 때문이다. 뱀에 노출되었다 하더라도 20미터에 있는 뱀은 당장 위해를 가하지 않겠지만, 1미터 거리에 있는 뱀은 당장에 물릴 가능성위해이 크다. 물론 뱀의 종류에 따라 살모사와 같은 독사냐, 독이 없는 물뱀이냐에 따라 위해의 크기 측정에 영향을 미친다. 물뱀은 독이 없으니까 1미터 가까이 노출되어도 위해가 없겠지요. 하지만 살모사가 1m 앞까지 다가왔다면 위해물려서 건강을 해칠 우려가 있는 것이죠.

위해의 측정은 뱀과 같은 위해 요소유해물질에 노출되었을 때 위해 요소의 독성 정도예로서 뱀의 종류와 노출 정도예로서 뱀과 나와의 거리에 따라 위해의 크기가능성을 측정한다. 이러한 일련의 위해 측정 과정을 전문용어로 위해평가라고 한다. 유해물질에 노출되지 않았을때는 위해평가는 무의미하다 할 수 있다. 왜냐하면 유해물질위해 요소이 검출된 식품을 먹지 않으면 위해가 일어날 일이 없기 때문이다.

더 구체적으로 예를 들어보면, 어항 속 물고기에 세제는 유해물질이고, 어항 속에 세제를 넣었을 때 위해는 일어난다. 하지만 위해 정도는 세제를 어항에 얼마만큼 넣었느냐에 따라 다르다. 많은 양을 넣으면 물고기는 죽지만 아주 적은 양은 아무런 영향이 없다.

여기서 세제의 양은 세제의 독성 특성유해 크기, 최대무작용량, NOAEL에 따라 물고기에 미치는 영향이 다르다. 이것이 식품 중 유해물질에 대한 위해관리의 근간이 되는 것이다.

어항 속 금붕어와 세제 - 위해관리

어항 속 세제 양에 따라 금붕어의
위해 정도가 다름(노출)

세제의 독성 크기에 따라 금붕어의
위해 정도가 다름(독성)

2.10 유해물질이 검출된 식품의 안전성 평가란 무엇인가?

유해물질이 검출된 식품의 안전성 평가는 일정 크기의 독성유해 크기을 가진 유해
물질이 얼마나 함유된 식품을 얼마나 먹었을 때 그 유해물질의 유해독성 크기를
초과하는지를 평가하는 것이다. 유해 크기인체노출안전기준를 초과하지 않으면 위해
우려가 없다고 판단하고 그 식품은 안전한다고 평가한다.
즉 유해물질로 인한 식품의 안전성 평가는 유해 크기를 측정하는 독성평가와 위
해 크기를 측정하는 위해평가를 통하여 이루어진다.

식품의 안전성 평가는 식품의 생산/유통/소비 단계에서 모든 위해 요소hazards를 확
인, 분석, 평가하고 이 위해 요소가 함유 또는 오염되어 있는 식품을 섭취 시 인체 건
강에 얼마나 나쁜 영향을 미칠지를 밝혀내는 것이다.

유해물질이 검출된 식품의 안전성 평가는 먼저 유해물질의 유해 크기를 측정하여
야 하는데 이를 독성평가라고 한다. 어떤 물질이나 식품이 독성이 있는지 없는지를 평
가하고 독성이 있다면 어느 정도인지를 평가한다.

　두 번째는 이러한 유해 크기를 가진 유해물질이 검출된 식품을 사람이 먹었을 때 인체 건강에 악영향을 미치는지의 위해 크기를 측정한다. 이것이 위해평가이다. 즉 일정 크기의 독성을 가진 유해물질이 얼마나 함유된 식품을 얼마나 먹었을 때 그 유해물질의 유해독성 크기를 초과하는지를 평가하는 것이다. 그래서 유해 크기를 초과하지 않으면 위해 우려가 없다고 판단하고 식품이 안전하다고 평가한다.

　결국 식품의 안전성 평가는 독성평가와 위해평가 두 단계로 이루어진다고 보면 된다.

　신소재 식품의 안전성 평가도 마찬가지인데, 먼저 신소재에 대한 독성평가를 통하여 최대무독성량을 정하고, 그다음으로 그 신소재를 사람이 어느 정도 먹었을 때 최대무독성량을 초과하는지, 초과하지 않는지를 평가한다위해평가. 그리고 신소재를 식품 원료로 인정해 줄 때는 그 신소재 식품이 인체 적용 최대무독성량1일 섭취허용량을 초과하지 않도록 용도와 사용량을 정하여 인정해 준다.

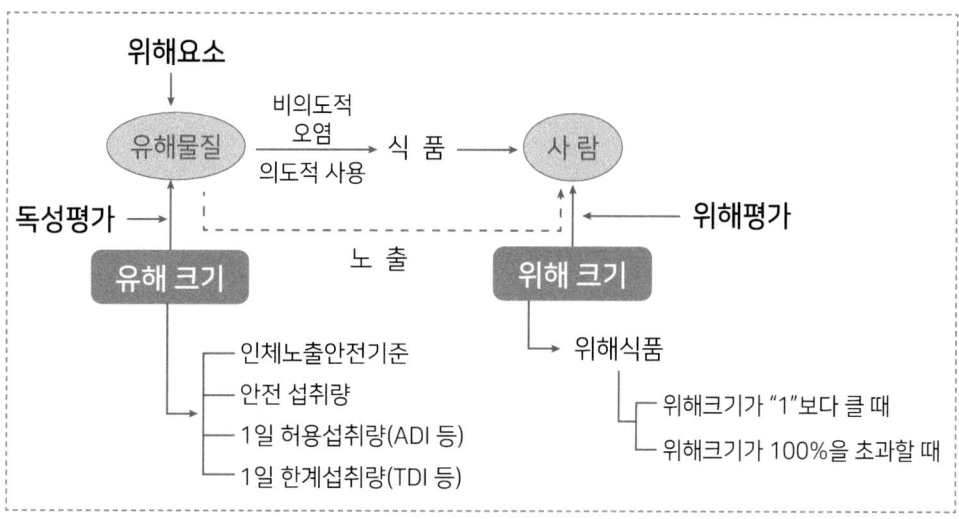

2.11 식품의 안전관리에서 유해와 위해의 개념을 정리하여 구별하면 어떠한 변화가 일어날까요?

식품 안전을 과학에 근거하여 '유해와 위해' 개념으로 구별하여 설명하면

식품 중에 유해물질이 검출되었을 때

→ ① 유해하니 무조건 먹으면 안 된다는 개념에서

→ ② 어떤 독성을 가진 유해물질이 얼마나 검출되었으니 먹으면 안 된다/해롭다 는 개념에서

→ ③ 이제는 어떤 독성을 가진 유해물질이 얼마나 검출되었으니 그 식품을 얼마나 한 번에 몇 g 이하 **어떻게** 1주일에 몇 번 **먹으면 안전하다** 또는 위해하다는 개념으로 **바뀐다.**

식품 중에 유해물질의 유해 크기가 크다 독성이 강하다고 할지라도 미량 들어 있거나 그 식품을 소량 섭취한다면 노출량이 적어서 위해 크기가 작기 때문에 그 식품은 안전할 수도 있다.

식품의 안전관리에서 유해와 위해의 개념을 구별하여 설명하면

식품 중에 유해물질이 검출되었을 때,

→ ① 유해하니 무조건 먹으면 안 된다는 개념에서

→ ② 어떤 독성을 가진 유해물질이 얼마나 검출되었으니 먹으면 안 된다/해롭다는 개념에서

→ ③ 이제는 어떤 독성을 가진 유해물질이 얼마나 검출되었으니 그 식품을 얼마나 섭취할 양과 섭취 빈도 **먹으면 안전하다** 또는 위해하다는 개념으로 바뀐다는 것이다.

예를 들어, 메틸수은은 태아 또는 영아의 신경 발달에 영향을 주기 때문에 임신이나 수유 중인 여성은 메틸수은이 0.2mg/kg 검출된 참치는 1주일에 400g 이하로 섭취하는 것이 인체 건강에 안전하다. 100g짜리 참치캔 참치로 60g의 경우는 1주일에 6회 정도 먹어도 안전하다.

식품에서 유해물질이 검출되었다고 모두 안전하지 않은 식품은 아니다. 이제는 식품 안전성에 대한 패러다임을 바꿔야 한다.

식품의 안전관리에서 '유해하다'라는 용어 대신에 '위해하다'라는 용어를 쓰는 순간 모든 것은 과학적으로 바뀐다.

2.12 식품의 안전성에 있어서 유해와 위해를 구별하지 않으면 어떻게 될까요?

유해물질이 식품에서 검출되었을 때, 유해와 위해를 구별하여 설명하지 않는다면 ① 식품에 유해한 물질이 나왔으니 먹으면 우리 몸에 해를 끼친다. ② 그러니 먹으면 안 된다. ③지금까지 이 식품을 먹어 왔는데 어떻게 하지? 등의 걱정, 공포, 불안감을 초래한다.

나중에 살펴보면 대부분은 그 식품을 다시 그대로 아무렇지 않게 먹고 있다. 그 의미는 위해를 이해하지 못하고 유해만 이해했기 때문일 것이다.

인간은 수많은 유해한 것에 노출되고 있으며, 식품 중에도 여러 유해물질들이 검출되고 있다. 유해물질이 식품에서 검출되었을 때, 유해와 위해를 구별하여 설명하지 않는다면 ① 식품에 유해한 물질이 나왔으니 먹으면 우리 몸에 해를 끼친다. ② 그러니 먹으면 안 된다. ③ 나는 지금까지 먹어 왔는데 어떻게 하지? 등의 걱정, 공포, 불안감을 초래한다. 결국, 이성적 판단이 아닌 감성적, 비이성적 판단을 하게 된다.

그리하여 올바른 문제 해결을 위한 각종 판단을 흐리게 하고, 책임 소재, 법적 공방, 불신 등을 가져오게 된다. 지금까지 산업계와 시민단체, 정부와 시민단체, 정부와 언론 등의 끝없는 유해성/위해성 논란은 이어져 왔다.

나중에 지나고 나면, 대부분은 그 식품을 그대로 아무렇지 않게 먹고 있다. 그 의미는 유해만 이해하고 위해를 이해하지 못했기 때문일 것이다.

2.13 식품의 안전성에 있어 유해(Hazard)과 위해(Risk)를 구별하여 이해하는 것은 필수이다.

식품의 안전성에서 hazard와 risk를 이해해야만

1. 식품 중 유해물질의 안전성을 이해할 수 있고 위해식품을 정의할 수있다.
2. 식품의 신소재을 개발함에 있어 안전성을 평가할 수 있다.
3. 건강기능식품 기능성 원료를 인정받고자 함에 있어 안전성을 설명할 수 있다.
4. 식품첨가물의 안전성을 논할 수 있다.
5. 농약 또는 동물용의약품을 허가하고 식품에 잔류허용기준을 설정할 수 있다.
6. 식품 중 중금속, 다이옥신, 방사능 등 유해오염물질의 안전성을 확보할 수 있다.
7. 식품 중 위해요소에 대한 인체 영향을 과학적으로 설명할 수 있다.

식품의 안전성에서 유해Hazard과 위해Risk를 구별하지 않고서는 식품의 안전성, 유해성, 위해성 문제는 결코 해결되지 않는다. 지금도 신소재 식품, 건강기능식품의 기능성 원료, 식품첨가물의 안전성 평가는 모두 유해와 위해를 근간으로 평가하고 있다. 이제 식품 중 유해물질의 안전도 유해와 위해를 근간으로 과학적 소통하여야 한다.

결론적으로 유해Hazard과 위해Risk를 이해하고 구별해야 만이 우리의 먹을거리는 안심할 수 있다.

2.14 위해관리 시스템이란 무엇인가

위해관리 시스템이란 결국 유해물질의 인체 노출량을 관리하는 것이다.

위해요소의 인체 노출량을 줄이기 위해서는 첫째, 식품 중 유해물질 함량을 제어하는 것이다. 그 수단이 식품 중에 유해물질 기준을 설정하는 것이고, 식품중에 지속적인 유해물질의 저감화를 하여야 한다. 둘째, 식품의 섭취량을 제어하여야 한다. 유해물질 함량이 높은 식품은 섭취 양과 빈도를 조절하는 식품안전섭취 가이드 등이 필요할 것이다. 셋째, 궁극적으로 식품의 생산, 제조, 가공, 유통, 조리 중에 위해요소를 관리하는 시스템이다. 즉, 그것이 HACCP이다.

위해관리 시스템은 위해요소, 즉 유해hazard가 식품을 통해 인체에 해risk를 주는 위해 식품으로 가는 것을 막는 시스템, 즉 해썹HACCP, hazard analysis critical control point 등이 있다.
식품제조업체 등에 HACCP를 의무화하는 이유가 바로 여기에 있다. 유해와 위해를 이해하면 식품안전관리의 근본을 이해할 수 있다. 궁극적으로 식품안전관리의 목적은 유해로 부터 식품으로 인한 위해를 방지하는 것이다.
위해요소harzard는 화학적 요소, 생물학적 요소, 물리적 요소를 모두 포함한다.

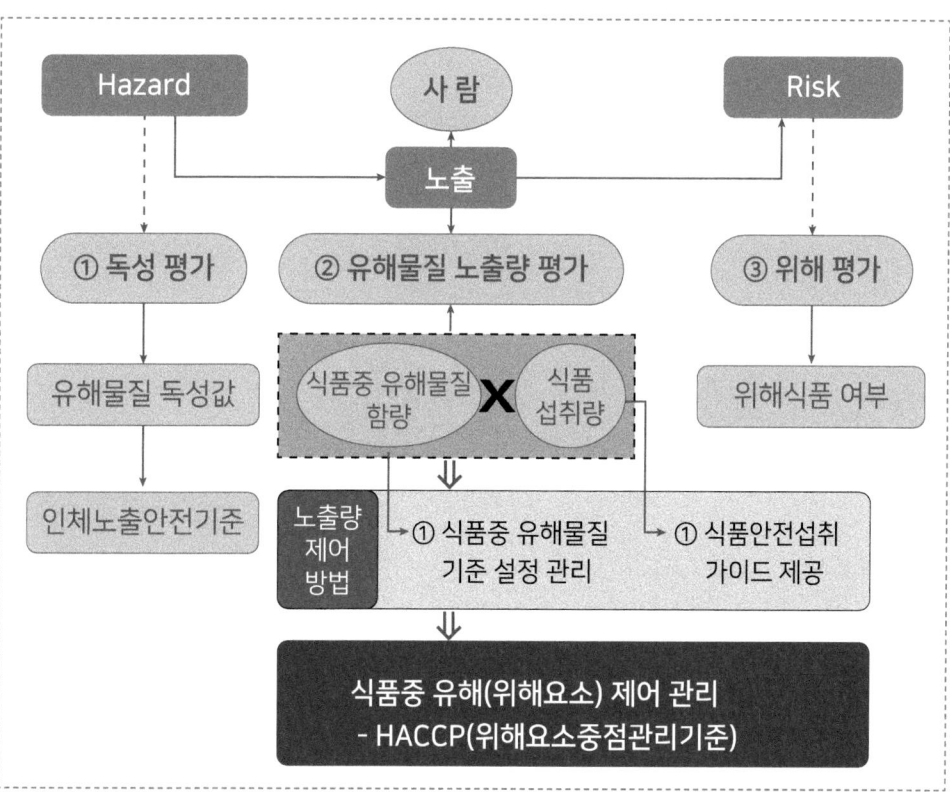

03

유해물질로 인한
식품의 위해성을 판단하는 잣대

유해물질로 인한
식품의 위해성을 판단하는 잣대

3.1 유해물질로 인한 식품의 안전성은 무엇을 근거로 판단하나요?

> 유해물질로 인한 식품이 '안전하다' 또는 '안전하지 않다'는 판단 근거는 유해물질의 검출량_{기준 적합 여부}이 아니라 유해의 실체인 유해물질에 대한 독성값이다. 즉 그 독성값은 **최대무독성량**NOAEL으로 그 유해물질의 유해 크기이다.

식품이 '안전하다', '안전하지 않다'는 '위해하다', '위해하지 않다'고 말할 수 있다. 즉 어떤 위해 요소_{유해물질 등}로 인하여 사람에게 '위해한지_{위해가 있는지}' 또는 '위해하지 않은지_{위해가 없는지}'가 판단될 것이다. 그렇다면 '위해한지', '위해하지 않은지'는 어떻게 판단하는 것일까?

위해 여부를 판단하기 위해서는

첫째, 유해라는 실체가 있어야 한다. 즉 식품 중 유해물질이나 위해 요소를 파악해야 한다. 예를 들어, 카드뮴이 오염_{함유}되어 있는 쌀이 안전한지 아닌지를 판단하기 위해서는 위해를 판단하는 실체는 유해물질인 카드뮴이 될 것이다.

둘째, 유해라는 실체_{예 카드뮴}에 대한 독성값을 찾아야 한다. 유해물질_{예, 카드뮴}에 대한 독성값은 동물을 이용한 독성실험_{반복투여독성시험}을 통하여 최대무독성량_{NOAEL}을 구한다.

셋째, 식품예, 쌀의 안전성 여부는 사람이 식품예, 쌀 섭취로 인한 유해물질예, 카드뮴의 노출량예, 먹는 양이 유해물질예, 카드뮴의 독성값유해 크기인 최대무독성량NOAEL의 초과 여부로 결정한다.

즉 식품이 사람에게 '안전하다' 또는 '안전하지 않다'는 판단 근거는 유해의 실체유해물질 등에 대한 유해물질의 독성값인 최대무독성량NOAEL이다.

3.2 사람에 대한 식품의 안전 유무를 판단해야 하는 데 있어서, 동물 독성실험으로 결정된 최대무독성량(NOAEL)을 판단 근거로 사용해도 되나요?

> 사람에 대한 안전 유무를 판단하기 위해서는 유해물질의 독성값인 동물 적용 최대무독성량NOAEL보다 100배 낮은 값1/100을 곱하여 산출, 즉 인체 적용 **최대무독성량**인체노출안전기준을 판단 기준으로 한다.

사람에 대한 안전 유무를 판단하기 위해서는 유해물질의 독성값인 동물 적용 <u>최대무독성량</u>NOAEL보다 100배 낮은 값1/100을 곱하여 산출, 즉 인체 적용 최대무작용량<u>인체노출안전기준</u>을 판단 기준으로 한다. 왜냐하면 유해물질의 독성값은 동물실험을 통하여 얻은 값이기 때문에 사람에게 적용할 때는 10배 더 적은 양을 적용하고, 또한 사람 중에서도 어린이, 남녀노소 등 특성 차이 때문에 10배 더 적은 양을 적용한다. 예를 들어, 동물실험을 통하여 결정된 유해물질의 독성값인 최대무독성량NOAEL이 10mg/kg이라면, 인간에게 적용할 때는 유해물질의 독성값인체노출안전기준은 0.1mg/kg으로 훨씬 적은 값과 비교하여 위해 여부를 판단하기 때문에 더 엄격하고 안전하다고 볼 수 있다.

3.3 인체노출안전기준이란 무엇인가요?

> 인체노출안전기준이란 식품 중 유해물질이 인체에 노출되어도 건강에 해를 끼치지 않는다고 판단되는 안전섭취량으로 평생의 건강 보호를 목적으로 기준이 정해져 있다. 인체노출안전기준은 동물을 대상으로 실험을 하여 구한 최대무독성량$_{NOAEL}$을 사람에게 적용하기 위한 독성값이다.

인체노출안전기준은 동물을 대상으로 실험을 하여 구한 최대무독성량$_{NOAEL}$을 사람에게 적용하기 위한 독성값이다. 인체노출안전기준은 동물 적용 최대무작용량$_{NOAEL}$을 사람을 대상으로 적용하기 위하여 동물에서 사람으로의 전환 계수인 불확실성계수$_{10}$와 사람과 사람 간의 특성 차이를 감안한 불확성계수$_{10}$를 반영하여 환산한 인체 적용 최대무독성량$_{NOAEL}$이다.

즉 사람이기 때문에 동물보다 100배나 낮은 용량으로 최대한 안전하게 설정한다. 그래서 설령 이 기준을 조금 넘는다고 바로 위해가 나타나는 것은 아니지만 굉장히 엄격하게 관리하는 기준이다.

인체노출안전기준이란 식품 중 유해물질이 인체에 노출되어도 유해한 영향이 나타나지 않는다고 판단되는 노출 허용 수준이다.

유해물질의 인체노출안전기준은 식품의 안전성을 판단하는 잣대로서 역할을 한다.

평생의 건강 보호를 목적으로 기준이 정해져 있으며, 이 기준을 초과하여 지속적으로 노출되었을 경우에는 건강에 악영향을 줄 수 있다.

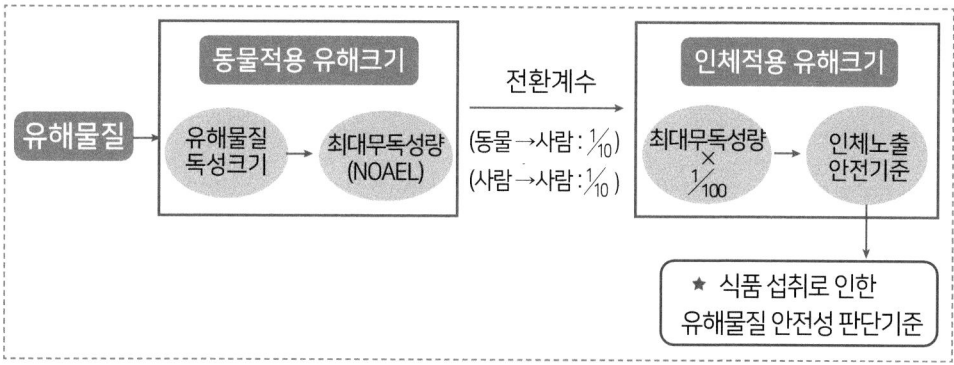

인체노출
안전기준 ➡️

식품 중 유해오염물질이 인체에 노출되어도 유해한
영향이 나타나지 않는다고 판단되는 노출 허용 수준

평생 동안의 건강보호를 목적으로 정해져 있으며,
이 기준을 초과하여 지속적으로 노출되었을 경우
건강에 영향을 줄 수 있음

체중 kg당 노출 허용량으로 표시

중금속 등 비의도적 오염물질 : TDI, PTWI 사용

잔류농약 등 의도적 사용물질 : ADI 사용

3.4 유해물질이 검출된 식품의 안전성을 판단하는 잣대는 무엇인가요?

> 유해물질이 검출된 식품의 안전성 판단 잣대는 유해 크기인 인체노출안전기준이다.
> 즉 인체 위해성 판단은 유해물질의 인체노출안전기준유해크기보다 식품 섭취로 인
> 한 유해물질의 먹는 양노출량이 많은지 적은지로 판단한다.

유해물질의 독성값인 유해 크기는 그 유해물질의 가지고 있는 고유한 독성유해 특성
으로써 인체를 대상으로 했을 때에 인체에 해를 끼치지 않은 유해물질의 최대 용량이
다. 즉 유해물질의 안전 섭취량으로 보면 된다.

그래서 식품 섭취로 인한 유해물질의 인체 노출섭취량이 유해물질의 유해 크기인 인
체노출안전기준을 초과하면 안전하지 않다고 본다.

따라서 유해물질의 유해 크기인 인체노출안전기준은 유해물질로 인한 식품 안전의
여부, 위해식품의 여부를 판가름하는 잣대인 셈이다.

유해물질의 인체 노출섭취량과 인체노출안전기준인 안전 섭취량은 단위가 사람 몸
무게당 1일 섭취하는 양으로 동일하다. 결국 이 둘을 비교하면 해당 유해물질 안전 섭
취량보다 식품으로 인하여 유해물질을 많이 먹었는지 그렇지 않는지를 알 수 있다. 이
것이 인체 위해 여부를 판단하는 위해평가이다.

3.5 식품이 '안전한다', '안전하지 않다'는 판단 근거인 최대무독성량(NOAEL)은 어떻게 결정하나요?

유해물질의 최대무독성량NOAEL은 먼저 실험동물을 이용하여 유해물질의 농도를 점점 높여 가면서 어떤 반응이 나타나는가를 관찰하여, 일정 농도에서 어떠한 반응이라도 나타내기 시작하는 농도를 결정한다. 그리고 반응을 나타내기 바로 직전의 농도, 즉 반응을 나타내지 않는 농도독성이 없는 최대 농도를 최대무독성량으로 결정한다.

독성실험은 용량-반응의 법칙이라는 것이 있다. 즉 독성물질은 농도에 따라 반응이 비례적으로 일어난다. 낮은 농도에서는 아무런 영향을 주지 않는데 어느 정도 농도가 올라가면 그때부터 독성이 나타나기 시작하여 더 많은 양을 먹으면 결국 사망에 이를 수 있다.

따라서 독성물질의 최대무독성량NOAEL은 실험동물을 이용하여 유해물질의 농도를 점점 높여 가면서 어떤 반응이 나타나는가를 관찰하여, 일정 농도에서 어떠한 반응이라도 나타내기 시작하는 농도를 결정한다. 그리고 반응을 나타내기 바로 전의 농도, 즉 반응을 나타내지 않는 농도를 최대무독성량으로 결정한다. 이렇게 결정된 동물 적용 최대무독성량NOAEL을 인체 적용 최대무독성량으로 환산하여 식품의 인체 안전위해 여부를 따진다.

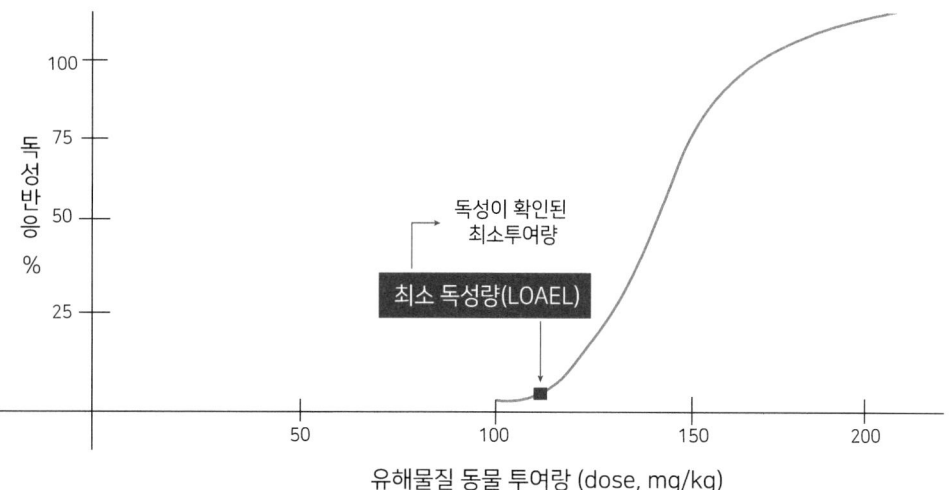

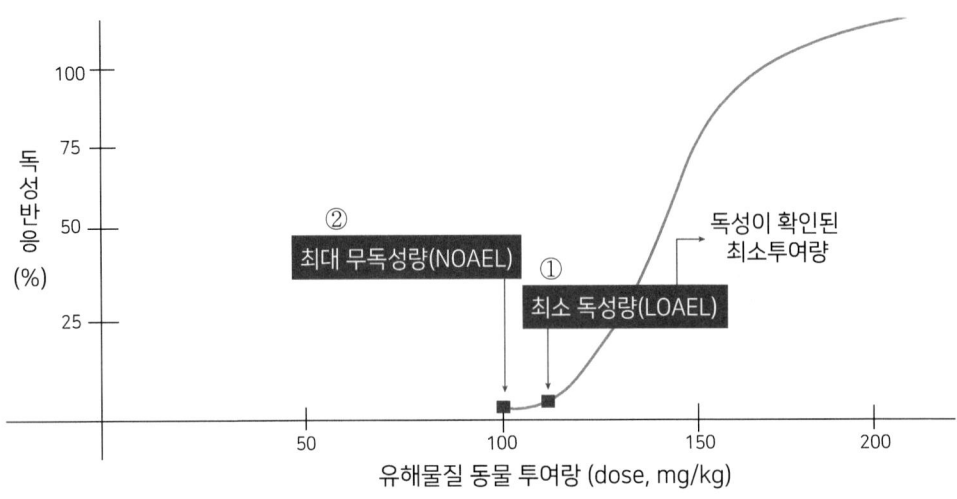

3.6 유해물질마다 독성값인 최대무독성량이 각각 왜 다른가요?

> 독성이 있는 물질을 유해물질이라고 하며, 그 유해독성의 크기는 물질마다 다를 수
> 밖에 없다. 유해물질의 유해독성 크기는 대체적으로 최대무독성량으로 표현한다.

유해물질, 유해화학물질이란 독성을 가지고 있다는 뜻이다. 그렇다면 어느 정도의
독성을 가졌다는 것인가? 유해물질위해 요소은 물질에 따라 유해독성의 크기가 각각 다
르고, 유해에 대한 크기는 그 물질의 독성값으로 결정된다.

유해물질의 독성을 평가하기 위하여 유해물질을 실험동물에게 투여하고 그 반응을
관찰하여 조금이라도 반응이 나타나면 그 시점에서 독성값[최대무독성량NOAEL]을 산
출하여 유해물질의 독성 크기를 결정한다.

즉 독성이 있는 물질을 유해물질이라고 하며, 그 유해독성의 크기는 물질마다 다를
수밖에 없다. 유해물질의 유해독성 크기는 대체적으로 최대무독성량으로 표현한다.

유해화학물질은 모무 식품에 존재하면 안 되는가? 화학물질의 종류에 따라 독성의

정도는 달라서 인체에 미치는 영향도 그 양이 다를 수 있다. 어떤 유해물질은 mg/kg 농도, 어떤 유해물질은 ug/kg 농도에서도 인체에 악영향을 미칠 수 있다.

따라서 유해물질마다 독성의 정도가 달라서 일률적인 농도에서 인체에 '위해하다' 또는 '위해하지 않다'고 할 수는 없다. 어떤 종류의 유해물질이냐에 따라 식품 중에 관리하는 방향이 달라질 수 있다.

3.7 유해물질의 인체노출안전기준은 어떤 것들이 있나요?

> 유해물질의 인체노출안전기준인체 적용 최대무독성량은 유해물질의 특성에 따라 급성 독성의 경우 LD_{50}반치사량로, 급만성 독성의 경우 ADI1일 섭취허용량나 TDI1일 섭취한계량로, 만성 독성의 경우 PTWI1주 섭취한계량나 PTMI1개월 섭취한계량를 사용한다.

유해물질의 인체노출안전기준인체 적용 최대무독성량은 유해물질의 특성에 따라 급성 독성의 경우 LD_{50}반치사량으로, 급만성 독성의 경우 ADI1일 섭취허용량나 TDI1일 섭취한계량로, 만성 독성의 경우 TWI1주일 섭취한계량나 PTWI1개월 섭취한계량로 설정하고 있다.

중금속 등 비의도적 오염 유해물질은 TDI나, PTWI를 사용한다. TDItolerable diary intake는 1일 섭취한계량으로, 매일 평생 섭취해도 인체에 무해한 1일 단위 섭취량이고, PTWI는 잠정 주간 섭취한계량으로 매주 평생 섭취해도 인체에 무해한 1주일 단위 섭취량이다.

다음으로 잔류농약, 동물용 의약품 등 의도적 사용 유해물질은 ADI를 사용하는데, ADIacceptable diary intake는 1일 섭취허용량으로 매일 평생 섭취해도 인체에 무해한 1일 단위 섭취 허용량이다.

3.8 유해물질이 검출된 식품을 먹었을 때 '안전한지', '안전하지 않는지'를 인체노출 안전기준을 적용하여 실제로 평가는 어떻게 하나요?

> 식품 중 유해물질의 농도_{함량}와 그 식품의 섭취량을 고려하여 노출량_{인체 총 섭취량}을 산출하고, 그 노출량이 인체노출안전기준을 초과할 우려가 있는지를 평가한다.

식품 중 유해물질 농도와 그 식품의 섭취량을 고려하여 노출량을 산출하고, 그 식품 섭취로 인하여 노출량이 인체노출안전기준을 초과할 우려가 있는지를 평가한다.

예를 들어, 아마씨에는 카드뮴 기준이 없는데 아마씨에서 카드뮴이 0.56mg/kg이 검출되었다. 이 아마씨를 먹어도 안전한지 궁금할 것이다.

그렇다면 먼저 아마씨를 평소에 얼마나 먹는지를 알아야 한다.

카드뮴이 0.56mg/kg인 아마씨를 매일 16g_{아마씨는 시안화합물 때문에 1일 섭취권장량을 성인기준 16g으로 정하고 있다} 먹는다면

① 아마씨로 인한 하루에 카드뮴 먹는 양은 하루에 성인_{60kg} 기준으로 0.00896mg_{0.56 x 0.016}이고,

② 성인_{60kg}의 몸무게 1kg당으로 환산하면 카드뮴 노출량은 0.15ug/kg bw/day이다.

이를 카드뮴의 인체노출안전기준_{독성값} 25ug/kg bw/month_{0.83ug/kg bw/day}로 비교해 보면, 인체노출안전기준_{독성값} 대비 18% 수준으로 위해 우려는 걱정하지 않아도 되는 수준이다. 따라서 이 아마씨는 먹어도 카드뮴으로 인한 위해 우려는 없다는 뜻이다.

고농도 카드뮴 아마씨의 인체 위해여부

**아마씨 카드뮴 0.56 mg/kg 검출
(아마씨 카드뮴 기준 없음)**

- **아마씨(최고 카드뮴 농도 0.56mg/kg)의 인체 위해여부 판단**
  - 아마씨 섭취권고량 : 1일 16g(성인 60kg)
  - 카드뮴 인체노출안전기준(독성값) : 25 ug/kg bw/month → 0.83 ug/kg bw/day
- **아마씨의 인체 위해도는 18%로 안전**
  - 노출량 : 0.56 mg/kg X 16g(성인 60kg) / 1,000(단위 환산) = 0.00896 mg/60kg bw/day
  - 위해도 : 0.15 ug/kg bw/day(0.00896 mg/60kg bw/day) / 0.83 ug/kg bw/day X 100 = 18%

3.9 유해물질의 인체노출안전기준을 초과하면 사람이 죽을 수도 있나요?

> 유해물질이 검출된 식품의 섭취로 인체노출안전기준을 초과하면 현재의 과학적 지식에 따르면 인체 건강에 해를 끼칠 우려가 있음을 말한다.
>
> 그러나 일시적인 초과는 걱정 안 해도 된다. 왜냐하면 인체노출안전기준의 지표인 동물시험 최대무작용량은 말 그대로 그 물질이 어떠한 작용도 하지 않은 값이다. 더구나 인체노출안전기준은 동물의 최대무작용량보다도 100배나 낮은 농도의 안전한 값이기 때문이다.
>
> 다만, 급성 독성의 경우 LD_{50}반치사량을 초과하면 죽을 수도 있다. LD_{50}반치사량은 인체에 적용 시 불확실성 계수 1/100을 하지 않고 동물실험 결과를 그대로 적용한다.

식품 섭취로 인하여 특정 유해물질의 인체노출안전기준을 초과하면 위해할 우려가 있다는 것으로 안전하지 않다는 것이다. 초과의 정도에 따라 다르겠지만 초과가 장기간 지속될 경우 관련 질병 발생할 수 있겠지요. 그러나 일시적인 초과는 크게 걱정 안 해도 된다. 왜냐하면 인체노출안전기준의 지표인 동물시험의 독성값인 최대무작용량은 말 그대로 그 물질이 어떠한 작용도 하지 않은 최댓값이다. 즉 그 독성물질로 인하여 동물에 어떠한 영향도 미치지 않은 시작점인 셈이다. 더구나 인체노출안전기준은 최대무작용량보다도 100배나 낮은 농도의 값이다.

따라서 최대무작용량은 동물시험에서 독성이 보이기 직전의 농도어떠한 반응도 보이지 않은 최대 농도이고, 인체노출안전기준은 이 농도 최대무작용량보다 100배나 낮은 농도이기 때문에 인체노출안전기준을 일시적으로 다소 초과한다고 하더라도 사망에 이르지는 않으며, 위해 우려가 있을 뿐이다. 다만, 지속적으로 100배 이상 초과할 경우는 질병 등이 발생할 수 있다. 그래서 모든 나라는 그 나라 국민들이 식품 섭취로 인하여 인체노출안전기준을 초과하지 않도록 안전관리를 철저히 하고 있다. 그렇기 때문에 사람에게서 유해물질의 인체노출안전기준이 초과한다는 것은 매우 드문 일이고 거의 일어날 수 없다.

다만, 급성 독성의 경우 LD_{50}반치사량을 초과하면 죽을 수도 있다. LD_{50}반치사량은 인체에 적용 시 불확실성 계수 1/100을 적용하지 않고 동물실험 결과를 그대로 적용한다. 그것은 그 정도로 독성이 강하다는 의미이다.

> **인체노출안전기준 초과에 대한** BfR 독일 위해평가 전문기관**의 의견**
> 인체노출안전기준의 초과가 반드시 구체적인 건강 위험을 의미하는 것은 아니며 현재의 과학적 지식에 따르면 문제의 제품을 섭취 후 건강 피해가 발생할 우려가 있음을 나타냄.
> PTWI를 일시적으로 초과 시 반드시 건강 피해와 관련이 있다고 볼 수는 없으나 장기간 지속적으로 섭취 시 위해 우려가 있음.
> 동물실험에서 건강 피해가 관찰되지 않은 최대 용량과 인체노출안전기준과의 사이에 안전계수는 100임 동물과 사람, 사람 개체간 연관성.
> 이는 인간에게 적용하여 적절한 안전 간격을 두기 위하여 동물실험 시 건강 피해가 나타나지 않는 용량을 100으로 나눈 것, 또한 이 인체노출안전기준은 임산부나 노약자와 같은 민감군도 고려됨.

3.10 식품 섭취로 인한 유해물질의 안전관리는 어떻게 하고 있나요?

> 식품 중 유해물질의 안전관리는 유해물질의 인체 총 노출량을 관리하고 있다.
> 첫째, 식품마다 기준을 설정하여 유해물질 함량이 높은 식품을 통제하고, 둘째, 유해물질이 식품의 생산/제조/유통 중에 오염 또는 생성되지 않도록 환경 개선, 제조 공정 개선 등을 통한 유해물질의 저감화을 하고, 셋째, 어쩔 수 없는 유해물질 함량이 높은 식품은 안전 섭취 가이드 등을 제공한다.

유해물질의 인체노출안전기준을 넘지 않도록 사람을 대상으로 각각의 유해물질별로 총 노출량을 관리하고 있다.

유해물질마다 총 노출량을 관리하기 위해서는 첫째, 식품마다 기준을 설정하여 유해물질 함량이 높은 식품은 먹지 못하도록 하고 있다. 둘째, 식품 중 유해물질의 저감화를 하고 있다. 이들 저감화는 환경오염 방지 등 환경 관리, 유해물질이 오염 또는 생성되지 않도록 제조 공정 개선 등을 통하여 저감화를 한다. 셋째, 어쩔 수 없는 유해물질 함량이 높은 식품은 섭취를 제한한다. 안전 섭취 가이드식품안전나라, 식품안전섭취가이드 등을 제공을 통하여 소비자가 먹는 양이나 먹는 주기를 선택하도록 하고 있다.

> **[기준 설정 사례: 독일 정부는 알루미늄의 인체 노출량이 인체노출안전기준을 초과할 수 있다고 판단하여, 면류 중 알루미늄 기준을 36 mg/kg 이하로 설정]**
>
> 독일연방위해평가원BfR은 알루미늄에 대한 위해평가를 실시하고 식품 섭취로 인한 알루미늄 노출량이 인체노출안전기준, PTWI1mg/kg bw/week를 초과할 수 있다고 판단하여, 면류 중 알루미늄 기준을 36 mg/kg 이하로 설정하고 기준 초과 시 통관 거부 조치
>
> ⇒ 2010년 7월 한국에서 독일로 수출하려던 한국산 당면에 대해 알루미늄 208 mg/kg 이 검출되어 통관 거부

3.11 식품 중 잔류농약의 경우 1일 섭취허용량(ADI)을 초과하지 않으면 안전하다고 말하는데 만성 독성은 괜찮나요?

> 의도적 사용 유해물질의 경우, 만성 독성이 있는 화학물질은 허가하지 않기 때문에 걱정할 필요가 없다. 그래서 인체노출안전기준도 1일 섭취허용량ADI만 존재한다.

의도적 사용 유해물질의 경우, 만성 독성이 있는 화학물질은 허가하지 않는다. 농약의 경우 혹시라도 농작물에 지속적으로 축적되어 잔류성이 강한 화학물질은 농약으로 허가되지 않아서 식품에서 잔류농약이 검출될 수 없다. 농약은 만성 독성 여부, 발암성 여부, 잔류성 여부 등을 고려하여 식품에 사용하도록 허가하고 사후관리를 하기 때문에 1일 섭취허용량을 초과하지 않으면 위해 우려가 없다고 볼 수 있다.

3.12 비의도적 오염 유해물질의 경우는 사전에 허가하지 않은 유해물질이어서 만성 독성이 있을 수 있는데 이는 어떻게 안전관리를 하나요?

> 인체에 만성독성이 있는 비의도적 오염 유해물질은 인체노출안전기준에 이를 반영하여 급성이냐 만성이냐의 정도에 따라 급만성 독성의 경우 1일 섭취한계량TDI, 아만성의 독성의 경우 1주일 섭취한계량TWI, 만성 독성의 경우 1개월 섭취한계량TMI으로 정하여 관리하고 있다.

비의도적 오염 유해물질은 인체에 만성 독성이 있는 경우도 있다. 그래서 인체노출안전기준에 이를 반영하여 급성이냐 만성이냐의 정도에 따라 급만성 독성의 경우 1일 섭취한계량TDI, 아만성의 독성의 경우 1주일 섭취한계량TWI, 만성 독성의 경우 1개월 섭취한계량TMI으로 정하여 관리하고 있다. 카드뮴의 경우 그 독성이 오랫동안 지속될 수 있다는 것을 감안하여 30일 동안 축적된 양을 근거로 인체노출안전기준인 안전 섭취량을 정하였고, 수은, 무기비소 등은 1주일 동안 축적된 양을 근거로 인체노출안전기준인 안전 섭취량을 정하였다. 그리고 오크라톡신, MCPD, 니켈 등은 그 독성이 지속되지 않고 사라진 것을 감안하여 하루의 양을 근거로 안전 섭취량인 인체노출안전기준을 정한 것이다.

따라서 인체에 지속적으로 축적되어 나타날 수 있는 만성 독성의 경우도 고려하여 인체노출안전기준을 정함으로써 보다 안전한 평가가 되도록 하고 있다.

3.13 비의도적 오염 유해물질 중 발암독성과 유전독성이 있는 경우는 안전관리를 어떻게 하나요?

> 발암독성이나 유전독성이 있는 물질은 의도적 사용 유해물질로 허가가 되지 않지만, 비의도적 오염 유해물질은 어쩔 수 없이 먹을 수밖에 없다.

그래서 유전독성을 가지면서 발암독성을 가진 유해물질에 대한 안전관리는 종양 발생률을 10% 증가시키는 용량의 95% 신뢰 구간의 하한치로 인체노출안전기준 $BMDL_{10}$을 정하여 관리한다.

발암독성이나 유전독성이 있는 물질은 의도적 사용 유해물질로 허가가 되지 않지만, 비의도적 오염 유해물질은 어쩔 수 없이 먹을 수밖에 없다. 어쩔 수 없이 먹는 이러한 유해물질도 안전관리는 하고 있다. 이러한 안전관리를 위한 인체노출안전기준은 별도로 정하고 있다.

이러한 유해물질은 MOE margin of exposure로 위해 우려 수준 또는 위해관리 우선순위를 정하여 관리한다. MOE는 유전 발암독성을 가진 물질에 대한 위해 크기를 나타내는 것으로 10,000 이하로 낮을 때를 위해 우려 수준 또는 위해관리 우선순위로 놓고 관리한다.

이때 인체노출안전기준은 $BMDL_{10}$을 MOE 계산의 기준점으로 사용한다. 예를 들면, 아플라톡신 B_1, 벤젠, 에틸카바메이트, 아크릴아마이드 등이다.

$BMDL_{10}$은 Bench mark dose limit로서 유전독성을 가지면서 발암독성을 가진 유해물질에 대한 유해 크기인 인체노출안전기준이다. 이는 종양 발생률을 10% 증가시키는 용량의 95% 신뢰 구간의 하한치를 말한다.

3.14 식품의 안전성(위해식품) 여부를 인체노출기준이 아닌 식품 중 최대기준으로 판단하는 경우도 있나요

유해물질 중 급성 독성이 있는 경우는 식품 중 최대기준으로 위해 여부를 판단한다. 이유는 기준을 설정할 때, 유해 크기독성와 위해 크기를 감안하여 설정하기 때문이다.

독어독, 마비성패독, 어류중 히스타민 등은 위해평가를 거치지 않고 식품 중 최대기준 초과 여부로 위해식품을 판단한다. 이 경우는 기준이 초과한 식품을 섭취하면 바로 식중독이 걸릴 수 있기 때문에 매우 주의가 필요하다. 이유는 이미 유해 크기독성와 위해 크기를 감안하여, 즉 위해평가 결과를 반영하여 인체에 위해하지 않는 수준급성독성을 나타내지 않는 수준에서 기준을 설정하기 때문이다. 그렇지 않으면 식품에서 불검출 기준으로 관리해야 하는데 그럴 경우, 급성 독성이 있는 식품은 먹지 못하는 경우가 발생한다. 그래서 독성부위를 제거하거나, 독성물질이 생성되지 않도록 관리한 다음 기준에 적합한 것만 식품으로 섭취한다.

3.15 어류 중 급성 독성인 히스타민의 경우, 안전성(위해식품 여부)을 판단하는 최대 기준은 어떻게 설정하나요

> 성인의 경우, 히스타민의 1일 1회 최대무독성량은 50mg이다. 이를 초과하지 않도록 하려면, 어류의 1일 최대 섭취량을 250g으로 가정할 경우, 어류의 히스타민 농도는 200mg/kg 이하이다. 그래서 어류중 히스타민의 최대기준은 200mg/kg 이하로 설정한 것이다.

어류의 히스타민 식중독이 일어난 지역의 조사에 의하면 어류의 섭취량은 최대 250g이고, 식중독이 일어나 지역의 어류 중 히스타민 함량은 최소 200mg/kg 이상이었다. 이를 근거로 계산하면 히스타민의 인체 노출량은 50mg이다. 즉, 히스타민이 인체에 노출되어 식중독을 일으킬 수 있는 양으로 50mg 이상을 제시하였다.

> • **Scombrotoxicosis symptoms**Fish poisoning **발생**
> → 200 mg/kg fish의 경우 94%의 scombrotoxic symptoms 발생
> - 50-200 mg/kg fish 의 경우 38% 정도 발진, 홍조 및 입이 화끈거리는 임상적 특징 나타남

결론적으로 FAO and WHO 전문가들은 어류에 의한 식중독을 조사하여 어류 중 생성된 히스타민에 의한 중독이라고 밝혔다. 이 중독이 일어난 지역의 사람을 대상으로 어류 섭취량, 어류의 히스타민 함량을 분석하여 히스타민의 인체 무독성량NOAEL을 50mg으로 결정하였다. 즉 인체 위해성을 판단하는 인체노출안전기준이 성인의 경우, 1회 섭취량은 50mg인 것이다.

이유는 여기서 말하는 히스타민의 인체 무독성량NOAEL은 동물실험 결과가 아닌 사람을 대상으로 평가한 무독성량으로 안전계수 적용 없이 그대로 인체 적용 무독성량이 되는 것이다.

따라서 성인의 경우, 히스타민의 1일 1회 최대 무독성량은 50mg이다. 이를 초과하지 않도록 하려면, 어류의 1일 최대 섭취량을 250g으로 가정할 경우, 어류의 히스타민 농도는 200mg/kg 이하이다. 그래서 어류 중 히스타민의 최대기준은 200mg/kg 이하로 설정한 것이다.

04

유해물질의 유해(독성) 크기

유해물질의 유해(독성) 크기

4.1 유해물질이란 무엇이며, 유해(독성)의 크기가 어느 정도일 때를 유해물질이라고 하나요?

> 화학물질관리법에 의하면 유해물질이란 사람의 건강이나 환경에 좋지 아니한 영향을 미치는 화학물질로서 설치류에 의한 급성 독성으로 반치사량쥐, 경구, LD_{50}이 300mg/kg몸무게 1kg당 300mg 이하인 것이다.

유해물질이라 함은 화학물질관리법에서 규정하고 있는 것을 근거로 말하면, 사람의 건강이나 환경에 좋지 아니한 영향을 미치는 화학물질을 말한다.

> "유해성"이란 화학물질의 독성 등 사람의 건강이나 환경에 좋지 아니한 영향을 미치는 화학물질 고유의 성질을 말한다.
> "위해성"이란 유해성이 있는 화학물질이 노출되는 경우 사람의 건강이나 환경에 피해를 줄 수 있는 정도를 말한다. 화학물질관리법 제2조

유독물질은 화학물질관리법에서 '급성 경구독성으로서 반치사량쥐, 경구, LD_{50}이 300mg/kg 이하인 화학물질'로 규정하고 있다. 따라서 급성 독성을 가진 유해물질은

독성의 크기가 반치사량쥐, 경구, LD$_{50}$으로 300mg/kg몸무게 1kg당 300mg 이하인 화학물질를 말한다.

■ 화학물질의 등록 및 평가 등에 관한 법률 시행령 [별표 1]

유독물질의 지정기준(제3조 관련)

구분	지정기준
가. 설치류에 대한 급성 경구독성	시험동물 수의 반을 죽일 수 있는 양(LD$_{50}$)이 킬로그램당 300밀리그램(300mg/kg) 이하인 화학물질

만성 독성을 가진 유해물질은 독성 크기가 정의되어 있지는 않지만, 발암성, 신경독성, 생식독성, 유전독성 등의 독성이 확인되면 유해물질로 보면 된다.

4.2 식품 중에 유해물질은 어떤 것들이 있을 수 있나요?

급성 독성물질: 식중독균, 복어독, 마비성 패독 등 패류독소 등

의도적 사용 유해물질: 농약, 동물용 의약품 등

비의도적 오염 유해물질: 중금속 등 환경오염물질, 제조공정 중 생성물질, 자연유래물질 등

유해물질은 일반적으로 인체의 건강에 잠재적인 유해 영향을 일으킬 수 있는 위해요소를 말한다. 식품 중 유해물질 관리의 이해를 위하여 먼저 유해물질의 분류에 대해 알아야 한다. 급성 독성물질은 1회 식품 섭취만으로 위해 발생이 가능한 물질로서 복어독, 패류독소, 식중독균 등이 이에 해당한다.

그리고 급·만성 독성물질은 일상 식생활을 통하여 일정량 이상이 인체에 축적 시에 위해가 발생하는 물질로서 비의도적 오염물질과 의도적 사용 유해물질로 구분된다.

비의도적 오염물질은 중금속, 곰팡이독소, 벤조피렌, 다이옥신 등이 있으며, 의도적 사용 유해물질은 농약, 동물용 의약품 등이 있다.

식품 함유 구분	독성 구분	대상 물질
의도적 사용	독성물질	잔류농약: 이피엔 등 432여 종 잔류동물용의약품: 겐타마이신 등 156여 종 살균소독제: 차아염소산나트륨 등 102여 종
비의도적 오염	급성 독성물질	해양생물독소: 복어독, 마비성 패독 등 패류독소, 히스타민 등 식중독균: 살모렐라균, 리스테리아균 등
	만성 독성물질	중금속류: 카드뮴 등 17여 종 잔류성유기물질: 다이옥신 등 14여 종 자연유래물질: 피롤리지딘 알칼로이드, 베네루핀 등 제조공정 중 생성물질: 벤조피렌 등 23여 종 곰팡이독소: 아플라톡신 등 10여 종 방사성물질: 세슘, 요오드, 플루토늄, 스트론튬 등

비의도적 오염 유해물질	대상 물질
중금속	납, 카드뮴, 수은(메틸수은), 비소(무기비소) 등
곰팡이독소	아플라톡신, 오크라톡신, 푸모니신, 제랄레논, 파튤린, 데옥시리발레논 등
해양생물독소 등 자연독소	해양생물독소: 복어독, 마비성 패독, 신경성패독, 설사성패독, 기억상실성 패독, 히스타민 등 식물독소: 피롤리지딘 알칼로이드, 시안화합물(시안배당체), 솔라닌, 베네루핀 등
잔류성 유기오염물질 (POPs)	다이옥신, 폴리염화비닐(PCBs), 폴리브롬화디페닐에테르(PBDEs) 등
제조과정 중 생성 유해물질	벤조피렌, 아크릴아마이드, 바이오제닉아민, 니트로사민, 퓨란, 벤젠, 에틸카바메이트, MCPD, HCAs 등

4.3 유해물질의 유해 크기란 무엇인가요?

유해물질의 유해 크기는 유해물질의 **독성 크기, 독성값, 안전섭취량, 인체노출안전기준**1일 섭취허용량, 1일 섭취한계량 등 등으로 표현되는 그 독성 본질의 특성이다.
유해물질의 유해독성 크기는 동물실험을 통하여 용량−반응의 법칙에 따라 산출하며, 급성 독성물질이냐 만성 독성물질이냐에 따라 다르다. 급성 독성물질은 1회 섭취만으로 독성을 나타내기 때문에 독성의 크기를 **반치사량**LD$_{50}$으로 산출하고, 만성 독성물질은 90일 동안 반복 투여하면서 **최대무독성량**NOAEL으로 산출한다.

유해물질의 유해 크기독성 특성값는 급성 독성과 만성 독성을 관찰하는 방법이 조금 다르다. 먼저, 급성 독성 특성값으로 가장 간단한 방법인 반치사량LD50을 구하는 것이다. 이것은 일정량별로 실험동물에 투여했을 때 50%가 죽는 양을 말한다. 예를 들어, A물질을 5mg씩 20마리에 투여했는데 10마리가 죽었다면 A물질의 반치사량은 5mg인 것이다.

두 번째는 만성 독성값으로 실험동물에 유해물질의 양을 줄여가면서 투여하고 그 실험동물의 반응을 관찰했을 때 어떠한 독성 반응도 보이지 않은 양을 결정한다. 이때 독성 반응이 보이지 않은 최대의 양을 독성 무작용 최대 용량최대무독성량, NOAEL으로 결정한다. 이 값을 역치임계값, 최대무독성량NOAEL 등으로 표현하고 이 양에 동물과 사람 간 차이x10, 사람과 사람 간 차이x10 또는 유전자 특성 등을 고려하여 100배 또는 1,000배 희석된 양을 인체노출안전기준ADI, TDI, PTWI, PTWMI 등으로 정하고 있다.

예를 들어, B라는 물질이 몸무게 1kg당 1.2ug을 섭취 시 실험동물의 장기에 어떤 영향을 미쳤으나, 1.0ug 섭취 시에서는 어떠한 영향도 미치지 않았다면 이 물질의 독성 최대무독성량은 1.0ug/몸무게 kg인 것이다. 따라서 B물질의 인체노출안전기준은 그 양의 100배 희석된 0.01ug/몸무게 kg이 된다.

유해 크기는 유해물질에 자체에 대한 독성의 정도크기을 말한다. 즉 유해물질이라고 모두 똑같은 독성을 가지고 있는 것이 아니다. 어떤 것은 조금만 먹어도 독성을 나타내는 반면 어떤 물질은 많은 양을 먹었을 때 독성을 나타낸다. 예를 들어, A물질은 반치사량$_{LD_{50}}$이 '1mg/kg bw'이고, B물질은 반치사량$_{LD_{50}}$이 '10mg/kg bw'이고, C물질은 반치사량$_{LD_{50}}$이 '50mg/kg bw'일 수 있다. 또는 D물질은 최대무독성량$_{NOAEL}$이 0.5mg/kg bw/day이고, E물질은 최대무독성량$_{NOAEL}$이 0.03mg/kg bw/day이고, F물질은 최대무독성량$_{NOAEL}$이 0.01mg/kg bw/day일 수 있다. 이렇듯 유해물질마다 고유의 독성의 크기를 가지고 있는데 이를 유해 크기라고 말한다.

유해물질의 유해$_{독성}$ 크기는 동물실험을 통하여 용량-반응의 법칙에 따라 산출하며, 급성 독성물질이냐 만성 독성물질이냐에 따라 다르다. 급성 독성물질은 1회 섭취만으로 독성을 나타내기 때문에 독성의 크기를 반치사량$_{LD_{50}}$으로 산출하고, 만성 독성물질은 90일 동안 반복 투여하면서 최대무독성량$_{NOAEL}$으로 산출한다.

인체 적용 유해 크기란 어떻게 보면 독성의 크기로서 사람이 그 유해물질$_{위해요소}$을 얼마까지$_{어느 정도까지}$ 먹었을 때 인체의 건강에 해를 끼치지 않은 지를 나타내는 것으로 사람이 안전하게 섭취할 수 있는 양을 말한다. 즉 안전 섭취량 또는 인체노출안전기준이다.

독성 크기와 유해 크기는 같은 의미이며, 인체 적용 유해 크기는 안전 섭취량, 인체노출안전기준은 모두 같은 의미이며, 모두 그 값이 작을수록 그 크기가 크다고 볼 수 있다.

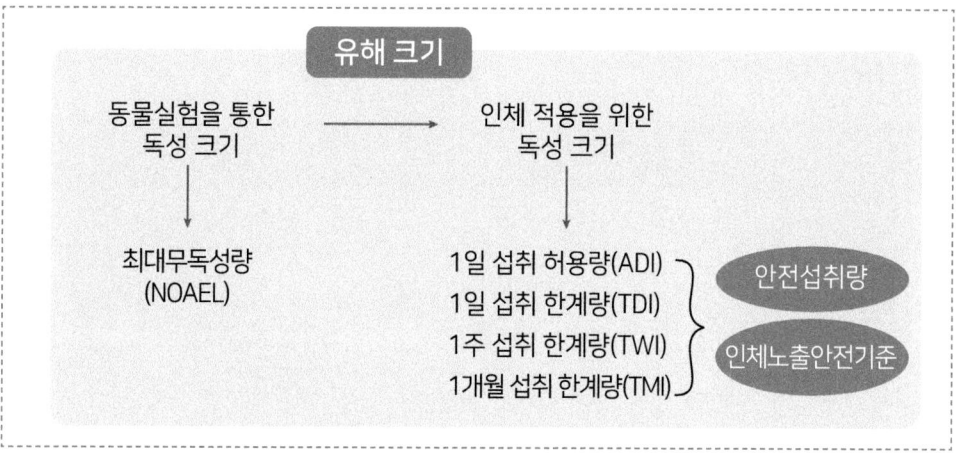

4.4 급성 독성 유해물질의 유해(독성) 크기인 반치사량(LD$_{50}$)이란 무엇인가요?

> 급성 독성 유해물질로서 실험동물의 전체 중 절반이 죽는 농도를 반치사량LD$_{50}$으
> 로 하고, 이를 급성 독성물질의 유해독성 크기로 나타낸다. 독성이 강한 물질일수
> 록 사망을 일으키는 데 필요한 양은 더 적으며, LD$_{50}$ 값은 더 낮다.

급성 독성 유해물질은 1회 식품 섭취만으로 위해 발생이 가능한 물질로서 단회1회
투여하여 사망 유무를 따져서 독성의 크기를 결정한다.

급성 독성의 경우 그 유해물질로 인해 죽기 시작하는 농도가 얼마인지 또는 전체
중 절반이 죽는 농도LD$_{50}$를 가지고 독성유해의 크기를 결정한다.

유해물질의 독성을 특징짓는 실용적인 방법은 반치사량LD$_{50}$을 결정하는 것이다. 이
용량은 중독 증상을 확인하고, 잠재적인 독성이라는 측면에서 물질을 비교하는 데 사
용된다. 이것은 최소 수준 정보지식를 제공하기 때문에 가끔 독성시험을 위한 출발점
으로서 역할을 한다.

LD$_{50}$ 값은 동물실험으로 측정한다. LD$_{50}$은 정확한 실험 조건에서, 1회 투여로 14
일 이내에, 동물 집단의 50%의 사망을 일으킬 수 있는 물질의 용량에 해당한다. 이것
은 일반적으로 동물 체중의 킬로그램당 밀리그램 수mg/kg bw.로 표현된다.

급성 독성의 경우, 독성유해의 크기를 반치량인 LD$_{50}$으로 표현하고 대표적인 유해
물질의 반치사량은 다음과 같다.

급성 독성 유해물질	투여 대상 및 방법	반치사량(LD$_{50}$)
니코틴	쥐, 경구	50mg/kg
삼산화비소	쥐, 경구	14mg/kg
시안화나트륨	쥐, 경구	6.4mg/kg
염화수은 (II)	쥐, 경구	1mg/kg
테트로도톡신	쥐, 경구	334μg/kg

TCDD	쥐, 경구	20μg/kg
디프테리아 독소	쥐, 경구	10ng/kg
보툴리눔 독소	인간, 경구	1ng/kg (estimated)

* Fleming DO, Hunt DL(2000). 《Biological Safety: principles and practices》. Washington, DC: ASM Press. p267.

4.5 반치사량(LD_{50})은 어떻게 측정하나요?

반치사량$_{LD_{50}}$의 측정은 시험물질을 단회 용량한꺼번에 모두 먹임으로 동물일반적으로 쥐 또는 마우스, 몇 개의 그룹으로 분할에게 투여된다. 사망률이 0~100% 사이가 얻어질 때까지 서로 다른 그룹에 주어진 양은 증가한다. 독성이 더 강한 물질일수록 사망을 일으키는 데 필요한 양은 더 적고 LD_{50} 값은 더 낮다.

	실험동물 10개체씩 6그룹					
동물 중 사망 관찰						
한번에 투여한 독소량	대조구	15mg	18mg	20mg	23mg	26mg

○ 살아 있는 동물   ● 죽은 동물

LD_{50}의 계산: 어떤 동물무게 200g의 쥐에 18mg을 투여했을 때 14일 후에 그 동물의 절반이 사망했다면 LD_{50}은 18mg/200g X 1,000g = 90mg/kg bw이다.

4.6 만성 독성 유해물질의 유해(독성) 크기인 최대무독성량(NOAEL)이란

일반적으로 유해물질은 사망 유무를 따지는 급성 독성과는 다르게, 장기간에 걸쳐서 조금이라도 독성이 관찰되는 농도를 가지고 유해독성의 크기를 결정한다. 최대무독성량은 90일 동안 여러 농도로 동물에게 투여하면서 바람직하지 않은 반응을 나타내기 바로 직전의 농도로서 독성이 없는 최대 농도를 말한다.

최대무독성량NOAEL은 유해물질이 인체 건강에 좋지 않은 영향을 미치는지를 따지는 판단 근간이 된다. 이 값은 유해 크기를 나타내는 기본값으로 유해물질뿐만 아니라 식품 신소재식품 원료, 식품첨가물, 기능성 원료의 안전성을 따지는 판단기준이기도 하다.

만성 독성의 경우, 사망 유무를 따지는 급성 독성과는 다르게 장기간에 걸쳐서 조금이라도 독성이 관찰되는 농도를 가지고 유해독성의 크기를 결정한다. 즉 90일간 여러 농도로 투여하면서 일정 농도에서 어떠한 반응도 나타나지 않은 농도, 즉 최대로 독성을 나타내지 않은 농도인 최대무독성량을 관찰하여 독성유해 크기를 결정한다. 최대무독성량은 바람직하지 않은 반응을 나타내기 바로 직전의 농도, 즉 반응을 나타내지 않는 농도를 임계값으로 결정한다.

최대무독성량NOAEL은 유해물질이 인체 건강에 좋지 않은 영향을 미치는지를 따지는 판단 근간이 된다. 이 값은 유해 크기를 나타내는 기본값으로 유해물질뿐만 아니라 식품 신소재식품 원료, 식품첨가물, 기능성 원료의 안전성을 따지는 판단기준이기도 하다.

4.7 유해 크기인 최대무독성량(NOAEL)은 어떻게 측정하나요?

최대무독성량NOAEL은 대체적으로 동물에 대한 90일 반복 투여 독성실험을 통해 유해물질 용량에 따라 영향이 나타나는 것을 관찰하고 그 영향이 나타나지 않는 농도로 결정한다.

이때 90일 동안 관찰 항목은 체중, 사료_물 섭취량, 혈액검사, 요검사, 안과학적 검사, 병리조직검사, 기타 기능검사 등이다.

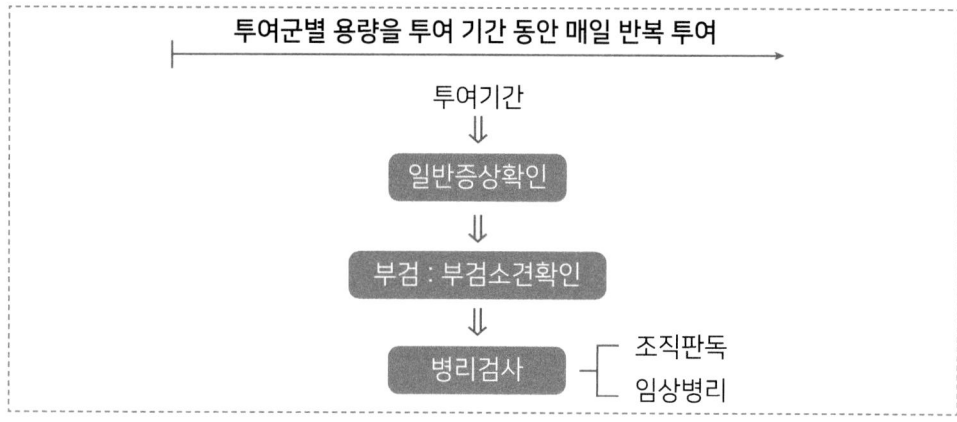

<최대무독성량 산출을 위한 반복 투여 독성시험 모식도>

먼저, 90일 반복 투여 독성시험을 통해 최소한의 독성, 최소독성량, LOAEL_{Lowest Observed Adverse Effect Level}을 구한다.

투여군	투여량 (mg/kg)	이상증상 동물수	
대조군	0	0	
저용량군	10	0	
중용량군	20	1	⟹ 최소독성량
고용량군	40	3	

두 번째로 최소독성량을 참고하여 최대무독성량, 어떠한 독성도 관찰되지 않는 최대의 양, NOAEL_{No Observed Adverse Effect Level}을 구한다.

투여군	투여량 (mg/kg)	이상증상 동물수	
대조군	0	0	
저용량군	10	0	⟹ 최대무독성량
중용량군	20	1	
고용량군	40	3	

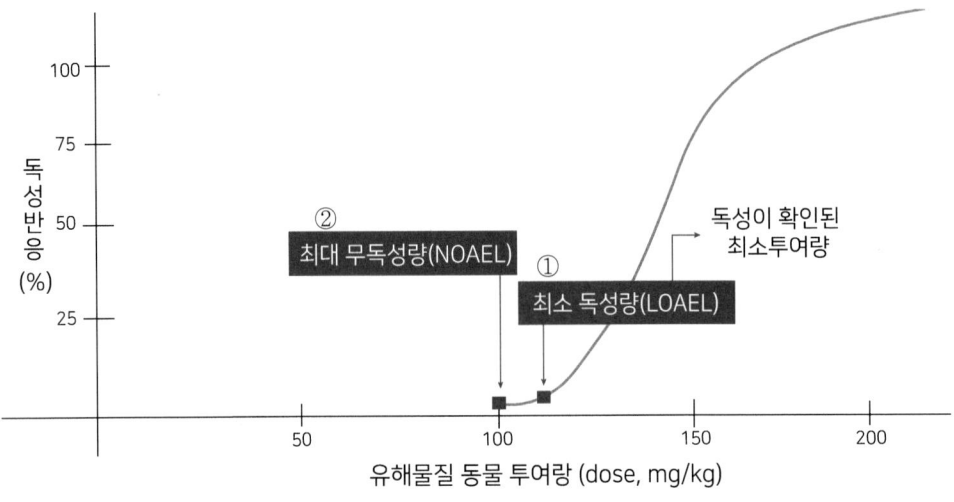

<그림 반복 투여 독성 동물시험 용량-반응 곡선>

4.8 유해(독성)의 크기는 급성 독성과 만성 독성이 왜 서로 다른가요?

유해독성 크기는 독성을 보이는 양이 적을수록 크다고 볼 수 있다. 급성 독성은 1회 섭취만으로도 바로 사망에 이를 정도의 독성을 보인 반면, 만성 독성은 저농도의 유해물질이라도 지속적인 섭취로 인하여 인체에 축적되어 독성을 나타낸다. 그래서 측정 방법도 급성 독성은 1일 투여하여 측정하고, 만성 독성은 90일 동안 반복하면서 독성을 관찰하여 측정한다.

독성의 크기는 급성의 경우 반치사량LD$_{50}$으로 나타내고, 만성의 경우 최대무독성량 NOAEL으로 나타낸다.

급성독성의 경우, 1회만 섭취하여도 인체에 악영향을 미치기 때문에 독성 크기 측정을 위해서는 동물에게 1회만 투여하여 사망 유무독성 유무을 실험한다. 그래서 실험동물의 50%가 사망한 농도를 반치사량mg/kg bw으로 결정하고 독성 크기를 나타낸다.

따라서 급성 독성물질의 독성 크기는 실험동물 몸무게 1Kg당 유해물질 농도, 즉 몇 mg, ug에서 사망하는지mg/kg로 표현한다. 독성 크기는 독성을 보이는 양이 적을수록 크다고 볼 수 있다.

하지만 만성 독성의 경우, 급성 독성은 아니지만 지속적이고 장기간에 걸친 섭취로 인체에 축적되었을 때 이상 현상을 나타내는 독성을 말한다. 저농도의 유해물질이라도 지속적인 섭취로 인하여 인체에 축적되어 나타나는 독성이기 때문에 독성 크기를 측정하기 위해서는 지속적인 투여에 따른 인체에 영향을 미치는 농도를 측정한다. 그래서 일정 농도로 90일간 반복 투여하면서 실험동물의 최소독성량 및 최대무독성량mg/kg bw/day을 결정하고 독성 크기로 나타낸다. 따라서 만성 독성물질의 독성 크기는 하루에 실험동물 몸무게 1Kg당 유해물질 농도, 즉 몇 mg, ug에서 독성이 보이는지, 안 보이는지mg/kg bw/day로 표현한다. 독성 크기는 독성을 보이는 양이 적을수록 크다고 볼 수 있다.

4.9 독성시험은 왜 동물실험으로 하나요

> 유해물질의 독성이 어떤 독성발암독성, 생식독성, 신경독성, 유전독성 등이 어느 농도에서 나타날지 모르는고, 자칫 잘못하면 사망할 수도 있는데 인체를 통하여 실험을 할 수는 없다. 그래서 동물실험을 통하여 얻은 시험 결과를 인체에 적용하기 위하여 동물보다 100배나 낮은 용량으로 최대한 안전하게 설정한 값을 인간에게 적용한다.

유해물질의 독성이 어떤 독성발암독성, 생식독성, 신경독성, 유전독성 등이 어느 농도에서 나타날지 모르며, 자칫 잘못하면 사망할 수도 있는데 인체를 통하여 실험을 할 수는 없다. 그래서 동물실험을 통해 결정하고 인체에 적용하는 것이다. 실험동물도 먼저 하급동물에서 시작하여 상급동물어류→쥐→토끼→개로 이동하면 단계적으로 실험을 한다.

동물실험 결과를 인체에 적용하기 위하여 동물에서 사람으로의 전환계수인 불확실성 계수 10과 사람과 사람 간의 특성 차이를 감안한 불확성계수 10을 반영한다. 즉 사람이기 때문에 동물보다 100배나 낮은 용량으로 최대한 안전하게 설정한 값을 인간에게 적용한다.

그리고 유해물질이 아닌 새로운 식품 원료나 의약품의 경우, 인체에 적용하기 위해서는 인체실험임상시험을 해야 하는데, 동물시험를 통하여 독성과 그 크기가 결정되면 인체 적용 실험임상시험을 할지 말지를 결정한다. 인체 적용 실험임상시험을 하기 위해서는 동물실험 결과를 보고 많은 전문가가 심의를 거쳐 엄격한 조건하에 실시된다.

4.10 동물을 대상으로 측정한 유해(독성)의 크기를 인체에 그대로 적용해도 되나요?

> 동물시험 유해 크기를 사람에게 적용할 때는 불확실성 계수 100을 나누어 산출하여 적용한다. 인체 적용 유해물질의 유해 크기는 인체노출안전기준인 ADI, TDI, TWI, TMI, PTWI, PTMI 등으로 표현한다.
> 그래서 설령 이 기준을 조금 초과한다고 해서 바로 위해가 나타나는 것은 아니며, 엄격하게 관리한다고 보면 된다.

동물실험으로 산출한 독성 크기를 사람에게 그대로 적용하는 것은 아니다. 사람을 대상으로 독성실험을 할 수 없기 때문에 동물실험을 통한 독성값최대무독성량을 사람에게 적용한다. 하지만 사람에게 적용할 때는 대상이 동물에서 사람으로 적용하기 때문에 그에 대한 불확실성 계수 10을 반영하여 동물실험 독성값최대무독성량에 1/10을 곱하여 적용한다.

그와 더불어 사람마다 개체의 차이남여, 연령 차이, 어린이, 노약자 등가 있기 때문에 불확실성 계수 10을 반영하여 동물실험 독성값최대무독성량에 1/10을 곱하여 적용한다.

결론적으로 동물을 대상으로 실험을 하여 구한 독성 크기인 최대무독성량NOAEL을 사람에게 적용하기 위해서는 불확실성 계수 100을 반영하여 적용한다.

즉 사람이기 때문에 동물보다 100배나 낮은 용량으로 최대한 안전하게 적용한다. 그래서 설령 이 기준을 조금 넘는다고 해서 바로 위해가 나타나는 것은 아니지만, 굉장히 엄격하게 관리한다고 보면 된다.

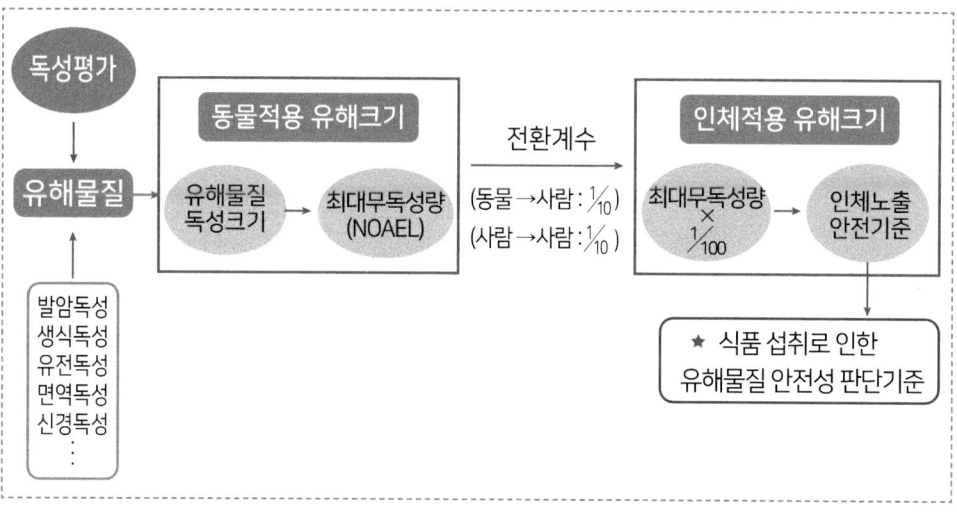

이렇게 사람에게 적용하는 유해물질의 독성값이 ADI, TDI, TWI, TMI, PTWI, PTMI 등으로 인체노출안전기준이다.

4.11 동물에 적용하는 유해 크기와 인체에 적용하는 유해 크기는 다른가요?

동일 유해물질의 경우, 인체에 적용하는 유해 크기는 동물에 적용하는 유해 크기 보다 100배나 낮은 농도이다. 유해물질의 유해 크기 근간은 동물 적용 최대무독성량NOAEL이다. 인체 적용 유해 크기는 사람이 유해물질을 먹었을 때 인체의 건강에 해를 끼치지 않은 최댓값으로 사람이 안전하게 섭취할 수 있는 양을 말한다. 즉 인체노출안전기준이다.

동일한 유해물질의 유해 크기는 동물이든 사람이든 동일하다. 다만, 동물에게 적용하는 유해 크기를 사람에게 그대로 적용하는 것은 위험하기 때문에 인체 적용 유해 크기는 동물보다 100배 낮은 농도를 인체에 적용한다. 불확실성 계수는 대체적으로 100을 적용하는데 동물에서 사람으로의 변경에 따른 불확실성 계수 10, 사람 간의 다양성에 대한 불확실성 계수 10을 감안하여 적용한다.

인체 적용 유해 크기는 사람이 유해물질을 먹었을 때 인체의 건강에 해를 끼치지 않은 최댓값으로 사람이 안전하게 섭취할 수 있는 양을 말한다. 즉 인체노출안전기준이다.

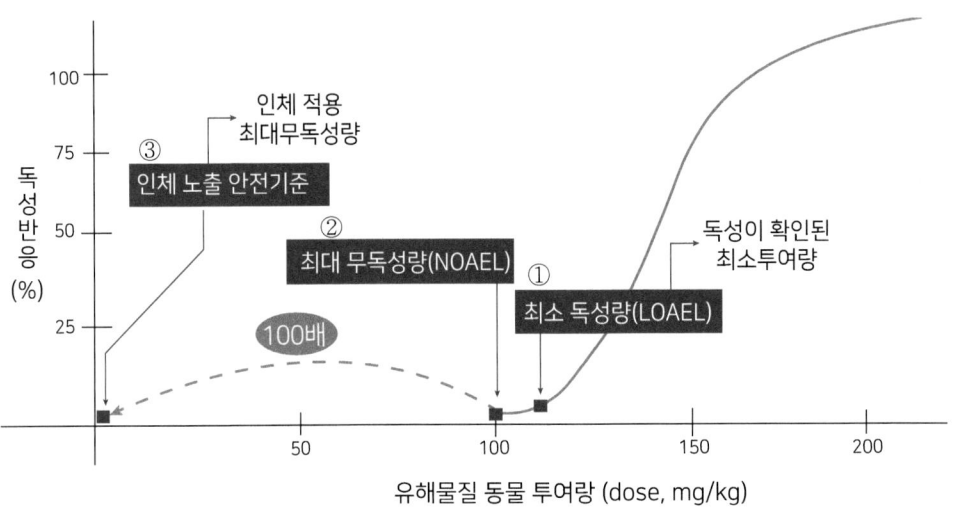

4.12 유해물질별로 동물 적용 유해 크기와 인체 적용 유해 크기는 어떤 것이 있나요?

만성 독성을 가진 유해물질의 경우 인체 적용 유해 크기는 동물 적용 유해 크기보다 100배 낮은 농도를 적용한다. 그러나 급성 독성을 가진 유해물질급성 독성물질은 동물 적용 유해 크기LD50와 인체 적용 유해 크기를 동일하게 적용한다.

독성 크기와 유해 크기는 같은 의미이며, 인체 적용 유해 크기는 안전섭취량, 인체 노출안전기준은 모두 같은 의미이며, 모두 그 값이 작을수록 그 크기가 크다고 볼 수 있다.

1) 반치사량, LD_{50}동물, 인체 동시 적용

급성 독성의 경우, 반치량인 LD_{50}을 가지고 독성유해의 크기로 표현한다. 급성 독성 물질은 인체에 적용할 때는 그대로 LD_{50}을 적용한다.

다음은 유해물질의 독성 크기인 LD_{50} 값을 비교하기 쉽도록 표현한 것이다.

독성물질	개략적 LD_{50}
에탄올	10^4
염화나트륨	
말라치온	10^3
파라치온	10
니코틴	1
테트로도톡신	10^{-1}
보툴리눔독소	10^{-5}

2) 1일 섭취허용량ADI, 인체 적용 최대무독성량

만성 독성인 경우 독성실험에서 최대무독성량NOAEL을 산출한 다음, 농약이나 식품첨가물, 동물용 의약품 등의 의도적 사용 유해물질의 경우 인체노출안전기준으로 ADI를 그 크기를 표현한다. 의도적 사용 유해물질은 인간이 관리가 가능한 유해물질에 대하여 식품에 사용을 허가해 주고, 식품에 남아 있는 양잔류하는 양을 관리한다. 즉 식품에 남아 있는 양을 관리하는 방법으로 하루 섭취량을 허용해 주고 있다. 즉 1일 섭취허용량은 인체에 위해를 주지 않은 선에서 결정하는데 그것이 인체 적용 최대무독성량NOAEL이다.

[농 약]

농약명	종류	기준치 (mg/kg)	ADI(1일 섭취허용량) (mg/kg)X체중(kg)
2,4-D	제초제	0.5	0.0099
클로피랄리드	제초제	2	-
클로르필리포스메틸	살충제	10	0.01
클로로메쿼트	생장조정제	5	0.05
사이퍼메트린	살충제	0.2	0.022
브롬	살충제	50	1
멜라메트린 및 트랄로메트린	살충제	2	0.0075
피페로닐 부록사이드	살충제	24	0.2
피리미포스메틸	살충제	1.0	0.03

3) 1일 섭취한계량TDI, 인체 적용 최대무독성량

만성 독성인 경우 동물 독성실험에서 최대무독성량NOAEL을 산출한 다음, 인체 적용 최대무독성량NOAEL으로 환산하여 오염물질은 그 물질의 축적 특성에 따라 TDI1일, PTWI1주일, PTMI1개월로 그 크기를 인체노출안전기준으로 표현한다. 식품에 사용을 허가하지 않은 유해물질이 환경오염 등에 의해 식품에 비의도적으로 오염되는 경우가 있다. 이러한 경우 식품에 오염되어 있는 유해물질을 관리하지 않으면 인체에 위해를 줄 수 있다. 여기서 관리라 함은 유해물질의 유해 크기 이상으로 인체에 축적되는 것을 막는 것이다. 유해물질의 유해 크기 이상으로 인체에 축적되면 위해를 일으킬 수 있기 때문이다. 이러한 비의도적 오염 유해물질의 관리는 식품에 오염되는 것을 최대한 줄이는 방법 이외에는 섭취를 제한하는 수밖에 없다.

따라서 비의도적 오염 유해물질의 1일 섭취량은 섭취 허용량이 아니라 섭취 한계량으로 표현한다. 그리고 독성에 따라 만성인 경우 1개월 섭취한계량PTMI, 아만성인 경우 1주일 섭취한계량PTWI 그리고 1일 섭취한계량TDI을 정한다.

비의도적 오염 유해물질에 대한 인체노출안전기준은 식품의약품안전평가원 홈페이지https://www.nifds.go.kr/wpge/m_280/cont_03/cont_03_08_05_03_02.do에서 확인이 가능하다.

국내 인체노출안전기준(2023.5.26.)

☐ 유해/화학물질

구분	물질명	인체노출안전기준	설정년도
금속류	알루미늄	PTWI 2.0 mg/kg bw/week * 2007년에 설정된 TDI 0.3 mg/kg bw/day 철회	2007/2016
	카드뮴	PTMI 25 μg/kg bw/month * 2008년에 설정된 PTWI 7 μg/kg bw/day 철회	2008/2011
	무기수은	TWI 3.7 μg/kg bw/week	2013
	메틸수은	TWI 2.0 μg/kg bw/week	2013
	무기비소	PTWI 9.0 μg/kg bw/week	2014
	주석	PTWI 14 mg/kg bw/week	2016
	니켈 및 그 화합물	TDI 2.8 μg Ni/kg bw/day	2017
	크롬 3가	TDI 0.3 mg Cr(III)/kg bw/day	2017
	크롬 6가	유전독성 발암물질로 발암성에 대한 독성시작값 제시(MOE 접근법 활용) - 십이지장 미만성 상피세포 과형성 $BMDL_{10}$ 0.11 mg Cr(VI)/kg bw/day	2017
	납	발달신경독성 및 신장기능 영향에 대한 독성시작값 제시(MOE 접근법 활용) - 어린이 발달신경독성 독성시작값 $BMDL_{01}$ 0.5 μg/kg bw/day - 성인 신장기능 영향 독성시작값 $BMDL_{10}$ 0.63 μg/kg bw/day - 성인 심혈관계 영향 독성시작값 $BMDL_{01}$ 1.5 μg/kg bw/day * 2010년 WHO/JECFA에서 PTWI 25 μg/kg bw/week 철회	2011
	안티몬	TDI 1.11 μg/kg bw/day	2020
	바륨	TDI 24 μg/kg bw/day	2021
곰팡이 독소	파튤린	TDI 0.4 μg/kg bw/day	2012
	오크라톡신 A	유전독성 발암물질로 발암성에 대한 독성시작값 제시(MOE 접근법 활용) - 양성 및 악성 신장암 발생 독성시작값 $BMDL_{10}$ 14.9 μg/kg bw/day * 2012년에 설정된 인체노출안전기준(TWI 0.11 μg/kg bw/week) 철회	2012/2020

구분	물질명	인체노출안전기준	설정년도
	데옥시니발레놀/ acetylated DON	TDI 1 μg/kg bw/day	2012
	푸모니신	TDI 1.65 μg/kg bw/day	2013
	제랄레논	TDI 0.4 μg/kg bw/day	2013
	T-2/HT-2	TDI 0.1 μg/kg bw/day	2014
	아플라톡신 B1	유전독성 발암물질로 발암성에 대한 독성시작값 제시(MOE 접근법 활용) - 간세포 암종 발생 독성시작값 BMDL$_{10}$ 0.37 μg/kg bw/day	2014/2020
	니발레놀	TDI 0.4 μg/kg bw/day	2018
제조가공 과정생성 유해물질	3-MCPD	TDI 2.7 μg/kg bw/day	2013
	벤조피렌	유전독성 발암물질로 발암성에 대한 독성시작값 제시(MOE 접근법 활용) - 전위부·식도·혀 유두종 및 상피성 발암 독성 시작값 BMDL$_{10}$ 70 μg/kg bw/day	2016
	다환방향족 탄화수소류(PAH8)	유전독성 발암물질로 발암성에 대한 독성시작값 제시(MOE 접근법 활용) - 전위부·식도·혀 유두종 및 상피성 발암 독성 시작값 BMDL$_{10}$ 490 μg/kg bw/day	2016
환경유래 오염물질	다이옥신 및 DL-PCBs(29종)	TWI 14 pg TEQ/kg bw/week * 2006년에 설정된 TDI 4 pg TEQ/kg bw/day 철회	2006/2017
	비스페놀 A	TDI 20 μg/kg bw/day * 2009년에 설정된 TDI 0.05 mg/kg bw/day 철회	2009/2014 /2019
	비스페놀 S	TDI 수치화 할 수 없음	2019
	비스페놀 F	TDI 수치화 할 수 없음	2019
	디에틸헥실프탈레이트 (DEHP)	TDI 0.04 mg/kg bw/day * 2006년에 설정된 TDI 0.05 mg/kg bw/day 철회	2006/2015 /2019
	디부틸프탈레이트 (DBP)	TDI 0.01 mg/kg bw/day	2015/2019
	벤질부틸프탈레이트 (BBP)	TDI 0.2 mg/kg bw/day	2015/2019
	디에틸프탈레이트 (DEP)	TDI 0.4 mg/kg bw/day	2019
	디이소노닐프탈레이트 (DINP)	TDI 0.15 mg/kg bw/day	2019
	디이소데실프탈레이트 (DIDP)	TDI 0.15 mg/kg bw/day	2019
	디엔옥틸프탈레이트 (DNOP)	TDI 1.13 mg/kg bw/day	2019

구분	물질명	인체노출안전기준	설정년도
	과불화옥탄산 (PFOA)	TWI 20 ng/kg bw/week * 2014년에 설정된 TDI 1,000 ng/kg bw/day 철회	2014/2020
	과불화옥탄술폰산 (PFOS)	TWI 40 ng/kg bw/week * 2014년에 설정된 TDI 150 ng/kg bw/day 철회	2014/2020
	NDL-PCBs	위험성 정보가 부족한 물질에 대한 독성시작값 제시(MOE 접근법 활용)	
		- (PCB 28) 갑상선 조직병리학적 변화 NOAEL 36 μg/kg bw/day	2017/2022
		- (PCB 52) 간세포 비대 영향 NOAEL 100 mg/kg bw (total dose)	2017/2022
		- (PCB 128) 갑상선 조직학적 변화, 비장 무게 변화, 골수 및 흉선의 조직학적 변화 NOAEL 42 μg/kg bw/day	2017
		- (PCB 153) 간 및 갑상선 조직병리학적 변화 NOAEL 34 μg/kg bw/day	2017/2022
		- (PCB 180) 간세포 비대 영향 NOAEL 3 mg/kg bw (total dose) * 2017년에 제시한 독성시작값(간 무게 증가 및 T4 감소 NOAEL 100 mg/kg bw/day) 개정	2017/2022
		- (PCB 101) 설정 불가	2022
		- (PCB 138) 설정 불가	2022

	브롬화화합물	위험성 정보가 부족한 비유전독성 비발암물질에 대한 독성시작값 제시 (MOE 접근법 활용)
		- (BDE-47) 테스토스테론 감소 영향
		  LOAEL 0.001 mg/kg bw/day
		- (BDE-99) 과잉행동 및 정자형성 억제 영향
		  LOAEL 0.06 mg/kg bw
		- (BDE-153) 행동장애 및 학습 기억력 감소 영향
		  $BMDL_{10}$ 0.083 mg/kg bw
		- (BDE-209) 포도당 항상성 및 간 대사 영향, 췌장 상피세포의 조직학적 변화
		  LOAEL 0.05 mg/kg bw/day
			2021

	헥사클로로부타디엔	TDI 2 μg/kg bw/day	2021
기타	멜라민	TDI 0.1 mg/kg bw/day	2015

	피롤리지딘 알칼로이드류	유전독성 발암물질로 발암성에 대한 독성시작값 제시(MOE 접근법 활용)
		- (Lasiocarpine) 간 혈관육종 발생
		  LOAEL 350 μg/kg bw/day
		- (Riddelliine) 간 혈관육종 발생
		  $BMDL_{10}$ 215 μg/kg bw/day
			2018

구분	물질명	인체노출안전기준	설정년도
	프로필파라벤	생식발생 독성에 대한 독성시작값 제시 (MOE 접근법 활용) - 새끼의 부고환 꼬리부분 정자수 감소 영향 NOAEL 1,000 mg/kg bw/day	2019
	부틸파라벤	생식발생 독성에 대한 독성시작값 제시 (MOE 접근법 활용) - 고환의 정자 생산량 감소 및 부고환 정자수 감소 영향 LOAEL 10.4 mg/kg bw/day	2019
	포름알데히드	TDI 0.15 mg/kg bw/day	2020
	노닐페놀	위험성정보가 부족한 비유전독성 비발암물질에 대한 독성시작값 제시(MOE 접근법 활용) - 간, 신장의 상대 장기무게 증가 및 세포 병변 영향 NOAEL 10 mg/kg bw/day	2021
	트로판알칼로이드 (아트로핀 및 스코폴라민)	- 심장독성(심박동 감소) 발생 - (아트로핀 및 스코폴라민의 합으로서) aRfD(급성독성참고값) 0.015 μg/kg bw/day	2021
	시아노톡신 (마이크로시스틴-LR)	최근 생식독성 정보가 보고되고 있으나 보완이 필요하여 자료 확보 및 재평가 시까지 독성시작값 제시 (MOE 접근법 활용) - (마이크로시스틴-LR) 간독성(ALP, ALT, AST 증가 및 조직학적 변화) 발생 NOAEL 40 μg/kg bw/day	2021
	2-클로로에탄올 (2-Chloroethanol)	위험성정보가 부족한 물질에 대한 독성시작값 제시(MOE 접근법 활용) - 부모 및 자손세대의 체중 및 증체량 감소, 장기중량 변화 영향 NOAEL 82.4 mg/kg bw/day	2022

4) 유해물질의 유해 크기 정보

유해물질의 독성 정보는 식품의약품안전처 식품의약품안전평가원 독성정보제공시스템https://www.nifds.go.kr/toxinfo/ 에서 다양한 문헌을 통하여 알 수 있도록 공개하고 있으며, 유해독성 크기는 독성 수치LD50, NOAEL, RfD 등로써 제공하고 있다.

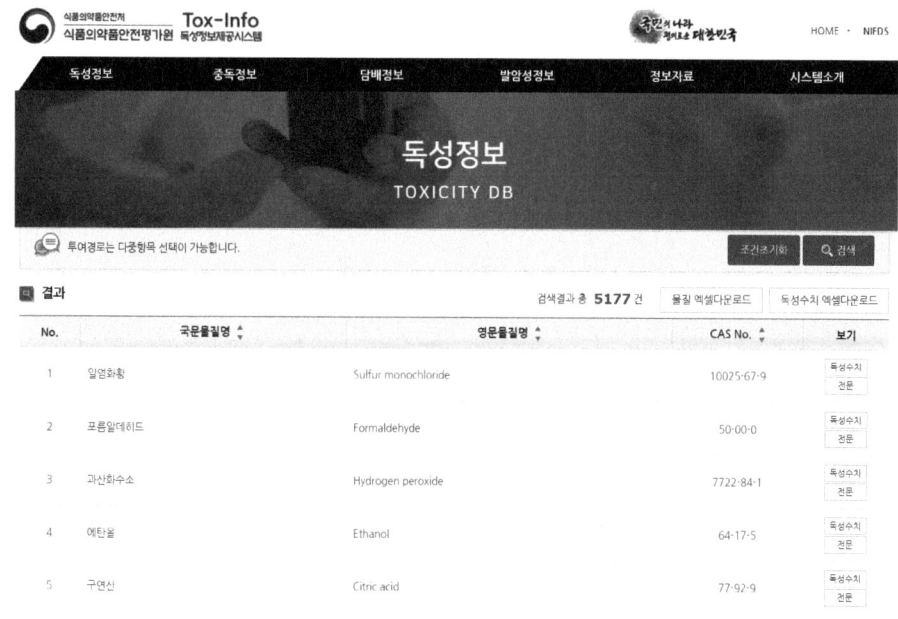

4.13 유해물질의 인체노출안전기준 중 ADI와 TDI의 차이점은

> ADI와 TDI의 큰 차이는 사전에 유해물질의 안전관리通제가 가능한지 불가능한지이다.
>
> 식품에 사용을 허가한 유해물질은 사전에 안전관리가 가능한 만큼 그 독성값도 허용하는 값인 1일 섭취허용량ADI을 정하고 있다.
>
> 식품에 사용을 허가되지 않은 비의도적 오염 유해물질은 사전에 통제가 불가능한 만큼 허용량이 아닌 한계량으로 1일 섭취한계량TDI을 정하고 있다.

유해물질 중에는 식품의 생산·제조·보존·유통에 있어서 필요 불가결하게 어떤 목적을 위해 식품에 사용을 허가하는 경우가 있다. 이때는 발암성, 유전독성, 인체 축적성 등을 평가하여 식품 중에서 안전하게 관리가 가능한 물질만을 선택하여 허가한다. 식품에 사용 허가한 유해물질은 인체노출안전기준을 1일 섭취허용량ADI으로 정하고 있다. 따라서 안전 관리가 가능한 만큼 그 독성값도 허용하는 값으로 표시한다. 그리고 그 허용량을 근거로 식품 중 잔류허용기준을 설정하여 관리하고 있다.

그러나 식품에 사용이 허가되지 않은 비의도적 오염 유해물질은 축적성 등의 특성 때문에 허용량이 아닌 한계량으로 1일 섭취한계량TDI, 또는 1주일 섭취한계량TWI, 1개월 섭취한계량TMI으로 정하고 있다.

따라서 이 유해물질은 식품 중에 존재하면 안 되지만, 환경 등으로 인해 어쩔 수 없이 존재할 수밖에 없기 때문에 최소량으로 존재하도록 관리할 수밖에 없다.

	ADI(1일 섭취허용량)	TDI(1일 섭취한계량)
대상 유해물질	농약, 동물용 의약품, 식품첨가물	중금속, 곰팡이독소, 해양생물독소, 잔류성 유기오염물질, 벤조피렌, MCPD 등
사용 허가 여부	식품에 사용하여도 인체에 유해하지 않도록 관리가 가능한 물질	식품에 허가할 수 없는 물질
식품에 존재 여부	의도적 사용 물질	비의도적 오염물질
식품 중 함유량	식품에 일정 양까지는 잔류를 허용(잔류허용기준)	식품에 존재하면 안 되지만 가능한 한 식품에 최소량으로 존재하도록 관리(최대기준)
독성 특성	발암성, 유전독성이 없는 물질 인체에 축적되지 않은 물질	발암성, 유전독성 등도 있는 물질 주로 인체에 축적되는 물질

4.14 비의도적 오염 유해물질의 유해 크기인 인체노출안전기준이 무기비소는 PTWI, 카드뮴은 PTMI, 니켈은 TDI인 이유는 무엇인가요?

유해물질은 유해물질마다 특성이 있어서 인체 축적성이나 지속성이 다르다. 따라서 비의도적 오염 유해물질의 유해 크기인체노출안전기준는 인체에 지속적으로 축적되어 나타날 수 있는 만성 독성인 축적성과 지속성을 고려하여 그 기준을 설정하고 있다.

니켈은 1일 동안 축적량의 한곗값이고, 무기비소는 1주일 동안 축적량의 한곗값이고, 카드뮴은 1개월 동안 축적량의 한곗값으로 관리한다.

비의도적 오염 유해물질은 인체 축적성 등을 고려하여 만성 독성이 있는 경우 축적성의 정도에 따라 축적성이 없는 경우 1일 섭취한계량TDI, 축적성이 있는 경우 그 정도에 따라 1주일 섭취한계량TWI, 1개월 섭취한계량TMI으로 정하고 있다. 그 이유는 카드뮴의 경우 그 독성이 축적되어 오랫동안 지속될 수 있다는 것을 감안하여 30일 동안 축적된 양을 근거로 인체노출안전기준인 안전 섭취량을 정한 것이고, 니켈의 경우 그 독성이 지속되지 않고 사라진 것을 감안하여 하루의 양을 근거로 안전 섭취량인 인체노출안전기준을 정한 것이다.

따라서 인체노출안전기준은 인체에 지속적으로 축적되어 나타날 수 있는 만성 독성의 경우도 고려하여 그 기준을 설정함으로써 위해평가와 위해관리가 안전성을 확보하도록 하고 있다.

4.15 유해 크기가 큰 유해물질은 식품에서 검출되면 안 되나요?

유해 크기가 큰 유해물질은 아무래도 유해 크기가 작은 유해물질보다 인체 건강에 해를 끼칠 우려가 높다. 유해 크기가 큰 유해물질은 식품에서 소량이 검출되더라도 위해 우려가 높을 수 있고, 또는 검출된 식품을 소량 섭취하더라도 위해 우려가 높을 수 있다.

유해물질은 유해 크기가 크든지 작든지 간에 식품에서 검출된 양과 섭취한 양에 따라 인체 건강에 해를 끼칠지 끼치지 않을지가 결정된다. 따라서 유해 크기가 큰 유해물질이라고 하더라도 식품 중에서 검출된 양과 사람이 그 식품을 섭취한 양에 따라 위해할 수도 있고 그렇지 않을 수도 있다. 대신에 유해 크기가 큰 유해물질은 식품에서 소량이 검출되더라도 위해할 수가 있고, 또는 소량의 식품 섭취량으로도 위해할 수가 있다.

4.16 유전·발암독성이 있는 유해물질의 유해 크기는 다른가요? $BMDL_{10}$은 무엇인가요?

> 유전·발암독성이 있는 유해물질의 유해크기는 최대무독성량NOAEL을 근간으로 하지 않고 $BMDL_{10}$을 인체노출안전기준으로 적용한다.
> $BMDL_{10}$은 종양 발생률 을 10% 증가시키는 용량의 95% 신뢰구간의 하한값을 말한다. 즉 암 발생을 10% 증가시키는 양에서 신뢰 구간 100% 중 처음하한값 5% 값으로서 발암을 10% 증가시키는 평균 양보다 훨씬 낮은 값이다.

$BMDL_{10}$은 Benchmark Dose Lower Bound독성기준용량 하한치로서 유전독성을 가지면서 발암독성을 가진 유해물질에 대한 유해 크기인 인체노출안전기준이다. 이는 종양 발생률을 10% 증가시키는 용량의 95% 신뢰 구간의 하한치를 말한다. $BMDL_{10}$은 대조군과 비교하여 10%의 반응이 나타나는 투여 용량에 대한 95% 신뢰 구간의 하한치를 의미하는 수치이다

유전 발암독성을 가진 물질에 대한 위해 크기는 MOEmargin of exposure로 표현하는데, 이때 인체노출안전기준은 $BMDL_{10}$을 기준으로 한다.

BMD와 NOAEL의 가장 큰 특징은 BMD는 용량−반응 곡선을 이용하며, NOAEL은 시험에 사용한 용량을 그대로 이용한다는 점이다.

MOE는 10,000 이하로 낮을 때를 위해 우려 수준 또는 위해관리 우선순위로 놓고 관리한다.

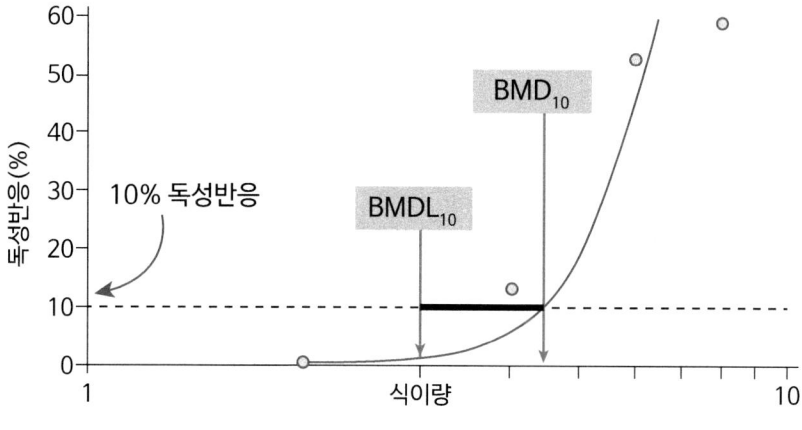

10%의 반응(암발생)을 유발하는 용량에 대한 95% 신뢰구간의 하한치

BMDL$_{10}$을 적용하는 인체노출안전기준은 다음과 같다. 이는 모두 위해 크기 MOE를 적용받는다.

물질명	임계 종말점	BMDL$_{10}$ (mg/kg b.w./day)
Acrylamide	고환	1.0
	유방	0.16
Aflatoxin B1	간세포	0.00025 0.00087[a]
Benzene	Zymbal gland	17.6
Benzo[α]pyrene and polycyclic aromatic hydrocarbon	전체	0.12
1,3-dichloro-2-propanol	신장	9.62
Ethyl carbamate	폐, 기관지	0.25
Furan	간세포	-
Leucomalachite green	간세포	20.4

1-methylcyclopropene(1MCP) impurities	코	11.0
Methyleugenol	간세포	7.90
PhIP[b]	전립선	0.48
	유방	0.74
Sudan I	간세포	7.32

a) 노출 기간을 60년(수명)으로 하였을 경우 10% 간암 발생률을 BMD_{10}으로 산출하고, 외삽을 통해 $BMDL_{10}$ 산출함 ⇒ 870 ng/kg b.w./day

b) PhIP, 헤테로고리아민류(HCAs)의 일종

*출처: *Food and Chemical Toxicology 48 (2010) S2–.S24*

05

식품 섭취로 인한
유해물질의 인체 위해 크기

식품 섭취로 인한
유해물질의 인체 위해 크기

5.1 위해 크기란 무엇을 말하나요?

> 위해는 사람과 유해물질과의 관계에서 인체 유해물질의 양이 어느 한계를 넘었을 때, 그 위력_{해를 끼치는 것}을 나타낸다. 그 한계는 유해물질의 유해 크기_{인체 최대무독성량, 인체노출안전기준}을 기준으로 한다.
>
> 위해 크기는 사람이 유해물질이나 독성이 있는 식품을 먹었을 때 그로 인하여 인체에 악영향을 미칠 수 있는 정도를 수치로써 나타낸 것이다.
>
> 위해 크기 측정은 인체에 들어온 유해물질 양을 그 유해물질의 인체 유해 크기_{인체 최대무독성량, 인체노출안전기준}와 비교해서 인체 건강에 미치는 영향의 정도_{해를 끼치는 정도}를 평가한다.

위해는 사람을 대상으로 하여 유해물질이 인체에 들어와서 인체의 건강에 해를 끼치는 정도를 말한다. 즉 사람과 유해물질과의 관계에서 탄생한 것이 위해이고, 위해는 사람과 유해물질과의 관계에서 유해물질의 양이 어느 한계를 넘었을 때 그 위력_{해를 끼치는 것}을 나타낸다. 그 한계는 유해물질의 유해크기_{인체 최대무독성량, 인체노출안전기준}를 말한다.

따라서 위해 크기는 인체에 들어온 유해물질의 양이 그 유해물질의 인체 최대무독성량_{유해 크기, 인체노출안전기준}보다 많았는지, 적었는지로 평가하는 것이다. 위해평가에서는 위해 크기를 위해도라고 부른다.

유해물질이 인체에 들어온 양이 그 유해물질의 인체 유해 크기보다 많다_{크다}면 위해 크기가 크다는 것으로 인체에 해를 끼칠 수 있다는 것이다. 위해 크기는 사람과 유해물질 양과의 관계로서 사람에게 유해물질이 얼마만큼 접근했느냐가 중요하다. 식품 섭취로 인한 유해물질의 인체 위해의 크기는 유해물질의 유해_{독성} 크기와 식품에 그 유해물질이 얼마나 함유되어 있고, 그 함유된 식품을 얼마나 먹었냐에 따라 결정된다.

따라서 위해의 크기를 결정하는 요소는 <u>사람</u>, <u>식품 섭취량</u>, 식품 중 <u>유해물질의 함량</u>, 그리고 위해 여부의 판단기준인 유해물질의 유해 크기_{독성값}인 <u>인체노출안전기준</u>이다.

즉 일정 크기의 유해 크기를 갖은 유해물질이 일정량 들어 있는 식품을 얼마나 먹었는지, 우리가 먹고 있는 식품에 일정 크기의 유해 특성을 갖은 유해물질이 얼마나 함유되어 있는지를 평가하여 그 식품이 인체에 어떤 영향을 미치는지를 알아내는 것이다. 이러한 일련의 과정을 위해평가라고 하며, 그 평가 결과가 위해 크기_{위해도}로 표현된다.

즉 식품을 섭취함에 있어서 중금속과 같은 유해 오염물질의 경우, 위해 크기는 유해물질 오염도_{검출량}가 높고 그 식품의 섭취량이 많으면 유해물질 노출량_{인체 축적량}이 증가하여 인체 위해 크기가 증가한다.

5.2 유해 크기와 위해 크기는 뭐가 다른가요?

> 유해 크기는 유해물질을 대상으로 하고 유해물질마다 가지고 있는 고유의 독성의 크기를 말한다. 하지만 위해 크기는 사람을 대상으로 하고 유해물질이 사람에게 해를 끼치는 정도를 말한다. 위해 크기는 유해 크기를 기준으로 사람에게 노출된 양을 비교하여 산출한다.

유해물질의 유해 크기라는 용어는 있어도 유해물질의 위해 크기라는 용어는 없다. 한편, 유해물질이 검출된 식품의 위해 크기 또는 식품 섭취를 통한 유해물질의 위해

크기는 '위해 우려 수준이다', '위해 우려 수준이 아니다'라고 표현한다. 유해 크기는
유해물질을 대상으로 하지만 위해 크기는 사람을 대상으로 하기 때문이다.

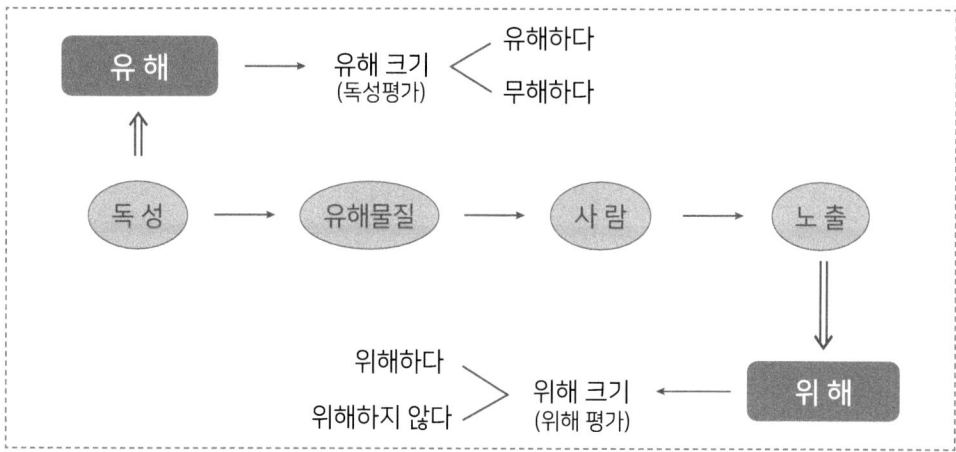

5.3 식품 섭취로 인한 유해물질의 인체 위해 크기는 무엇을 의미하나요?

> 식품 섭취를 통한 유해물질의 인체 위해 크기는 유해물질이 함유된 식품을 먹었
> 을 때 사람에게 좋지 않은 영향이 나타나는 정도_{해를 끼치는 정도}로써 사람이 유해물
> 질이 함유된 식품을 먹고, 그 사람에게 좋지 않은 영향을 '나타낼지', '나타내지
> 않을지' 그리고 그 정도가 어느 정도인지를 표현하는 용어이다.

식품 섭취를 통한 유해물질의 인체 위해 크기는 식품 중에 있는 유해물질이 사람에
게 들어왔을 때 사람에게 좋지 않은 증상이 나타나는 정도로써 A라는 사람이 식품을
통하여 먹은 유해물질이 A라는 사람에게 좋지 않은 증상을 '나타낼지', '안 나타낼지'
그리고 그 정도가 어느 정도인지를 표현하는 것이다. 이 표현은 A라는 사람이 먹은 유
해물질의 양을 그 유해물질의 유해 크기와 비교해서 그 정도를 나타낸다. 한편 A라는
사람이 먹은 유해물질의 양은 식품 중의 유해물질 검출량과 A라는 사람이 먹은 식품
의 양을 곱해서 산출한다.

유해 크기는 독성평가를 통하여 측정하고, 위해 크기는 유해 크기를 기반으로 사람에게 노출된 양을 비교하여 산출한다. 위해 크기를 측정하기 위해서는 반드시 그 유해물질의 유해 크기가 필요하다. 왜냐하면 유해 크기를 기준으로 유해물질이 인체에 노출된 양섭취량을 비교하여 위해 크기를 평가하기 때문이다.

그 비교치를 위해 크기라고 말하며, 위해 크기가 1보다 크면 인체에 노출축적된 유해물질 총량이 그 유해물질의 유해 크기보다 많다는 것이다. 즉 인체에 노출축적된 유해물질 총량이 그 유해물질의 유해 크기보다 많다는 것은 인체 건강에 해를 끼칠 수 있다. 왜냐하면 유해물질의 인체 최대무독성량보다 인체에 들어온 유해물질 양이 많기 때문이다.

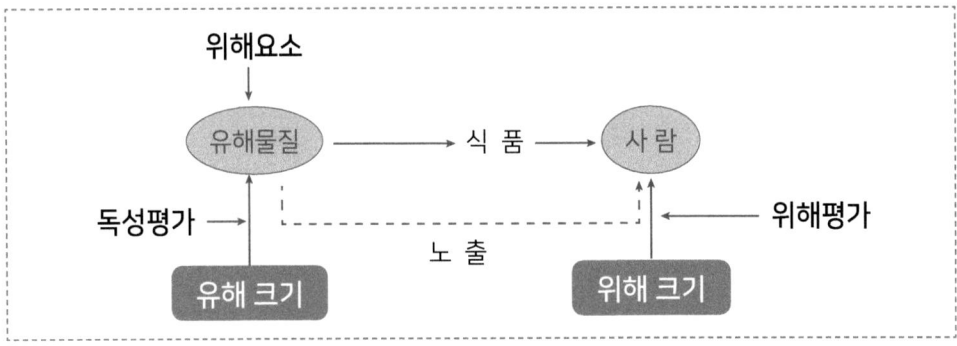

5.4 위해 크기는 어떻게 측정하나요?

> 위해 크기는 위해평가라는 절차에 따라 측정한다. 먼저 식품 중에 유해물질이 얼마나 함유되어 있는지, 유해물질이 함유된 식품을 얼마나 먹었는지를 산출하여 유해물질이 함유된 식품으로 인해 인체에 들어온 유해물질 총량을 계산한다. 그 다음으로 인체에 들어온 유해물질 총량을 그 유해물질의 인체 유해 크기인 인체 노출안전기준과 비교하여 수치로 나타낸다.

유해물질의 인체 위해 크기 측정은 유해물질이 일정량 들어 있는 식품을 얼마나 먹었는지, 먹은 식품에 유해물질이 얼마나 함유되어 있는지를 평가하여 인체 노출량을 산출하고, 유해물질의 인체 노출량을 그 유해물질의 유해 크기와 비교하여 인체에 영향을 미치는 정도를 측정한다. 이러한 일련의 과정을 위해평가라고 하며, 그 평가 결과가 위해 크기로 표현된다.

즉 A라는 사람이 먹은 유해물질의 양을 그 유해물질의 유해 크기와 비교해서 그 정도를 나타낸다. 한편, A라는 사람이 먹은 유해물질의 양은 식품 중의 유해물질 검출량과 A라는 사람이 먹은 식품의 양을 곱해서 산출한다. 위해 크기는 유해 크기를 기반으로 사람에게 노출 정도를 위해평가를 통하여 산출한다.

식품 섭취로 인한 유해물질의 인체 위해 크기 측정 절차는 다음과 같다.

첫째, 유해물질의 유해성 및 유해 크기를 파악한다.

둘째, 식품 중 유해물질의 함유량을 분석한다.

셋째, 그 식품의 섭취량을 산출한다.

넷째, 식품 섭취로 인한 유해물질의 인체 노출량유입량을 산출한다.

　– 해당 식품의 유해물질 함량과 섭취량을 곱해서 산출한다.

다섯째, 위해 크기를 산출한다.

　– 유해물질의 유해 크기와 인체 노출량을 비교 평가한다.

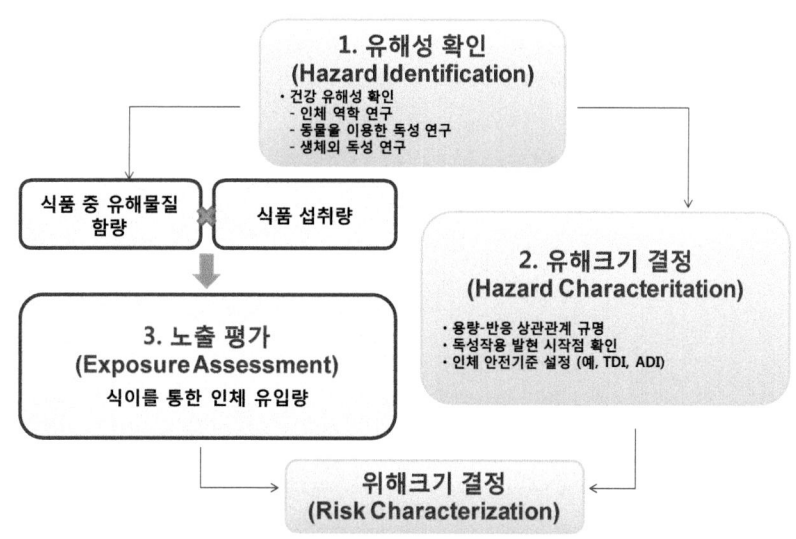

5.5 유해물질의 인체 노출량(섭취량)은 어떻게 측정하나요?

> 식품 섭취를 통한 유해물질의 노출량 산출은 1일 노출량의 경우 하루에 섭취한 모든 식품의 섭취량을 조사하고, 그날 섭취한 식품 품목에 대한 유해물질 함량을 시험 분석을 통해 측정한 다음, 그날 섭취한 식품의 품목별 섭취량과 섭취한 식품 중 품목별 유해물질 함량을 서로 곱하고 각각 품목을 합하여 산출한다.

유해물질의 인체 노출은 식품 섭취, 피부 노출, 대기 호흡 등에 의해 이루어진다. 그러나 몇몇 유해물질을 제외하고는 대부분90% 이상이 식품 섭취를 통하여 인체에 유입된다.

따라서 식품 섭취를 통한 유해물질의 노출량 산출은 1일 노출량의 경우 하루에 섭취한 모든 식품의 섭취량을 조사한 다음, 그날 섭취한 식품 품목에 대한 유해물질 함량을 시험 분석을 통해 측정한 다음, 그날 섭취한 식품의 품목별 섭취량과 섭취한 식품 중 품목별 유해물질 함량을 서로 곱하고 각각 품목을 합하여 산출한다. 이때는 이미 조사된 유해물질 함량을 사용하기도 한다.

식품 한 품목에 대한 유해물질의 1일 노출량은 그 한 품목의 1일 섭취량과 그 품목의 유해물질 함량을 곱하여 산출한다.

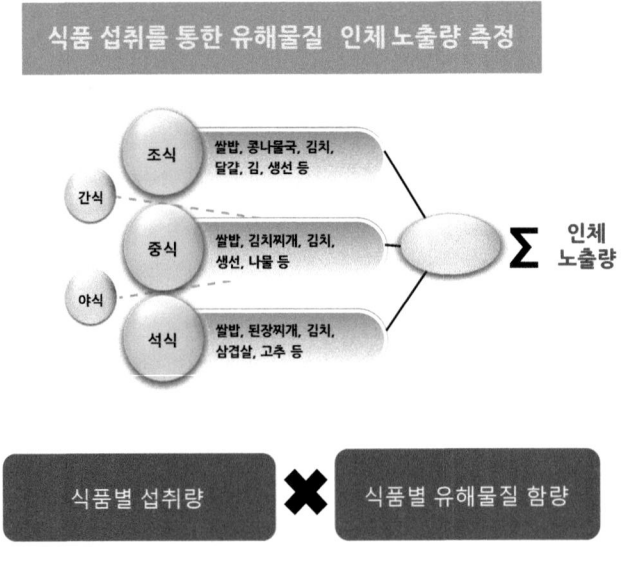

5.6 유해물질의 인체 노출량과 그 유해물질의 유해 크기와의 관계는?

> 유해물질의 인체 노출량과 유해물질의 유해 크기의 단위는 사람의 몸무게당 노출_{섭취}되는 양으로 동일하다. 이 둘을 유해 크기를 기준으로 비교하면 위해 크기가 계산된다. 즉 해당 유해물질의 유해 크기와 식품 섭취로 인하여 유해물질의 인체 노출량과의 관계는 결국 위해의 크기로 나타낸다.

유해물질의 유해 크기는 유해물질의 인체노출안전기준으로 인체를 대상으로 했을 때에 인체에 해를 끼치지 않은 최대 용량이다. 즉 안전 섭취량으로 보면 된다.

따라서 유해물질의 유해 크기인 인체노출안전기준은 유해물질로 인한 식품 안전의 여부, 위해식품의 여부를 판가름하는 잣대인 셈이다.

유해물질의 인체 노출_{섭취}량과 인체노출안전기준인 안전 섭취량은 단위가 사람 몸무게당 섭취하는 양으로 동일하다. 결국 이 둘을 비교하면 위해 크기가 측정된다. 즉 해당 유해물질 안전 섭취량보다 식품으로 인하여 유해물질을 많이 먹었는지 그렇지 않는지를 알 수 있다. 그래서 식품 섭취로 인한 유해물질 인체 노출_{섭취}량이 유해물질의 유해 크기인 인체노출안전기준을 초과하면 안 된다.

5.7 위해 크기가 어느 정도일 때 위해하다고 말하나요?

> 위해 크기가 "1"_{또는 100%}보다 크면 인체에 노출_{축적}된 유해물질 총량이 그 유해물질의 유해 크기보다 많다는 것이다. 즉 인체에 노출_{축적}된 유해물질 총량이 그 유해물질의 유해 크기보다 많다는 것은 인체 건강에 해를 끼칠 수 있다. 왜냐하면 유해물질의 인체 최대무독성량보다 인체에 들어온 유해물질 양이 많기 때문이다.

위해평가를 통하여 유해물질의 인체 노출량유입량이 유해 크기보다 많으면크면 위해하다고 평가한다. 또한, 유해물질의 인체 노출량유입량이 유해 크기를 초과하지는 않았지만 초과할 우려가 있는 경우도 위해 우려가 있다고 평가한다. 초과할 우려가 있다는 것은 사람들이 다양한 식품들을 먹기 때문에 대체로 80% 정도를 초과하면 그렇게 말한다. 또한, 사람들은 유해물질의 인체 노출이 식품으로 인한 것뿐만 아니라 대기 호흡, 피부 흡수 등을 통해서도 이루어질 수 있기 때문에 그 정도의 여유는 두고 평가한다.

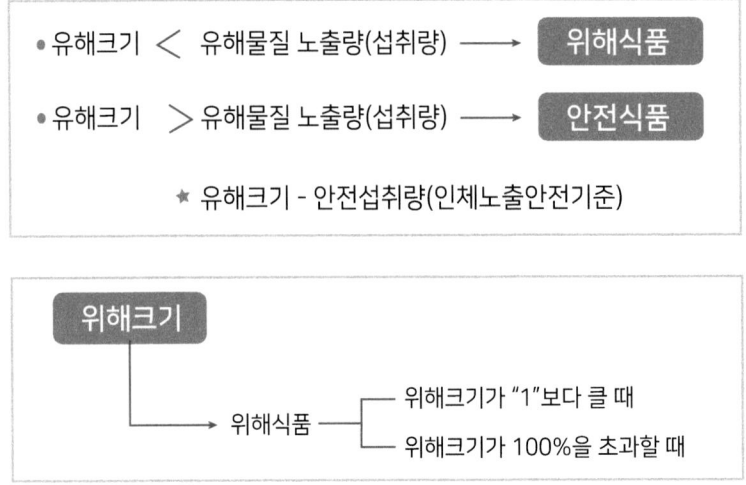

5.8 식품 섭취로 인한 유해물질의 인체 위해 크기는 인체에 직접 적용한 시험 결과인가요?

유해물질의 인체 유해 크기는 어디까지나 동물실험을 통해 유추하는 것으로서 인체에 직접 적용하여 실험한 결과는 아니다. 따라서 위해 크기 역시 동물적용 유해 크기를 기반으로 위해 크기를 측정한다.

다만, 동물실험을 통하여 인간에게도 안전성이 어느 정도 확보되었을 때 인체에 직접 적용하는 인체 적용 시험을 통해 안전성을 최종 확인하는 경우도 있다.

위해 크기는 사람이 유해물질이나 독성이 있는 식품을 먹었을 때 그로 인하여 인체에 악영향을 미칠 수 있는 정도를 수치로 나타내 준 것이다. 이것은 어디까지나 동물실험을 통해 유추하는 것으로, 인체에 직접 적용하여 실험한 결과는 아니다.

위해 크기는 과학적 위해평가를 통하여 최대한 인간에게 일어날 수 있는 가능성을 표현한 것으로 과학적 근거는 충분하다. 하지만 사람에게 직접 적용하여 실험하는 인체 적용 시험과는 차이가 있을 수 있다. 사람에게 직접 적용하여 위해성을 평가하는 방법이 제일 정확하겠지만, 유해물질이나 독성이 있는 식품을 인체에 바로 적용하여 실험할 수는 없다.

그래서 동물실험을 통해 인간에게도 안전성이 어느 정도 확보되었을 때, 인체 직접 적용하는 인체 적용 시험을 통해 안전을 최종 확인하는 경우가 있다. 그러나 명백한 유해물질의 경우 인체 적용 시험을 할 수 없기 때문에 동물을 통한 독성시험 결과인 유해 크기를 기반으로 위해평가를 실시하고 위해 크기를 측정한다.

5.9 식품에 사용을 허가한 후 식품에 잔류하는 유해물질의 위해 크기 측정은?

> 식품 중에 유해물질의 잔류량을 측정하고, 유해물질이 잔류된 식품의 섭취량을 조사하여 인체 노출량을 산출하고 1일 섭취허용량ADI과 비교하여 측정한다.

잔류농약, 잔류동물용의약품 등은 식품에 사용을 사전에 허가하고 사후에 식품에 잔류하는 것을 위해하지 않도록 관리한다.

이때 식품 섭취로 인한 잔류농약의 위해크기는 사용을 허가한 식품 및 가공식품의 섭취량을 고려하여 노출량을 산출한 다음, ADI와 비교 평가한다. 1) 유해독성 크기 자료: 최대무독성량NOAEL, ADI 자료, 2) 사용을 허가한 식품의 섭취량 자료, 3) 사용을 허가한 식품 중 잔류허용량 또는 잔류조사량를 토대로 안전관리를 한다.

5.10 비의도적으로 식품에 존재하는 유해물질의 위해 크기 측정은?

> 식품 중에 유해물질의 함유량을 측정하고, 유해물질이 함유된 식품의 섭취량을 조사하여 인체 노출량을 산출하고 인체노출안전기준TDI, TWI, TMI과 비교하여 측정한다.

중금속, 방사능, 곰팡이독소, 벤조피랜, 다이옥신 등 환경 유래 오염 유해물질은 식품의 안전관리를 위하여 위해 크기를 측정한다.

모든 식품의 섭취에 따른 오염 유해물질의 노출량그 식품 중 오염된 유해물질 함량 x 그 식품의 섭취량을 산정한 다음 TDI 등과 비교 평가한다.

위해 크기를 측정하기 위해서는 1) 유해독성 크기 자료: 인체노출안전기준최대무독성량, TDI 자료, 2) 식품의 섭취량 자료, 3) 식품 중 오염 함유량 등이 필요하다.

환경오염 등으로 비의도적으로 식품에 오염되어 존재하는 발암물질, 유전독성물질 등도 위해 크기를 측정하여 인체에 위해하지 않도록 안전관리를 한다.

5.11 새로운 식품으로 인정받기 위한 위해 크기의 측정은?

> 식품 신소재 원료, 건강기능식품 기능성 원료, 식품첨가물 등의 신규로 인정받기 위한 위해 크기 측정은 먼저 발암독성이나 유전독성 등이 없어야 하며, 90일 반복 투여 독성시험을 통한 최대무독성량과 1일 허용섭취량ADI을 구한다. 그다음으로 식품으로 사용하고자 하는 목적에 맞는 식품 섭취량이 1일 섭취허용량ADI을 초과하지 않도록 평가하여 안전성을 확보하여야 한다.

식품 신소재 원료, 건강기능식품 기능성 원료, 식품첨가물 등의 인정은 위해 크기를 기반으로 안전성을 확보하고 있다.

유해독성 크기 자료는 반드시 최대무독성량NOAEL을 기반으로 하는 유해 크기인 1일 섭취 허용량ADI 자료가 필요하다.

그다음으로 식품으로 섭취하고자 하는 양을 산출한다.

안전성 확보는 개발한 식품의 섭취량을 최대무독성량에 따른 ADI와 비교하여 평가한다.

새로운 식품으로 인정할 때는 개발하고자 하는 식품의 섭취량이 정해지면, 그 양이 ADI의 어느 정도 수준인지를 평가하여 식품 원료로서의 인정 여부가 결정된다. 한편 ADI를 초과하지 않도록 사용기준, 섭취기준을 정하여 인정하는 경우도 있다. 다만, 식품 신소재 원료나 식품첨가물의 경우 식품의 섭취량을 첨가한 가공식품의 섭취량을 고려하여 산정한 다음, ADI와 비교 평가하는 경우도 있다.

5.12 식품 중 유전독성과 발암독성을 가진 유해물질은 위해관리를 어떻게 하나요

유전독성생식독성이나 발암독성을 가진 것은 어떤 물질것이든 식품에 사용하는 것을 허가하지 않는다. 그러나 비의도적으로 식품에 오염된 유전독성과 발암독성을 가진 유해물질은 인체 건강에 해를 끼치지 않도록 위해 크기를 측정하고 위해 관리를 한다벤조피렌, 다이옥신, 방사능 등.

식품의 생산 제조 시 의도적 사용이 불가능한 유해물질은 유전독성생식독성, 발암독성을 가진 것이다.

- 유전독성, 발암독성이 있는 물질은 기본적으로
  1) 농약, 동물용 의약품 등으로 절대 허가하지 않는다.
  2) 식품 신소재, 식품첨가물, 건강기능식품 원료로 절대 인정받을 수 없다.
  3) 다만, 비의도적으로 식품 중 오염된 유해물질의 경우 발암독성이나 유전독성이 있어도 섭취할 수밖에 없다. 이 경우 식품 섭취로 인해 인체 건강에 해를 끼

치지 않도록 위해 크기를 측정하고, 위해하지 않도록 안전관리를 한다_{벤조피렌,} 다이옥신, 방사능 등.

5.13 식품 섭취로 인한 유해물질의 인체 위해 크기는 어떻게 하면 줄일 수 있나요?

> 유해물질의 함유량이 낮아도 섭취량이 너무 많으면 인체 노출량이 증가하여 인체 위해 크기가 증가하고, 유해물질의 함유량이 높아도 섭취량을 줄이면 위해 크기를 낮출 수 있다. 소비자들은 다양한 식품을 골고루 편식하지 않고 먹는 것이 유해물질로부터 안전을 확보하는 최선의 방법이다.

식품을 섭취함에 있어서 중금속과 같은 오염 유해물질의 경우, 위해 크기는 유해물질 오염도가 높고 섭취량이 많으면 유해물질 노출량이 증가하여 인체 위해 크기가 증가한다. 한편, 오염도가 낮아도 섭취량이 너무 많으면 인체 노출량이 증가하여 인체 위해 크기가 증가하고, 오염도가 높아도 섭취량을 줄이면 위해 크기를 낮출 수 있다.

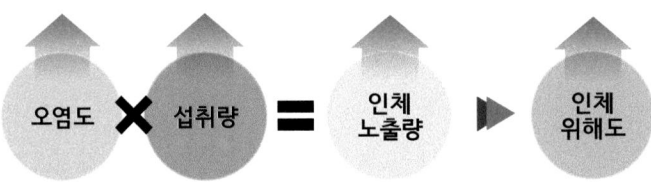

오염도가 높고, 섭취량이 많으면 → 노출량 증가 → 위해도 증가

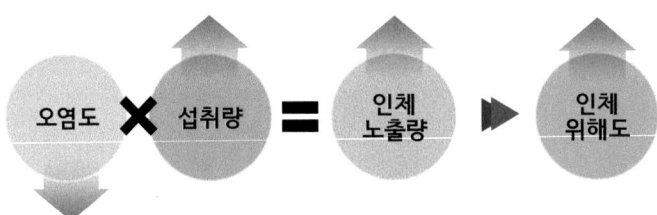

오염도가 낮아도, 섭취량이 너무 많으면 → 노출량 증가 → 위해도 증가
➡ 섭취량을 줄이면 위해도를 낮출 수 있음

인체 위해 크기를 줄이기 위해서는 기본적으로 환경오염 등으로 인한 유해물질이 식품으로 유입되는 것을 막아야 한다.

5.14 우리나라는 식품 섭취로 인한 유해물질(중금속)의 인체 위해 크기가 어느 정도 인가요?

> 우리는 매일 식품 섭취를 통하여 중금속을 먹고 있다. 단지 그 양이 미미해서 인체에 영향을 미치지 않을 따름이다. 우리나라 국민의 식품 섭취로 인한 중금속의 인체 위해 크기는 국민 평균 섭취량으로 볼 때 안전한 수준이다. 식약처 발표.

식품 섭취를 통하여 중금속 등 유해물질을 매일 먹고 있다. 그러나 그 양이 미미해서 인체에 영향을 미치지 않을 따름이다. 이렇듯 식품 속의 유해물질은 불가역적인 관계를 가지고 있다.

2024년 식약처 발표 자료식품의 중금속 기준·규격 재평가 보고서Ⅱ에 의하면 우리 국민의 식품 섭취에 의한 중금속의 인체 위해 크기는 다음과 같다.

중금속	위해 크기
무기비소(As)	인체노출안전기준 대비 전 연령 평균 33.4%
납	인체노출안전기준 대비 전 연령 평균 노출안전역(MOE) 1.3
수은(Hg)	인체노출안전기준 대비 전 연령 평균 16.1%
메틸수은(Methyl-Hg)	인체노출안전기준 대비 전 연령 평균 4.7%
주석(Sn)	인체노출안전기준 대비 전 연령 평균 0.046%
카드뮴(Cd)	인체노출안전기준 대비 전 연령 평균 34.3%

5.15 식품 섭취로 인한 유해물질의 인체 노출량(섭취량)이 유해 크기를 초과하면 어떻게 되나요?

> 식품의 섭취로 인한 유해물질이 인체에 들어온 양이 그 유해물질의 인체 적용 유해 크기(인체노출안전기준, 안전섭취량)보다 크면 인체 건강을 해칠 우려가 있다.
> 그러나 식품 섭취를 통한 유해물질의 인체 노출량(유입량)이 유해 크기(인체노출안전기준, 동물실험 최대무작용량보다 100배 낮은 양)보다 일시적으로 초과했다고 해서 너무 걱정할 필요는 없다. 이러한 초과 현상이 장기적으로 지속적으로 일어난다면 관련 질병이 유발될 수도 있다.

일상 식생활을 통하여, 즉 식품 섭취로 인해 인체에 축적된 유해물질 양이 그 유해물질의 독성 크기, 즉 인체노출안전기준보다 크다면 '위해하다' 또는 '위해 우려가 있다'고 말한다.

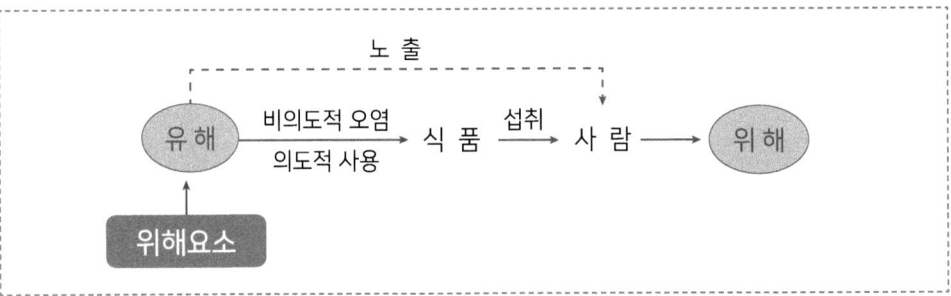

하지만 유해물질이든 신소재 식품이든 유해 크기는 동물을 대상으로 실험한 결과이다. 유해 크기를 결정하는 시점도 동물에게 먹었을 때 전혀 독성이 없는 포인트를 최대무독성량으로 한다. 즉 동물에게 먹여서 실험한 최대무독성량의 일시적인 초과는 크게 걱정하지 않아도 된다.

또한, 인간에게 적용하는 유해 크기는 동물에 적용하는 것보다 100배나 낮은 값이다. 즉 동물보다 100배나 최대무독성량이 적은 양으로 인간에게는 더 강한 값을 적용한다.

따라서 사람을 대상으로 하는 유해물질의 인체 노출량(유입량)이 유해 크기(인체노출안전기준, 동물실험 최대무작용량보다 100배 낮은 양보다 일시적으로 초과한다고 해서 사망할 우려는 전혀 없으나, 이러한 초과 현상이 장기적으로 지속적으로 일어난다면 관련 질병이 유발될 수도 있다.

특정 유해물질의 인체노출안전기준을 초과하면 위해할 우려가 있다는 것으로 안전하지 않다는 것이다. 초과의 정도에 따라 다르겠지만, 초과가 장기간 지속될 경우 관련 질병 발생할 수 있겠지요. 그러나 일시적인 초과는 크게 걱정하지 않아도 된다. 왜냐하면 인체노출안전기준의 지표인 동물시험의 독성값인 최대무작용량은 말 그대로 그 물질이 어떠한 작용도 하지 않은 최댓값이다. 즉 그 독성물질로 인해 동물에 어떠한 영향도 미치지 않은 시작점인 셈이다. 더구나 인체노출안전기준은 최대무작용량보다도 100배나 낮은 농도의 값이다.

5.16 독성 특성별로 식품 중 유해물질의 위해 관리가 다른가요?

① 급성 독성, 유전독성생식독성, 발암독성을 가진 유해물질은 식품에 사용을 허가하지 않는다.

② 의도적 사용 유해물질은 유해 크기인 1일 섭취허용량ADI을 초과하지 않도록 사전에 관리한다.

③ 어쩔 수 없이 섭취할 수밖에 없는 비의도적 오염 유해물질의 경우도 유해 크기인 1일 섭취한계량TDI, 1주 섭취한계량TWI, 1개월 섭취한계량TMI을 초과하지 않도록 관리한다.

첫째, 식품으로서 의도적 섭취 불가능한 독성을 가진 유해물질은 급성 독성, 유전독성생식독성, 발암독성을 가진 유해물질이다. 이들은 식품에 사용을 허가하지 않는다.

① 식품 원료, ② 식품첨가물, ③ 기능성 원료 등 식품 소재, ④ 잔류농약, ⑤ 잔류동물용의약품 등 의도적 사용 유해물질

둘째, 식품으로 의도적 섭취가 가능한 독성을 가진 것은 유해 크기인 인체노출안전기준ADI을 기준으로 식품에 사용 여부 및 위해 여부를 판단한다.

① 식품 원료, ② 식품첨가물, ③ 기능성 원료 등 식품 소재, ④ 잔류농약, ⑤ 잔류 동물용의약품 등 의도적 사용 유해물질

셋째, 어쩔 수 없이 비의도적으로 섭취할 수밖에 없는 오염 유해물질은 유해 크기인 인체노출안전기준TDI을 기준으로 식품의 위해 여부를 판단한다.

① 환경 유해 오염물질: 중금속, 다이옥신, 방사능 등, ② 저장 유통 중 생성 유해 오염물질: 곰팡이독소 등, ③ 제조 공정 중 생성 유해 오염물질: 벤조피렌 등

5.17 유해물질의 인체 노출량을 줄이는 방법은 무엇이나요?

식품 섭취로 인한 유해물질의 인체 위해 크기를 줄이기 위해서는 먼저 노출량을 줄여야 하는데
첫째, 식품 중에 유해물질의 유입사용, 생성 또는 오염을 최대한 줄여야 한다.
둘째, 식품에 유해물질을 불필요하게 과잉 사용하거나 보편적인 오염이 아닌 것은 막아야 한다.
셋째, 무엇보다 중요한 것은 개인의 식품 섭취량 관리이다.

식품 섭취로 인하여 유해물질로부터 사람의 건강을 지키기 위해서는 유해물질이 인체에 노출유입되는 양을 줄여야 한다. 유해물질의 인체 노출이 줄어들면 위해 크기는 줄어든다. 식품으로 인한 유해물질의 위해 크기를 줄이기 위해서는 먼저 유해물질의 인체 노출량을 줄여야 한다.

첫째, 식품 중에 유해물질의 유입사용, 생성 또는 오염을 최대한 줄여야 한다.

그러기 위해서는 ① 유해물질이 환경에 오염되는 것을 막아야 한다. 왜냐하면 유해물질이 환경에 오염되면 바로 식품으로 이행되기 때문이다. 유해물질이 식품에 오염이

많이 될수록 위해 크기는 커질 것이다. ② 식품 생산을 위하여 사용하는 농약 등은 최소화해야 한다. 그래서 유기농, 무농약 식품이 인기가 있는 것이다. ③ 식품 제조 환경을 위생적이고 현대화하여 제조 공정 중에 유해물질이 생성되거나 오염되는 것을 최소화해야 한다.

둘째, 식품에 유해물질을 불필요하게 과잉 사용하거나 보편적인 오염이 아닌 것은 막아야 한다. 즉 이러한 식품들은 강제적으로 유통을 통제하여야 한다. 이 통제 수단이 식품에 잔류허용기준의도적 사용 유해물질이나 **최대기준**비의도적 오염 유해물질을 설정하여 관리하는 것이다.

셋째, 무엇보다 중요한 것은 개인의 식품 섭취량 관리이다.

우리는 식품을 골고루 섭취해야 하며, 오염도가 높은 식품은 섭취량이나 섭취 빈도를 줄이는 것이 위해 크기를 줄이는 데 도움이 된다. 즉 그 식품의 기준에 적합한 식품이라도 오염도가 높은 식품 등은 편식하지 않아야 한다.

5.18 유전독성과 발암독성을 동시에 가진 유해물질의 위해 크기 표현 방법은 다른가요?

유전독성과 발암독성을 동시에 가진 유해물질의 위해 크기 표현 방법은 노출안전역MOE으로 표현하고, 이때 적용하는 유해 크기인체노출안전기준는 종양 발생률을 10% 증가시키는 용량의 95% 신뢰 구간의 하한치인 $BMDL_{10}$이다.
10,000 이상의 MOE는 공공 보건의 관점에서는 크게 문제가 되지 않는다고 보고 있다. 다만, 유전독성이 없는 발암물질은 MOE 100 이상이면 일반적으로 안전하다고 판단한다.

유전독성과 발암독성을 동시에 가진 유해물질의 위해 크기 표현 방법은 MOE로써 표현하고, 이때 적용하는 유해 크기인체노출안전기준는 종양 발생률을 10% 증가시키는 용량의 95% 신뢰 구간의 하한치인 $BMDL_{10}$이다.

노출안전역~MOE~ 계산은 위해도와는 다르게 노출량을 기준으로 $BMDL_{10}$ 값을 나누어 계산한다.

EFSA~2005~에 의하면 "10,000 이상의 MOE는 동물 연구에서 도출한 $BMDL_{10}$에 기초하는 경우 공공 보건의 관점에서는 크게 문제가 되지 않으며, 안전관리 조치에서는 우선순위가 낮은 것으로 판단된다"고 밝히고 있다.

10,000이라는 수치는 종간 10이나 종내 경우 10과 같은 기본 불확실성 계수를 고려해 여러 불확실성을 고려한 것에 기초하였다. 하지만 발암 과정에 영향을 미칠 수 있는 인간의 셀 사이클 통제~cell cycle control~ 10 및 DNA 수선~repair~에 있어 개인차 10을 추가적인 불확실성을 고려했다.

$$MOE = BMDL_{10}/노출량 = 1\ (10,000)$$

→ 10,000 이하면 위해관리 대상

* (10,000): 불확실성 계수(10×10), 추가적 불확실성(10×10): $BMDL_{10}$과 인간의 셀 사이클
~cell cycle control~ 및 DNA 수선~DNA repair~에 있어서의 개인차에 추가로 기본 계수

다만, 유전독성이 없는 경우 발암물질은 MOE 100 이상이면 일반적으로 안전하다고 판단한다. 그 이유는 유전과 관련된 인간의 셀 사이클~cell cycle control~ 및 DNA 수선 ~DNA repair~에 있어서의 개인차를 고려할 필요가 없기 때문이다.

5.19 유전 발암독성이 있는 벤조피렌의 경우 위해평가 사례는

벤조피렌이 2.8μg/kg 검출된 라면의 경우 인체 건강에 위해가 있는지 평가하기 위하여 먼저 인체노출안전기준은 벤조피렌이 유전 발암물질이기 때문에 $BMDL_{10}$을 적용한다. 그리고 위해 크기는 MOE로 표현한다.

벤조피렌이 2.8μg/kg 검출된 라면을 우리나라 국민이 통상적으로 섭취할 경우, 식

품 섭취로 인한 벤조피렌 총 노출량은 0.35ng/kg b.w./day이다. 이를 유해 크기$_{\text{BMDL}_{10}}$ $_{0.1\text{mg/kg bw/day}}$을 기준으로 위해 크기인 MOE$_{\text{BMDL}_{10}}$$_{\text{/노출량}}$을 계산하면 285,000로 안전한 수준$_{\text{MOE 10,000 이상}}$이다.

05

5.20 유해물질로부터 안전한 올바른 식품 섭취 방법은 무엇인가요?

> 첫째, 식품의 기준 및 규격에 부적합한 불량식품은 먹지 않아야 한다.
> 둘째, 식품을 편식하지 않고 적당량을 적절하게 골고루 먹어야 한다. 특히 유해물질의 기준이 높게 설정된 식품은 편식하지 말아야 한다.

첫째, 식품의 기준 및 규격에 부적합한 불량식품은 먹지 않아야 한다.
둘째, 식품을 편식하지 않고 적당량을 적절하게 골고루 먹어야 한다.
식품의 기준에 적합한 식품이라도 오염도가 높은 일부 식품을 편식하면 위해할 수도 있다.

예를 들어, 톳은 무기비소 함량이 높은 식품으로 대부분 소비자는 섭취량이 미미하나, 일부 극단 섭취자는 무기비소의 노출량$_{\text{유입량}}$이 유해 크기인 인체노출안전기준을 초과할 우려가 있다.

일부 식품을 극단적으로 많이 섭취하는 사람의 경우 유해물질 노출량$_{\text{유입량}}$이 유해 크기$_{\text{인체노출안전기준}}$를 초과할 수 있어 소비자가 스스로 섭취를 제한하여야 한다.

따라서 일정 식품을 극단적으로 섭취하는 사람의 경우, 노출 패턴, 위해 영향, 총 노출량에 따른 위해 수준을 종합 평가하여 극단 섭취 집단의 노출량 감소를 위하여 식품 섭취 가이드라인 등이 필요하다.

예를 들어, 심해성 어류와 같이 메틸수은의 오염도가 높은 식품을 많이 섭취하는 지역 주민의 경우, 1회 섭취 시 200g 이하로 주 1회 이하로 섭취하라는 섭취 권고량을 제시하고 있다.

5.21 국민들이 유해물질로부터 안전하게 식품을 섭취할 수 있는 섭취 가이드가 있나요?

> 오염 유해물질의 함량이 높은 식품의 경우 그 식품을 많이 먹는 극단 섭취자의 관리가 필요하고, 영유아 등은 유해물질에 대한 민감도가 달라서 별도의 섭취량 관리가 필요하다.
>
> 비의도적 오염 유해물질의 인체 과다 축적을 줄이기 위하여 식품별 오염도에 따라 음식을 적절하게 선택하여 섭취할 수 있도록 하는 '식품 안전 섭취 가이드'를 식품안전나라 사이트 https://www.foodsafetykorea.go.kr/guide/ 에서 제공하고 있다.

식품 중 오염 유해물질 함량은 높은데 그 식품 섭취량이 미미하여 전체 노출 기여율이 낮은 식품 노출량이 미미한 식품은 기준 설정보다는 극단 섭취자를 위한 관리 체계가 필요하다. 이러한 경우 극단 섭취자의 노출량이 인체노출안전기준을 초과할 수 있어 소비자가 스스로 섭취를 제한하여야 한다.

식품을 섭취하여 유해물질의 노출량이 인체노출안전기준 TDI, PTWI 등을 초과하지 않도록 올바른 식품 섭취 요령을 제공하는 것이다.

식품 안전 섭취 가이드는 기준 설정이나 저감화와 무관하게 필요하다. 일반인과 식품 섭취 방법, 섭취량이 다르고, 영유아 등은 유해물질에 대한 민감도가 달라서 별도의 섭취량 관리가 필요하다.

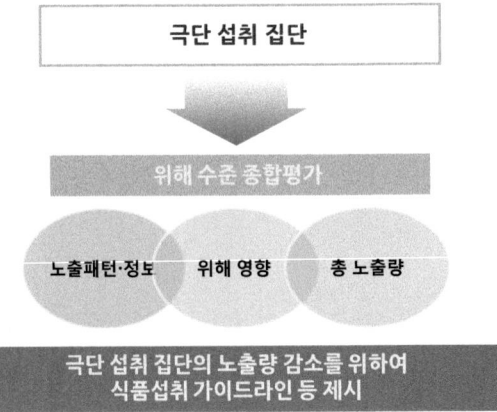

식품 중 유해물질의 안전관리는 식품별로 유해물질 기준을 설정 관리하고 있으나, 우리 몸에 축적되는 총 노출량을 관리하는 데는 한계가 있다.

기준에 적합한 식품을 섭취한다 하더라도, 오염도가 높은 식품을 많은 양 또는 자주 섭취할 경우에는 유해물질 인체 노출량이 인체노출안전기준을 초과하여 건강에 위해 영향을 미칠 수 있기 때문이다.

따라서 오염 유해물질의 인체 과다 축적을 줄이기 위해서는 식품별 오염도에 따라 음식을 적절하게 선택하여 섭취할 수 있도록 식품 안전 섭취 가이드가 필요하다.

> 현재 식품 중 유해물질의 안전관리는 식품별 유해물질 기준을 설정·관리하고 있으나 우리 몸에 축적되는 총 노출량을 관리하는 데는 한계가 있음

> 기준에 적합한 식품을 섭취하더라도,
> 유해물질 함량이 높은 식품을 많은 양 또는 자주 섭취 시

> 유해물질 인체 노출량이
> 인체노출안전기준(독성 값)을 초과하여
> 건강에 위해 영향을 미칠 수 있음

> 유해물질의 인체 과다 축적(노출)을 줄이기 위해서는
> 식품 안전 섭취 가이드 필요

5.22 식품 섭취로 인한 유해물질의 인체 건강에 대한 위해 크기 평가 사례는?

식품의약품안전처에서는 식품 섭취로 인한 유해물질이 우리 국민의 인체 건강에 위해 우려가 있는지를 주기적으로 평가해서 발표하고 있다.

비스페놀, 다이옥신, 중금속, 곰팡이독소, 아크릴아마이드, 패류독소, 과불화합물, HCBD 등 잔류성 유기오염물질, 유통 중인 농약, 유통 중인 동물용 의약품 등에 대한 전 국민 인체 총 노출 수준을 평가해서 위해평가한 결과, 모두 인체에 위해 우려는 없다고 발표하였다.

우리는 이렇듯 유해물질과 공존하면서 살고 있지만, 인체에 노출유입된 양이 유해물질의 유해 크기인 독성값보다 작기 때문에 아무런 영향이 없는 것이다.

대한민국 정책브리핑
https://www.korea.kr › news › policyNewsView ⋮

우리 국민의 식품을 통한 유해물질 노출은 안전한 수준

2016. 11. 10. — 또한, 이번 평가에서 곰팡이독소인 **아플라톡신**, 제조·가공·조리 중에 생성될 수 ... 그리고 **인체노출안전기준** 같은 경우엔 대부분, 모든 나라들이 거의 ...

"비스페놀류 등 체내 노출 낮은 수준...위해우려 없어"

푸드투데이 황안선 기자 001@foodtoday.or.kr · 등록 2020.04.09 09:50:38

과불화화합물(PFOA·PFOS) "위해 우려 없음"

┃ 식약처, 유해물질 13종 통합 위해성 평가 결과 발표...일부 주장 '일축'

허강우 기자 kwhuh@cosmorning.com · 등록 2022.04.04 08:55:07

다이옥신류 29 중금속 4종 노출수준 위해우려 이상무

식약일보 | 기사입력 2021/03/31 [20:52]

'식품 섭취 노출' 폴리브롬화디페닐에테르, 인체 위해 우려 無

남연희 기자 ▣ | 기사승인 2023-06-02 09:47:56

"식품 중 잔류성 유기오염물질 'HCBD', 인체 위해 우려 없는 수준"

⋏ 나명옥 기자 · ⊙ 입력 2022.03.30 11:26 · ▣ 댓글 0

식약처 "농심 해물탕면서 검출된 유해물질, 인체 위해 없는 수준"

기사입력 : 2021년08월17일 22:08 | 최종수정 : 2021년08월17일 22:08

가+ 가- 프린트

식품 중 '신종 패류독소' 노출량..."인체 위해우려 없는 안전한 수준"

남연희 기자 ▣ | 기사승인 : 2022-02-23 09:54:07

시중 유통 감자스낵 등 가공식품 아크릴아마이드 "우려 수준 아냐"

🔒 이재현 기자 | 승인 2019.08.29 10:21 | 댓글 0

생식·신경발달 독성 유발 '폴리브롬화디페닐에테르', 인체 노출수준 "위해 우려 없어"

⋏ 나명옥 기자 · ⊙ 입력 2023.06.02 10:01 · ▣ 댓글 0

식약처, 유통 농축산물 농약·동물용의약품 수준 '위해 우려 없어'

⋏ 나명옥 기자 · ⊙ 입력 2023.03.17 11:26 · 수정 2023.03.17 14:52 · ▣ 댓글 0

농산물 340건 515종 농약 잔류량 조사 결과 '적합'...노출량 일일섭취허용량의 2.9% 이하
축산물 510건 211종 동물용의약품 잔류량 조사 결과 '적합'...노출량 일일섭취허용량의 3.8% 이하

06

식품 중 유해물질의
기준과 안전성

식품 중 유해물질의 기준과 안전성

6.1 식품의 기준 및 규격이란 무엇인가?

식품 규격Food Standards은 식품위생을 확보하기 위한 하나의 수단이며, 인간이 식품을 소비함에 있어 공급되는 식품에 대한 재배·생산, 제조·가공·조리, 보존·유통 등 식품의 공급 단계별 위생, 공급되는 식품의 구성 성분, 공급되는 식품의 표시에 대한 규정규칙을 다루는 것이다.

그렇다면 식품의 기준은 무엇인가? 식품 규격의 세부적인 수행 수단이라고 생각하면 된다.

- 식품의 공급 단계별 위생에 대한 기준: 식품의 완성을 위한 재배·생산, 제조·가공·조리 및 보존·유통 등 일련의 과정에 대한 안전관리 규정이다. 개별적으로 제조기준·사용기준 또는 보존기준 등으로 정하고 있다.
- 식품의 구성 성분에 대한 기준: 식품 및 그 원재료의 성분에 관한 규정을 말한다. 규정에서 말하는 성분에는 유익하고 필요한 성분뿐만 아니라 사람에게 부적당하거나 해로운 물질, 예컨대 세균, 중금속, 농약 기타 화학물질, 항생물질, 이물 등도 모두 이에 포함된다. 이에 대한 각각 기준은 개별적으로 성분기준, 최대기준, 잔류허용기준 등으로 정하고 있다.
- 제품의 표시에 대한 기준: 소비자에게 잘못된 정보를 주지 않도록 규정하는 식품

표시기준 등이다.

식품의 규격은 최종 소비자가 안전하고 건전하게 섭취하도록 하는 규정으로 주로 완성된 식품농축수산물, 가공식품, 조리식품을 대상으로 한다.

> "The law sets out <u>rules</u> that cover the <u>preparation</u>, <u>composition</u> and <u>labelling</u> of <u>food supplied for human consumption</u>"

국제식품규격위원회CODEX에서는 식품에 관한 규격식품첨가물, 오염물질, 잔류농약, 잔류동물용의약품, 미생물, 식품표시 및 시험법, 식품위생 실행규범식품위생, 품질 확보를 위한 기술 실행규범저감화 실행규범 등 등을 정하고 있다.

우리나라의 경우, 식품규격을 식품공전에서 식품의 기준 및 규격으로 정하고 있는데, 식품의 제조·가공·사용·조리 및 보존 등의 방법에 관한 기준과 식품 및 그 원재료의 성분에 관한 규격으로 나누어 정하고 있다.

식품의 제조·가공·사용·조리 및 보존 등의 방법에 관한 기준은 식품의 원료, 제조가공, 첨가물 사용, 보존 및 유통, 식품표시에 대한 기준이다. 즉 식품원료기준식품제조 원료의 구비요건, 식품제조가공기준식품제조가공의 적정성, 식품첨가물 사용기준, 식품유형별 기준식품 특성, 식품보존 및 유통기준식품별 저장방법, 온도, 소비기한 등, 식품표시 기준을 정하고 있다.

식품 및 그 원재료의 성분에 관한 규격은 식품을 구성하는 유용 성분단백질 등의 영양 성분 및 유용성분과 의도적/비의도적에 의해 식품에 존재주로 농약/중금속 등 유해물질하는 위해요소에 대한 기준이다.

식품 중 유용 성분에 대한 기준: 영양 성분, 식품의 특성을 구분하는 성분, 식품의 유용성을 특징하는 성분 등을 규정한다.

식품 중 유해 성분에 대한 기준: 의도적 사용 유해물질농약, 동물용의약품 등, 비의도적 오염 유해물질, 제조공정 중 생성 유해물질, 비의도적 오염 유해 미생물 등의 제한을 규정하고 있다.

[식품규격]

식품 공급 단계별 위생에 대한 규격

- 식품 원료 기준_{식품제조 원료의 구비요건}, 식품 제조가공 기준_{식품제조가공의 적정성}, 식품의 보존 및 유통 기준_{식품별 저장 방법, 온도, 유통기한 등}, 식품 제조 시설 기준, 식품 등의 위생적 취급기준, 식품표시 기준

식품 구성 성분에 대한 규격

- 유효 성분에 대한 기준
- 유해 성분에 대한 기준: 중금속 등 유해오염물질 최대기준, 농약 등 잔류물질 잔류허용기준, 위생 및 유해 미생물_{위생지표균 및 식중독균} 기준, 복어 독 등 급성 독성물질에 대한 기준
- 식품첨가물 사용기준

제품별 식품규격

- 일반 식품 품목별 식품 기준 및 규격, 영유아용 식품 기준 및 규격, 장기보존 식품 기준 및 규격, 조리 식품 기준 및 규격

6.2 식품 중 유해물질에 대한 기준에는 어떤 것이 있는가?

의도적으로 식품에 사용을 허가한 유해물질_{농약, 동물용의약품 등}의 경우, 사용기준, 잔류허용기준이 정해져 있으며, 비의도적으로 식품에 오염되는 유해물질_{중금속, 다이옥신, 곰팡이독소 등}은 식품 중에 최소화하는 최대 한계 기준인 **최대기준**을 정하고 있다. 한편, 식품용 기구 용기 포장지의 경우 유해물질의 용출기준을 정하여 관리하고 있다.

이와는 좀 다른 이야기이지만 유해물질 자체에 대한 인체노출안전기준이라는 것이 있다. 이것은 인체에 위해 여부를 따지는 중요한 유해물질별 인체에 대한 안전기준이다. 식품 섭취로 인하여 이 인체노출안전기준을 초과하지 않도록 관리하기 위하여 식품 중에 잔류허용기준, 최대기준 등을 설정/관리하고 있다.

6.3 식품 중에 유해물질의 기준은 왜 설정하나요?

> 식품 중에 유해물질의 기준을 설정하는 것은 식품 섭취로 인하여 유해물질이 인체 노출되는 양을 제한하기 위해서다.
>
> 식품 중 유해물질의 기준잔류허용기준, 최대기준 등 설정은 식품 섭취로 인하여 인체 건강에 해를 끼치지 않도록 유해물질의 인체 노출량을 관리하기 위한 수단이다.

식품 중에 유해물질의 기준을 설정하여 관리하는 것은 식품 섭취로 인하여 유해물질이 인체에 들어와 건강에 악영향을 미칠 우려가 있기 때문에 인체에 유입되는 유해물질의 양을 제어하기 위함이다. 즉 식품 생산을 위하여 사용한 후 식품에 잔류하는 농약이라든지, 환경 등에 오염된 유해물질이 식품으로 이행되어 있는 오염 유해물질들이 인체에 축적되어 건강에 안 좋은 영향을 미친다. 이러한 것을 통제하기 위하여 식품에 사용한 후 잔류하는 농약 등의 잔류량을 기준잔류허용기준으로 정하여 관리한다. 그리고 환경 등의 오염으로 유해물질이 식품으로 이해오염되는 것을 통제하기 위하여 식품에 최소량으로 존재하도록 최대 한계 기준을 정하여 관리한다. 결국은 식품 섭취로 인하여 인체에 유해물질이 축적되어 건강에 해를 끼치지 않도록 식품 중에 유해물질 양을 통제하기 위한 수단으로 기준잔류허용기준, 최대기준 등을 설정한다.

- 농약의 식품 중 잔류허용기준은 관리가 불가능한 유해물질의 경우 허가하지 않고, 사용 후에도 관리가 가능한 유해물질에 대하여 허가하고 잔류기준을 설정하여 관리한다.
- 중금속 등의 식품 중 최대기준은 사전 통제관리가 불가능한 유해물질을 식품에서 최소화하기 위하여 기준을 설정한다.

6.4 식품 중 유해물질의 기준(잔류허용기준, 최대기준 등)과 유해물질의 인체노출안전 기준과는 어떻게 다른가요?

> 유해물질의 인체노출안전기준은 인체사람에 대한 기준이고 식품 중 유해물질의 기준잔류허용기준, 최대기준 등은 식품에 대한 기준이다.
> 인체노출안전기준은 위해 여부를 따지는 기준이고, 유해물질의 기준잔류허용기준, 최대기준은 유해물질의 인체 노출량을 통제하는 수단이다.

유해물질의 인체노출안전기준은 유해물질별로 유해 크기를 나타내는 것으로 이 기준을 초과하여 인체에 노출섭취 등되었을 때는 인체 건강에 안 좋은 영향을 미치는 것으로 인체 건강의 위해 여부를 판단하는 기준이다.

그러나 식품 중 유해물질의 기준잔류허용기준, 최대기준 등은 식품 등의 섭취로 인하여 인체에 노출섭취된 양이 유해물질의 인체노출안전기준을 초과하여 노출섭취되지 않도록 식품 중에 유해물질 함량을 사전에 제한하는 기준이다.

따라서 유해물질의 인체노출안전기준은 인체사람에 대한 기준이고 식품 중 유해물질의 기준잔류허용기준, 최대기준 등은 식품에 대한 기준이다.

즉 인체사람에 대한 안전을 위하여 식품 중에 기준을 설정하여 관리하는 것이다.

6.5 왜 식품 중에 농약은 잔류허용기준이고 중금속 등은 최대기준인가요?

> 농약의 식품 중 잔류허용기준은 농약을 식품에 사용하도록 허용하고 식품에서 과량으로 잔류하는 것을 통제하는 하기 위하여 일정 부분 잔류량을 허용하는 기준잔류허용기준이다.
> 중금속 등과 같이 의도하지 않게 식품에 오염된 유해물질은 통제가 어려워 최소량으로 존재하도록 관리하는 방법 중 하나가 최대기준이다. 최대기준은 허용하는 기준이 아니고 가능한 한 최대한 최소량으로 관리하기 위한 기준이다.

농약이나 동물용의약품 등은 식품의 생산 과정에 사용하는 유해물질이다. 이것을 의도적 사용 유해물질이라고 한다. 식품에 유해물질을 사용하도록 허용한 것이다. 이렇듯 식품에 사용을 허용하고 그것을 식품에 잔류하지 않도록 통제한다. 그 통제 수단이 잔류를 허용하는 기준잔류허용기준이다.

하지만 중금속 등과 같이 의도하지 않게 환경 등에 존재하다가 식품으로 이행오염되는 비의도적 오염 유해물질이 있다. 이것은 식품에는 사용할 수 없는 유해물질로 자연 환경으로부터 식품으로 오염된 것이다. 이러한 유해물질은 통제하기가 어렵다. 그래서 식품에 가능한 한 될 수 있는 대로 최소량으로 존재하도록 관리를 한다. 그 관리 방법 중 하나가 최대기준을 설정하여 관리하는 것이다. 이것은 허용하는 기준이 아니고 가능한 한 최대한 최소량으로 관리하기 위한 기준인 셈이다.

6.6 식품의 유해물질 기준 중에 잔류허용기준과 최대기준은 어떻게 설정하나요?

농약의 식품 중 잔류허용기준은 1일 섭취허용량인체노출안전기준을 초과하지 않도록 식품 중에 1일 섭취허용량의 80% 이내나머지 20%는 환경 등에 의 노출을 고려함에서 기준 설정한다.
중금속 등의 식품 중 최대기준은 식품 중에 합리적인 수준에서 가능한 한 최소한으로 존재ALARA 원칙하도록 기준을 설정한다.

	잔류허용기준	최대기준
설정 대상	농약, 동물용의약품 등 의도적 사용 유해물질	중금속, 곰팡이독소, 다이옥신, 벤조피렌 등 비의도적 오염 유해물질
설정 원칙	1일 섭취허용량(인체노출안전기준)을 초과하지 않도록 식품 중에는 1일 섭취허용량의 80% 이내에서 기준 설정	식품 중에 합리적인 수준에서 가능한 한 최소한으로 존재(ALARA 원칙)하도록 기준 설정

설정 방법	식품별 농약의 유효성과 사용기준, 휴약기간, 식품별 농약의 잔류 특성 등을 고려하여 1일 섭취허용량의 80% 이내에서 대상식품과 대상식품별 기준 설정 식품(작물) 중 농약의 사용은 효과를 고려하여 사용기준이 정해지고 휴약기간은 작물에 잔류량을 고려하여 설정된다. 작물용 농약의 잔류허용기준은 첫째 인체 총 노출량을 고려하고, 둘째 농약의 작물에 대한 사용기준과 셋째 휴약기간 후의 작물에 대한 잔류량을 고려한다	현 상태에서 식품의 섭취가 가능한 수준에서 1일(주간, 월간) 섭취한계량(인체노출안전기준) 초과하지 않도록 최소량으로 기준 설정
설정 의의	관리가 불가능한 유해물질은 사전에 차단하고 사용 후에도 관리가 가능(잔류, 분해, 발암 등)한 유해물질에 대하여 기준 설정	사전 통제(관리)가 불가능한 유해물질(분해, 축적, 발암 등)을 식품에서 최소화하기 위하여 기준 설정

6.7 의도적 사용 유해물질과 비의도적 오염 유해물질의 관리 방법의 차이는?

농약 등 의도적 사용 유해물질의 관리는 사전관리와 사후관리로 나누어 한다. 사전관리는 인체 위해성이 적고 유효성이 확인된 것만 식품에 사용을 허용하고, 사후관리는 허가된 농약에 대하여 사용기준, 휴약기간 기준, 식품 중 잔류허용기준을 설정하여 관리한다.

중금속 등 비의도적 오염 유해물질은 예측 불가능한 유해물질로 사전관리는 오염의 저감화 외에는 거의 없으며, 사후관리로는 식품 중 최대기준을 설정하는 것이다.

	의도적 사용 유해물질	비의도적 오염 유해물질
대상	농약, 동물용의약품 등 의도적 사용 유해물질 - **예측 가능한 유해물질**	중금속, 곰팡이독소, 다이옥신 등 비의도적 오염 유해물질 - **예측 불가능한 유해물질**
사전관리	유해물질 중 식품에서 안전관리가 가능하고 인체 위해성이 적은 유해물질만을 골라서 유효성이 확인된 것만 식품에 사용을 허용	사전에 환경에 오염되는 것을 차단 - 다이옥신 등 잔류성유기오염물질(POPs)은 오염원 사용(공산품 등 공업에 사용도 차단)을 사전에 차단 - 환경의 오염을 최소화: 오염 유해물질 저감화 - 제조공정 중 유해물질 생성의 저감화
사후관리	- 농약의 사용기준 설정 관리 - 농약의 휴약기간 준수 관리 - 식품 중 잔류허용기준 설정 관리	- 식품중 오염 유해물질 저감화 가이드라인 운영 - 식품 중 최대기준 설정 관리
위해관리 여부	기준 설정으로 유해물질의 1일 섭취허용용량을 초과하지 않도록 위해관리가 가능	최대기준을 식품별로 설정하여 관리한다 하더라도 유해물질의 1일 섭취한계량을 초과하지 않도록 안전관리하는 데는 한계가 있음. 현재 우리나라 수준에서는 평균적으로는 안전한 수준이나 극단 섭취자나 특수사항에서는 초과할 수 있어 위해관리에 한계가 있음.

6.8 식품 중 유해물질(의도적 사용과 비의도적 오염)의 기준이 식품마다 왜 다른가요?

의도적 사용 유해물질은 사용 목적의 유효성(농약 효과 등) 확보와 최종 식품 중 잔류성을 고려하다 보면 식품마다로 기준이 다를 수밖에 없다.

비의도적 오염 유해물질은 식품을 섭취할 수 있는 수준에서 가능한 한 합리적으로 최소량을 기준으로 설정하다 보면 식품마다 그 기준이 다를 수밖에 없다. 식품 중 유해물질의 오염은 같은 환경이라 할지라도 식품별로 그 흡수 특성이 다르다. 이렇게 식품마다 흡수 특성이 다르기 때문에 일률적인 기준을 적용하면 먹을 수 없는 식품이 나올 수 있다.

	잔류허용기준	최대기준
설정 대상	농약, 동물용의약품 등 의도적 사용 유해물질	중금속, 다이옥신, 벤조피렌 등 비의도적 오염 유해물질
식품별로 기준이 서로 다른 이유	식품마다 농약 등의 효과(유효성)를 위하여 사용기준과 휴약기간이 다르다. 그리고 식품마다 농약 등의 잔류특성이 다르다. 이러한 식품별로 다른 특성(유효성, 잔류성) 때문에 이를 고려하여 기준을 설정할 수밖에 없다. 그러다 보면 식품마다 기준이 다르게 설정된다. 결국은 1일 섭취허용량의 80% 이내에서 대상식품과 대상식품별 기준이 설정된다.	식품 중 오염 유해물질은 사전통제가 불가능하기 때문에 식품 중에 합리적인 수준에서 가능한 한 최소한으로 존재(ALARA)하도록 기준을 설정하여 사후관리를 한다. 식품 중 유해물질의 오염은 같은 환경이라 할지라도 식품별로 그 흡수 특성이 다르다. 이렇게 식품마다 흡수 특성이 다르기 때문에 일률적인 기준을 적용하면 먹을 수 없는 식품이 나올 수 있다. 따라서 현 상태(환경)에서 식품의 섭취가 가능한 수준으로 1일(주간, 월간) 섭취한 계량(인체노출안전기준) 초과하지 않도록 최소량으로 기준을 설정한다. 그러다 보니 식품마다 기준이 다를 수밖에 없다.

6.9 중금속의 기준이 식품마다 다른 이유는 뭘까요?

중금속은 식품마다 흡수 특성이 다르기 때문에 일률적인 기준을 적용하면 먹을 수 없는 식품이 나올 수 있다. 먹을 수 있는 수준에서 최소량으로 기준을 설정하다 보면 식품별 특성에 따라 기준이 다를 수밖에 없다.

예를 들어, 중금속인 카드뮴의 최대기준을 모든 식품에 카드뮴을 0.2mg/kg 이하로

> 설정한다면 수산물은 거의 먹을 수 없다. 그렇다고 모든 식품에 5mg/kg 이하로 설정하면 카드뮴의 인체 총 노출량을 관리할 수가 없어 인체 건강에 해를 끼칠 수도 있다.

아래 표는 식품 중 오염 유해물질의 기준 설정 원칙에 따라 설정한 식품별 중금속 카드뮴의 최대기준을 나타낸 것이다. 식품별 그 기준이 다르다. 왜일까? 그것은 식품마다 유해물질을 흡수하는 특성이 다르기 때문이다. 기준 설정 원칙에서 식품 중 유해 오염물질은 가능한 최소화해야 한다고 명시한 바 있다. 동일한 환경이라 할지라도 식품 품목별 유해 오염물질의 흡수 특성은 모두 다르다. 그래서 그 식품별 특성에 맞게 오염도를 최소화할 수 있도록 기준을 설정하다 보니 그 기준이 달라진다.

식품 중 유해물질의 오염은 같은 환경이라 할지라도 식품별로 그 흡수 특성이 다르다. 이렇게 식품마다 흡수 특성이 다르기 때문에 일률적인 기준을 적용하면 먹을 수 없는 식품이 나올 수 있다. 식품에 기준을 일률적으로 설정할 수 없는 이유다.

예를 들어, 중금속인 카드뮴의 최대기준을 모든 식품에 카드뮴을 0.2mg/kg 이하로 설정한다면 수산물은 거의 먹을 수 없다. 그렇다고 모든 식품에 5mg/kg 이하로 설정하면 카드뮴의 인체 총 노출량을 관리할 수가 없어 인체 건강에 해를 끼칠 수도 있다.

분류	식품 유형	카드뮴(Cd)						
		한국	Codex	EU	미국	일본	호주 뉴질랜드	중국
농산물	곡류	0.1 0.2(밀, 쌀)	0.1(메밀 제외) 0.4(쌀)	0.10		0.4(현미, 백미)	0.1(쌀, 밀)	0.2(벼, 쌀) 0.1(맥류, 밀가루, 옥수수)
	두류	0.1, 0.2(대두)	0.1(두류, pulses)	0.20				0.2(콩류)
	서류	0.1	0.1(감자)	0.10			0.1(Root and stem vegetables)	
	엽경채류	0.05 0.2(엽채류)	0.05(배추, 엽경채류)	0.05			0.1	0.2(엽채소, 미나리)
	근채류	0.1, 0.05(양파)	0.1(근채류)	0.10			0.1(Root and stem vegetables)	0.1(근경채류)
	과채류	0.05, 0.1(고추, 호박)	0.05(과채류, 오이류) 0.05(과채류, 기타)	0.05				0.05(채소류 로서)
축산물	소과 동물, 양, 돼지, 가금류 고기	0.05(소, 돼지) 가금류고기 제외		0.050			0.05(소, 돼지, 양)	0.1(염지, 조리된 육가공품, 육류통조림) 0.05(신선 알)
	소, 양, 돼지, 말 등 내장	0.5(소, 돼지 간) 1.0(소, 돼지 신장)		0.50(간), 1.0(신장)			1.25(소, 돼지, 양 간) 2.5(소, 돼지, 양 신장)	0.5(가축의 간) 1.0(가축의 신장)
수산물	패류	2.0	2(굴, 가리비 제외)	1.0			2(Molluscs,굴, 가리비 제외)	
	갑각류	1.0 5.0(꽃게류 내장 포함)[b]		0.50***			2(Molluscs)	
	두족류	2.0 3.0(낙지 내장 포함)[b]	2(내장 없는 검체)	1.0(내장 제외)			2(Molluscs)	

식품마다 유해물질을 흡수하는 특성이 달라서 그 특성에 맞게 최소화할 수 있는 기준을 설정하기 때문

6.10 국가마다 중금속 최대기준이 다른 이유는?

> 각 나라마다 오염 환경도 다르고 식품 생산 방식, 섭취하는 식품의 종류, 섭취하는 방법도 다를 수 있다. 이러한 식습관이 다르기 때문에 그 나라의 실정에 맞게 인체노출안전기준을 초과하지 않는 수준에서 중금속의 최대기준을 설정하고 있기 때문이다.
>
> 예를 들어, 쌀 중 카드뮴 최대기준의 경우, 우리나라와 중국은 0.2mg/kg 이하이지만, 일본은 0.4mg/kg 이하이다. 쌀 중에 카드뮴이 0.3mg/kg 검출되었다면 일본은 적합이지만 우리나라와 중국은 부적합으로 먹을 수 없는 쌀이다.

식품 중 중금속의 최대기준은 식품 등의 섭취로 인하여 인체에 노출섭취된 중금속의 양이 중금속의 안전섭취량인체노출안전기준을 초과하여 인체에 노출섭취되지 않도록 식품 중에 중금속 함량을 사전에 제한하기 위하여 설정한다.

식품 중 비의도적으로 오염된 유해물질은 사전 통제가 불가능하기 때문에 식품 중에 합리적인 수준에서 가능한 한 최소한으로 존재ALARA하도록 기준을 설정한다.

식품 중 오염 유해물질은 같은 환경이라 할지라도 식품별로 그 흡수 특성이 다르다. 이렇게 식품마다 흡수 특성이 다르기 때문에 일률적인 기준을 적용하면 먹을 수 없는 식품이 나올 수 있다.

따라서 각 나라마다 오염 환경도 다르고, 식품 생산 방식도 조금씩 다르고, 섭취하는 식품의 종류도 다르고, 섭취하는 방법도 다를 수 있다. 이러한 식습관이 다르기 때문에 그 나라의 실정에 맞게 안전섭취량인체노출안전기준을 초과하지 않는 수준에서 중금속의 최대기준을 설정하고 있다.

예를 들어, 쌀 중 카드뮴 최대기준의 경우 우리나라, 중국은 0.2mg/kg 이하이지만, 일본은 화산 폭발에 따른 토양에 카드뮴이 많이 오염되어 있어서 쌀 중에 0.4mg/kg 이하로 설정하여 관리하고 있다. 쌀 중에 카드뮴이 0.3mg/kg 검출되었다면 일본은 적합이지만 우리나라와 중국은 부적합으로 먹을 수 없는 쌀이다. 일본 국민들은 0.3mg/kg

이 검출된 쌀을 먹고 있다. 그러나 건강상 아무런 영향이 없다. 이것은 비의도적 오염 유해물질의 기준이 안전을 따지는 잣대가 아니고 노출량을 관리하는 수단이기 때문이다.

6.11 식품 중 비의도적 오염 유해물질의 기준에 적합한 식품은 마음껏 먹어도 되나요?

> 중금속과 같은 비의도적 오염 유해물질은 최대기준에 적합한 식품이라도 섭취량에 따라 위해 우려가 있을 수 있고, 최대기준에 부적합한 식품도 섭취량에 따라 위해 우려가 없을 수 있다. 따라서 식품별 중금속 최대기준은 인체 위해 여부를 판단할 수 없다.

기준에 적합하다고 다량 섭취하여도 안전할까? 소고기와 오징어를 예를 들어 설명해 보겠다.

중금속 카드뮴의 경우 소고기는 기준이 0.05mg/kg 이하이고, 오징어는 1.5mg/kg 이하이다. 이 기준값으로 오염된 소고기와 오징어를 섭취 시 인체 축적되는 카드뮴양은 오징어 1마리_{80g}와 소고기 16인분_{2,400g}을 먹는 양과 동일하다.

그렇다면 예를 들어,

1) 기준에 적합한 오징어_{카드뮴 1.5mg/kg}를 1주일에 3마리 섭취했다면 인체노출안전기준을 초과_{위해 크기: 1.03, 103%}하여 인체 위해 우려가 있다.

> 오징어의 카드뮴 검출량: 1.5mg/kg
>
> 1주일 동안 오징어 섭취량: 3마리_{1마리 무게 80g}: 240g
>
> → 1주일 동안 카드뮴 인체 노출량: 0.36mg_{360ug}
>
> 카드뮴 인체노출안전기준: PTMI 25ug/kg bw/month
>
> → 위해 크기_{위해도}: 360ug/25ug/kg bw/month x 60kg_{성인} x 7/30= 360/350 = 1.03

2) 기준에 부적합한 소고기_{카드뮴 0.1mg/kg}를 1주일에 3인분 섭취하였을 경우, 인체노출안전기준 미만_{위해 크기: 0.13, 13%}으로 인체 위해 우려는 없는 것으로 평가된다.

> 소고기의 카드뮴 검출량 : 0.1mg/kg
>
> 1주일 동안 소고기 섭취량 : 3인분_{1인분 무게 150g} : 450g
>
> → 1주일 동안 카드뮴 인체 노출량 : 0.045mg_{45ug}
>
> 카드뮴 인체노출안전기준 : PTMI 25ug/kg bw/month
>
> → 위해 크기_{위해도} : 45ug/25ug/kg bw/month x 60kg_{성인} x 7/30= 45/350 = 0.13

결론적으로 식품별 중금속 기준은 인체 위해 여부를 판단할 수 없다.

■ 기준에 적합하다고 다량 섭취해도 안전할까?

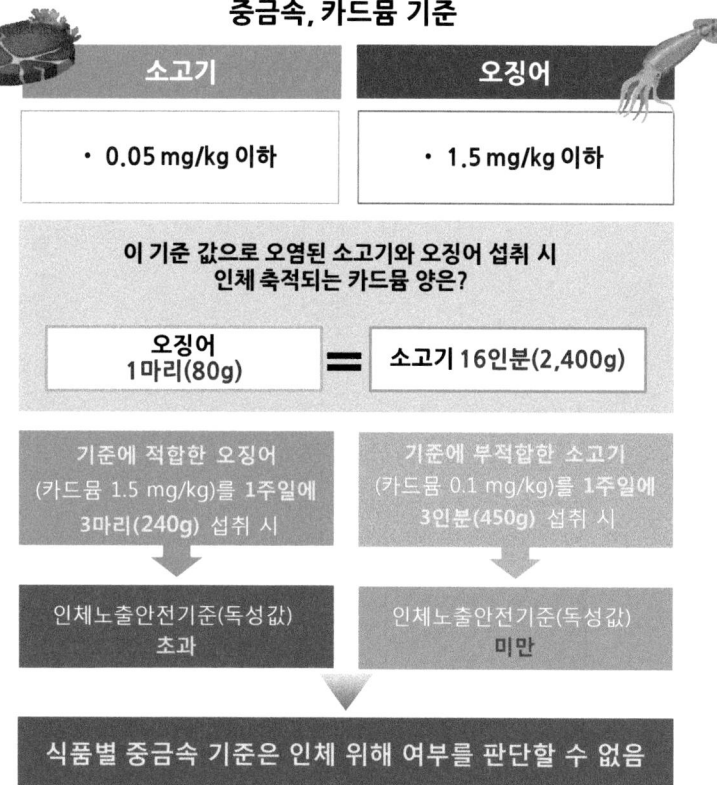

6.12 식품 중 비의도적 오염 유해물질의 기준에 부적합한 식품은 먹으면 안 되나요?

> 유해물질이 검출된 식품의 인체 건강의 위해 여부를 따지는 것은 위해 여부는 유
> 해물질의 최대기준이 아니라 유해물질의 인체노출안전기준이다. 따라서 기준에
> 부적합한 식품이라고 해서 반드시 인체 건강에 해를 끼치는 것은 아니다.
> 그러나 부적합한 식품을 먹으면 안 된다. 왜냐하면 식품 섭취로 인한 유해물질의
> 인체 노출량을 관리하기 위한 통제 수단이기 때문이다.

수은의 기준에 부적합한 식품인 광어를 섭취하면 안 되는 것일까? 양식장 광어에서 수은 기준을 초과하여 검출되었다고 할 경우, 노출량과 위해 크기는 다음과 같이 설명할 수 있다.

■ 기준에 부적합하다고 섭취하면 안 되는 걸까?

- 수은 부적합 광어의 인체 위해 여부 -

양식장 광어 수은 기준치(0.5ppm) 초과 0.6 mg/kg 검출

인체 노출량	• 광어 수은 오염도(0.6mg/kg) X 성인의 광어 1일 섭취량(100g/ 몸무게 60kg) = 1 ug/kg bw/day
위해도	• 1주일에 광어 1회 섭취 시 수은 노출량은 1 ug/kg bw/week • 수은의 인체노출안전기준은 3.7ug/kg bw/week으로 • 결국 위해도는 0.27(안전한 수준)

**이 광어를 1주일에 3번 정도 섭취해도 안전한 수준
(광어 1kg은 살코기로 약 400g)**

수은의 최대기준을 초과하여 0.6mg/kg이 검출된 광어회를 1주일에 100g을 먹었
다면 위해 크기는 0.27_{27%}로 안전하다. 설령 이 광어회를 1주일에 100g씩 3번 먹어도
인체노출안전기준을 초과하지 않는다.

이는 다시 말해 이 광어를 1주일에 3번 정도 섭취해도 안전한 수준이라는 것이다.
즉 식품마다 기준이 다르기 때문에 실제 위해 여부와 그 값을 동일시할 수는 없다. 어
류의 수은 기준은 그 식품의 위해 여부를 판단하는 기준이 아니라 식품 섭취로 인한
수은의 안전관리를 위한 행정관리 수단이며, 부적합한 광어의 인체 위해 여부는 수은
기준이 아니라 수은의 인체노출안전기준이다.

현재 우리나라 국민의 식품 섭취로 인한 수은의 인체 위해 정도는 인체노출안전기
준 대비 16.1%로 매우 안전한 수준이므로, 일부 기준 부적합한 광어를 섭취하더라도
인체 총 노출량에는 큰 영향을 미치지 않아, 인체에 위해하다고 보기는 어렵다.

6.13 유해물질의 인체 건강의 위해 여부 판단 기준은 유해물질별 인체노출안전기준이다.

> 식품 중 유해물질의 잔류허용기준과 최대기준은 그 식품의 위해 여부를 판단하
> 는 기준이 아니라 식품 섭취로 인한 유해물질의 안전관리_{인체 유해물질 노출량 관리}를
> 위한 행정관리 수단이다.

식품별로 기준이 다르다는 것은 그 식품의 기준이 위해 여부를 판단하는 지표가 아
닌 식품 섭취로 인한 유해 오염물질의 인체 축적_{노출}을 최소화하기 위한 수단이라는 것
을 말해 준다.

급성 독성이 아닌 만성 독성을 가진 유해 오염물질의 식품 기준은 그 식품의 기준
을 일부 초과한 것을 일정량 섭취하였다고 바로 위해를 일으키지 못하며, 또한 위해식
품_?이라고 말할 수도 없는 것이다.

그렇다면 식품에 대한 유해 오염물질급성 독성물질 제외의 기준이 왜 필요한 것일까요? 국제적으로 식품에 기준을 설정하는 것은 식품으로 인한 유해물질의 노출량을 관리하는 위해관리 목적도 있지만 국제 무역을 함에 있어서도 중요하다. 오염이 많이 된 식품이 전 세계적으로 유통되는 것을 막기 위한 목적인 것이다.

유해물질 기준의 의미를 정리해 보면, 식품 중 유해물질급성 독성 물질 제외 기준은 안전과 위험의 경계가 아니다. 다만 복어독 등 급성 독성을 가진 유해물질은 그 기준이 유해 여부를 판단한다.

식품 중 유해물질 기준은 유해물질의 인체 총 노출량 관리 수단이며, 식품 안전관리의 행정 수단이다. 이러한 기준은 산업계가 지켜야 할 의무이다.

유해 오염물질의 식품 섭취로 인한 유해 여부는 식품별 기준으로는 설명할 수 없다. 유해물질의 독성값이 유해 여부를 판단하는 기준이다. 우리는 그 독성값을 인체노출안전기준이라 하고, 이 기준독성값, 최대무독성량은 유해물질별로 모두 다르다.

■ **유해물질 기준의 의미**

> **식품의 기준은 안전과 위험의 경계가 아님**
>
> ➡️ **단, 복어독 등 급성독성의 유해물질은 제외**

> **식품의 기준은 유해물질의 인체 총 노출량 관리 수단**

> **식품의 기준은 식품안전관리의 행정 수단**
>
> ➡️ **업계가 지켜야 할 의무**

식품 섭취로 인한 유해물질로부터 인체의 안전위해 여부 판단은 유해물질별 인체노출안전기준이다.

■ 식품섭취로 인한 유해물질의 인체 위해여부는?

유해물질의 독성값이 위해 여부 판단 기준

유해물질의 인체노출안전기준

인체 독성 특성값

유해물질별로 인체노출안전기준(독성값)이
모두 상이

6.14 유해물질의 인체 총 노출량 관리를 위하여 모든 식품에 기준을 설정하면 안 되나요?

의도적 사용 유해물질_{농약 등}의 경우 모든 식품에 잔류허용기준을 설정하여 관리하고 있다. 농약의 경우 일부 식품 품목에 사용을 허가하고 잔류허용기준을 설정하고 있으며, 허가하지 않은 식품 품목은 모두 0.01mg/kg 이하_{불검출 기준}이다.
하지만 비의도적 오염 유해물질은 모든 식품이 오염되어 있을 수 있기 때문에 불검출 기준을 설정할 수가 없다. 따라서 비의도적 오염 유해물질의 최대기준은 인체 총 노출량에 노출 기여도가 높은 식품을 우선적으로 설정한다.

의도적 사용 유해물질_{농약 등}의 경우 모든 식품에 잔류허용기준을 설정하여 관리하고 있다. 식품 중에 농약의 잔류허용기준은 인체 총 노출량을 고려하여 1일 섭취허용량의 80%을 넘지 않도록 식품 품목을 정하여 설정하고, 설정되지 않은 식품은 불검출 기준이다. 그리고 불검출 기준으로 일률적으로 0.01mg/kg 이하로 관리하고 있다.

이것이 잔류농약의 PLS 제도이다.

반면, 비의도적 오염 유해물질은 모든 식품에 기준을 설정하는 것은 비효율적이고, 행정력 낭비이다. 왜냐하면 비의도적 오염 유해물질의 경우 의도적 사용 유해물질과는 달리 거의 모든 식품에 오염되어 있을 수 있다. 그래서 비의도적 오염 유해물질은 불검출 기준을 설정할 수가 없다.

따라서 비의도적 오염 유해물질의 최대기준 설정은 우리 국민들의 섭취량이 많은 식품, 유해물질 오염도가 높은 식품을 위주로 설정한다. 즉 인체 총 노출량에 노출 기여도가 높은 식품을 우선적으로 설정한다.

6.15 바나나의 기준 및 규격을 검사할 때, 중금속 검사는 바나나 껍질을 벗기고 검사하지만 농약 검사는 껍질까지 검사한다. 그 이유는 뭘까요?

> 중금속은 가능한 한 최소량으로 먹도록 관리하는 것으로 먹는 부위만 관리하면 되지만, 잔류농약의 관리는 의도적 사용이기 때문에 사전에 관리_{사용기준, 휴약기간 등}가 철저히 되었는지를 확인하는 것이 중요하다. 따라서 잔류농약 검사는 사용기준, 휴약기간 등을 준수했는지 여부를 관리하기 위하여 비가식 부위인 껍질까지 검사한다.

그 이유는 유해물질의 안전관리에 대한 매우 큰 의미를 가지고 있을 것이다. 첫째, 중금속은 비의도적 오염 유해물질이고, 농약은 의도적 사용 유해물질이다. 둘째, 중금속 등 비의도적 오염 유해물질은 식품 중에 합리적으로 가능한 한 최소량으로 관리하는 것이 원칙이고 농약과 같은 의도적 사용 유해물질은 사용 효과와 관리 가능한 수준에서 인체에 위해하지 않도록 관리한다. 셋째, 중금속은 가능한 한 최소량으로 먹도록 관리하는 것으로 먹는 부위만 관리하면 되지만, 농약은 의도적 사용이기 때문에 사전에 관리가 철저히 되었는지를 관리하는 것까지 포함되므로 사용기준, 휴약기간을

지켰는지가 중요하다. 따라서 잔류농약 검사는 사용기준, 휴약기간 등을 준수했는지 여부를 관리하기 위하여 비가식 부위인 껍질까지 검사한다. 즉 농약은 사전에 사용을 허가하여 사용하는 유해물질이기 때문에 보다 철저한 안전관리를 하고 있는 셈이다.

6.16 과일 등의 껍질째 먹어도 농약으로부터 안전한 이유는 뭘까요?

> 식품 중 잔류농약은 과일의 껍질까지 사전 및 사후관리를 하기 때문에 껍질째 먹어도 잔류농약으로부터 안전하다 할 수 있다.

농약은 식품에서 잔류하는 것을 사전에 관리가 가능한 유해물질이다. 사전관리는 농약의 사용기준, 농약 사용 후 휴약기간 등을 설정하여 준수하도록 관리한다. 농약의 사용기준은 과도하게 농약의 오남용을 방지하고 효과를 위하여 적절하게 사용토록 하여 식품에 농약이 잔류하는 것을 최소화하기 위해서다. 휴약기간도 역시 농약을 사용한 후 농약이 분해되어 식품에 농약이 잔류하는 것을 최소화하기 위함이다. 이러한 사용기준, 휴약기간 등을 준수했는지 여부를 관리하기 위하여 비가식 부위인 껍질까지 잔류농약 검사한다. 즉 잔류농약은 과일 등에 비가식 부위 껍질까지 관리되기 때문에 과일을 껍질째 먹어도 농약으로부터 안전하다는 것이다.

6.17 식품 중 중금속인 카드뮴의 최대기준이 가장 높은 것과 낮은 것은

> 카드뮴 최대기준이 가장 높은 것은 내장을 포함한 꽃게류가 5.0 mg/kg 이하이고, 가장 낮은 것은 소고기로 0.05 mg/kg 이하로 100배 차이가 난다. 이유는 인체 건강에 위해를 최소화하기 위하여 합리적으로 가능한 한 최소량으로 최대기준을 식품별 특성을 고려하여 설정하다 보면 이러한 차이가 있을 수 있다.

카드뮴 최대기준이 가장 높은 것은 내장을 포함한 꽃게류가 5.0mg/kg 이하이고, 가장 낮은 것은 소고기로 0.05mg/kg 이하로 100배 차이가 난다. 이렇게 차이가 나는 것은 인체에 위해를 최소화하기 위하여 합리적으로 가능한 최소량으로 관리하기 위하여 기준을 식품에 특성을 고려하여 설정하다 보니 이러한 차이가 있는 것이다. 식품은 먹어야 하고 유해물질의 인체 유입은 최소화해야 하고 어쩔 수 없는 선택인 셈이다.

꽃게의 경우 내장을 포함하지 않으면 1.0mg/kg 이하이다. 내장을 포함하면 5배나 기준이 높아지는 셈이다. 즉 꽃게 내장에는 중금속 카드뮴이 아주 많다는 이야기이다. 중금속이 많으니 먹지 않으면 되지만, 맛이 있다 보니 그럼에도 불구하고 많이 찾기 때문에 기준을 정하여 관리한다. 먹는 양이 소량이어서 총 노출량에는 큰 영향을 미치지 않지만 자주 먹는 것은 주의를 할 필요가 있다.

소고기의 경우 0.05mg/kg으로 매우 낮다. 이런 경우는 굳이 관리할 필요성은 낮지만 섭취량이 많기 때문에 관리한다.

6.18 중금속과 같은 비의도적 오염 유해물질의 경우 ALARA 원칙이 아닌 강제적으로 기준을 설정한 경우도 있나요?

> 영아용 조제유, 성장기용 조제유, 영아용 조제식, 성장기용 조제식, 영·유아용 이유식 경우, 납의 최대기준을 0.01 mg/kg 이하로 최소량의 원칙을 적용하지 않고 강제로 기준을 관리한다.

납의 경우는 영유아의 두뇌 건강에 영향을 많이 미친다고 알려진 중금속이다. 그래서 영유아용 식품에는 강력한 기준을 정하여 관리하는 경우도 있다. 즉 영아용 조제유, 성장기용 조제유, 영아용 조제식, 성장기용 조제식, 영·유아용 이유식 경우, 0.01 mg/kg 이하로 최소량의 원칙을 적용하지 않고 강제로 기준을 관리한다. 이것은 가공식품이기 때문에 가능한 것이다. 영유아용 식품을 제조할 때는 유해물질의 오염이 적은 원료를 사용하여 제조하라는 것이다. 그 이유는 영유아는 유해물질에 민감하기 때문이다.

6.19 유해물질의 독성이 강하면 기준을 낮게 설정하나요?

> 식품에 유해물질이 존재한다고 식품을 먹지 않을 수 없다. 식품 중에 유해물질의 기준잔류허용기준, 최대기준의 설정은 식품에 존재하는 유해물질이 사람에게 노출되는 것을 최소화하기 위한 것으로 독성이 강하다고 해서 무조건 낮게 설정할 수는 없다.

기준잔류허용기준, 최대기준의 설정은 독성이 강하다고 낮게 설정할 수가 없다. 농약과 같은 의도적 사용 유해물질의 경우 사용 목적에 맞는 효과를 내야하고, 또한 식품별로 잔류하는 특성이 달라서 유해의 크기가 크다고독성이 강하다고 해서 기준을 낮은 설정할 수가 없다. 대신에 인체노출안전기준1일 섭취허용량을 초과하지 않게 하려면 아무래도 식품에 사용하도록 하는 식품 품목이 더 제한을 받을 수밖에 없다.

비의도적 오염 유해물질의 경우 의도적 사용 유해물질과는 달리 무조건 인체노출안전기준을 초과하지 않도록 식품뿐만 아니라 환경에서도 관리한다. 예를 들어, 다이옥신의 경우처럼 환경에서부터 식품에 이루기까지 관리하는데 산업용 등 굴뚝의 연기에 다이옥신의 배출 기준을 정하여 관리한다. 그리고 식품에서도 다이옥신 최대기준을 정하여 관리한다. 그래서 비의도적 오염 유해물질의 경우 달성 가능한 한 최소한의 농도로 관리하는 것이다.

6.20 비의도적 오염 유해물질의 기준 설정 원칙에서 ALARA 원칙은

> ALARA 원칙이란 유해물질의 오염을 합리적으로 달성 가능한 가장 낮은 수준As Low As Reasonably Achievable으로 유지해야 한다는 원칙이다. 이것은 비의도적 오염 유해물질의 식품 중에 기준을 설정하고 관리하는 기본 원칙이다.

중금속 등 비의도적 오염 유해물질은 원래는 식품에 존재하면 안 되는 물질이다. 이러한 오염 유해물질은 환경오염 등으로 어쩔 수가 없이 식품에 존재할 수밖에 없다. 이런 이유에서 오염 유해물질이 인체 건강에 위해하지 않도록 하기 위하여 인체 총 노출량을 관리하는 방법으로 최대기준을 설정하여 운영하고 있다. 오염 유해물질의 기준을 설정할 때는 유해물질이 언제/어디서 오염될지 모르기 때문에 될 수 있는 대로 가능한 한 최소화하도록 해서 기준을 설정한다 ALARA 원칙.

ALARA 원칙이란 유해물질의 오염을 합리적으로 달성 가능한 가장 낮은 수준 As Low As Reasonably Achievable 으로 유지해야 한다는 원칙이다. 이것은 비의도적 오염 유해물질의 식품 중에 기준을 설정하고 관리하는 기본 원칙이다. 이유는 발암독성, 유전독성 등이 있어 식품에 사용할 수도 없는 물질이지만 비의도적으로 식품에 어쩔 수 없이 존재할 수밖에 없기 때문에 인간은 할 수 있는 한 최소화해야 한다.

최소량의 원칙
(As Low As Reasonably Achievable, ALARA)

**식품에서 제거하기 어려운 경우 건강에 심각한 영향을
주지 않도록 달성 가능한 수준까지 노출량을 낮게 유지**

07

위해식품과 식품위생법 적용

위해식품과 식품위생법 적용

7.1 식품위생 관련 법규에서 위해식품을 어떻게 정의하고 있나요?

> 식품위생법에 따른 '위해', '위해요소'의 정의 그리고 '위해식품 등 판매금지' 조항
> 에 따라 위해식품을 정의해 보면, 위해식품이란 위해 요소가 식품에 존재하여 인
> 체의 건강을 해치거나 해칠 우려가 있는 식품으로 말할 수 있다.

식품위생법의 목적은 식품으로 인하여 생기는 위해를 방지하여 국민 건강의 보호·
증진에 이바지함에 있다.

식품위생법 제2조에서 "위해"란 식품, 식품첨가물, 기구 또는 용기·포장에 존재하
는 위험 요소로서 인체의 건강을 해치거나 해칠 우려가 있는 것을 말한다고 정의하고
있다.

위해 요소라 함은 ① 잔류농약, 중금속, 식품첨가물, 잔류동물용의약품, 환경오염물
질 및 제조·가공·조리 과정에서 생성되는 물질 등 화학적 요인, ② 식품 등의 형태 및
이물異物 등 물리적 요인, ③ 식중독 유발 세균 등 미생물적 요인으로 말하고 있다.

식품위생법 제4조 위해식품 등의 판매 등 금지에서 위해식품을 나열하고 있다.

따라서 위해식품이란 위해요소들이 식품에 존재하여 인체의 건강을 해치거나 해칠
우려가 있는 식품으로 말할 수 있다.

우리는 유해물질이 함유된 식품유해식품?을 모두 위해식품으로 착각해서는 안 된다. 유해물질이 함유된 식품을 사람이 섭취함으로써 그 유해물질이 인체에 얼마나 들어왔으며, 인체에 들어온 양축적된 양이 그 유해물질의 유해 크기독성 크기를 초과했느냐가 판단기준이다. 유해는 그 물질 자체에 대한 특성을 말하지만, 위해는 유해물질를 통한 인체에 대한 특성을 말한다. 반드시 사람을 통하지 않고서는 위해는 말할 수 없다. 유해가 사람이라는 매개체에서 일어나는 안 좋은 현상을 위해로 보면 된다.

식품위생법 목적: [식품위생법 제1조] 이 법은 식품으로 인하여 생기는 위생상의 위해危害를 방지하고 식품 영양의 질적 향상을 도모하며, 식품에 관한 올바른 정보를 제공함으로써 국민 건강의 보호·증진에 이바지함을 목적으로 한다. 식품위생법 제2조정의 이 법에서 사용하는 용어의 뜻은 다음과 같다.

6. "위해"란 식품, 식품첨가물, 기구 또는 용기·포장에 존재하는 위험요소로서 인체의 건강을 해치거나 해칠 우려가 있는 것을 말한다.

"위해요소Hazard"란 「식품위생법」 제4조위해식품 등의 판매 등 금지, 「건강기능식품에 관한 법률」 제23조위해 건강기능식품 등의 판매 등의 금지 및 「축산물 위생관리법」 제33조판매 등의 금지의 규정에서 정하고 있는 인체의 건강을 해할 우려가 있는 생물학적, 화학적 또는 물리적 인자나 조건을 말한다식품 및 축산물 안전관리인증기준 제2조 정의.

한편, 식품위생법 4조에서는 아래의 것들이 위해식품에 해당한다고 보고 있다.

① 썩거나 상하거나 설익어서 인체의 건강을 해칠 우려가 있는 것

② 유독·유해물질이 들어 있거나 묻어 있는 것 또는 그러할 염려가 있는 것. 다만, 식품의약품안전처장이 인체의 건강을 해칠 우려가 없다고 인정하는 것은 제외한다.

③ 병病을 일으키는 미생물에 오염되었거나 그러할 염려가 있어 인체의 건강을 해칠 우려가 있는 것

④ 불결하거나 다른 물질이 섞이거나 첨가添加된 것 또는 그 밖의 사유로 인체의 건강을 해칠 우려가 있는 것

⑤ 제18조에 따른 안전성 심사 대상인 농·축·수산물 등 가운데 안전성 심사를 받지 아니하였거나 안전성 심사에서 식용食用으로 부적합하다고 인정된 것

⑥ 수입이 금지된 것 또는 「수입식품안전관리 특별법」 제20조 제1항에 따른 수입 신고를 하지 아니하고 수입한 것

⑦ 영업자가 아닌 자가 제조·가공·소분한 것

따라서 식품위생법 제4조에 따르면, 기준 및 규격이나 각종 규정에 부적합한 제품이라고 모두 위해식품은 아니라는 것이다. 식품 등의 기준 및 규격이나 각종 규정에 부적합한 제품은 모두 불량식품에 해당한다.

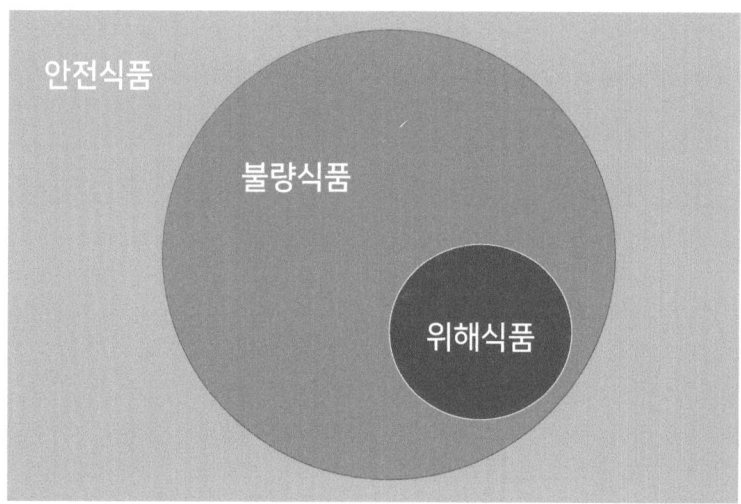

7.2 식품위생 관련 법규에서 유해와 위해를 구별하고 있나요?

> 위해는 식품위생법 제2조 정의에서, 유해는 위해요소Hazard라는 용어로 식품 및
> 축산물 안전관리인증기준 제2조 정의에서 구별하고 있다.

식품위생법에서 분명히 위해에 대한 정의가 있고 유해에 대한 정의도 있다. 위해는
식품위생법 제2조 정의에서 "위해란 식품, 식품첨가물, 기구 또는 용기·포장에 존재
하는 위험 요소로서 인체의 건강을 해치거나 해칠 우려가 있는 것을 말한다"고 규정
하고 있다.

한편, 유해는 위해 요소Hazard라는 용어로 식품 및 축산물 안전관리인증기준 제2조
정의에서 "위해 요소Hazard란「식품위생법」제4조위해식품 등의 판매 등 금지,「건강기능식품
에 관한 법률」제23조위해 건강기능식품 등의 판매 등의 금지 및「축산물 위생관리법」제33조판
매 등의 금지의 규정에서 정하고 있는 인체의 건강을 해할 우려가 있는 생물학적, 화학적
또는 물리적 인자나 조건을 말한다"고 규정하고 있다.

그러나 식품을 전공하는 사람, 법을 집행하는 사람, 소비자, 언론 등은 제대로 구별
하지 못하고 있는 것 같다. 유해와 위해를 구별하지 않고 단지 유해라는 용어 하나만
으로 이해하다 보니 식품 중에서 유해물질이 검출되었을 때 쓸데없는 논란이 지속적
으로 일어나고 있는 것 같다.

7.3 위해식품은 위해 요소들이 식품에 존재하여 인체의 건강을 해치거나 해칠 우 려가 있는 것이라고 하는데 '인체의 건강을 해치거나 해칠 우려'가 있는지를 판 단하는 법적 근거는

> 식품위생법 제4조 제2항에서 "유독·유해물질이 들어 있거나 묻어 있는 것 또는
> 그러할 염려가 있는 것. 다만, 식품의약품안전처장이 인체의 건강을 해칠 우려가

없다고 인정하는 것은 제외한다."라고 규정하고 있는 바, 반대로 해석하면 유독·유해물질이 들어 있거나 묻어 있는 것 또는 그러할 염려가 있는 것은 인체의 건강을 해칠 우려가 있어야만 위해식품이라는 것이다.

한편, 식품위생법 제15조_{위해평가}에서도 위해의 우려가 제기되거나 의심이 되는 식품의 경우, 식품의 위해 요소를 신속히 평가하여 그것이 위해식품 등 인지를 결정하여야 한다고 규정하고 있다.

식품위생법 제4조 제2항에서 "유독·유해물질이 들어 있거나 묻어 있는 것 또는 그러할 염려가 있는 것. 다만, 식품의약품안전처장이 인체의 건강을 해칠 우려가 없다고 인정하는 것은 제외한다."라고 규정하고 있는 바, 반대로 해석하면 유독·유해물질이 들어 있거나 묻어 있는 것 또는 그러할 염려가 있는 것은 인체의 건강을 해칠 우려가 있어야만 위해식품이라는 것이다.

> **제4조(위해식품 등의 판매 등 금지)**
> 2. 유독·유해물질이 들어 있거나 묻어 있는 것 또는 그러할 염려가 있는 것. 다만, 식품의약품안전처장이 인체의 건강을 해칠 우려가 없다고 인정하는 것은 제외한다.

'인체의 건강을 해치거나 해칠 우려'가 있는지 없는지 과학적으로 판단하는 수단은 위해평가로서 식품위생법 제15조에서 규정하고 있다.

> **제15조(위해평가)** ① 식품의약품안전처장은 국내외에서 유해물질이 함유된 것으로 알려지는 등 위해의 우려가 제기되는 식품 등이 제4조 또는 제8조에 따른 식품 등에 해당한다고 의심되는 경우에는 그 식품 등의 위해요소를 신속히 평가하여 그것이 위해식품 등 인지를 결정하여야 한다.

7.4 유독·유해물질이 들어 있거나 묻어 있는 것 또는 그러할 염려가 있는 것이 '인체의 건강을 해치거나 해칠 우려'가 있는지를 판단하는 법적 절차는

> 위해평가의 법적 근거는 식품위생법 제15조 및 같은 법 시행령 제4조,「축산물 위생관리법」제33조의2 및 같은 법 시행령 제27조에서 규정하고 있고, 평가의 방법 및 절차 등에 관한 세부 사항은「위해평가 방법 및 절차 등에 관한 규정」식약처 고시에서 정하고 있다.

유독·유해물질이 들어 있거나 묻어 있는 것 또는 그러할 염려가 있는 것이 '인체의 건강을 해치거나 해칠 우려'가 있는지를 판단하는 위해평가는「식품위생법」제15조 및 같은 법 시행령 제4조에 따른 식품, 식품첨가물, 기구, 용기·포장,「축산물 위생관리법」제33조의2 및 같은 법 시행령 제27조에 근거를 두고 있다.

위해평가의 절차는 다음 각 호의 과정을 순서대로 거친다.

1. 위해 요소의 인체 내 독성을 확인하는 위험성 확인 과정 (유해성 확인)
2. 위해 요소의 인체 노출 허용량을 산출하는 위험성 결정 과정 (유해크기 결정)
3. 위해 요소가 인체에 노출된 양을 산출하는 노출평가 과정 (유해물질 노출량 평가)
4. 위험성 확인 과정, 위험성 결정 과정 및 노출평가 과정의 결과를 종합하여 해당 식품 등이 건강에 미치는 영향을 판단하는 위해도危害度 결정 과정 (위해평가)

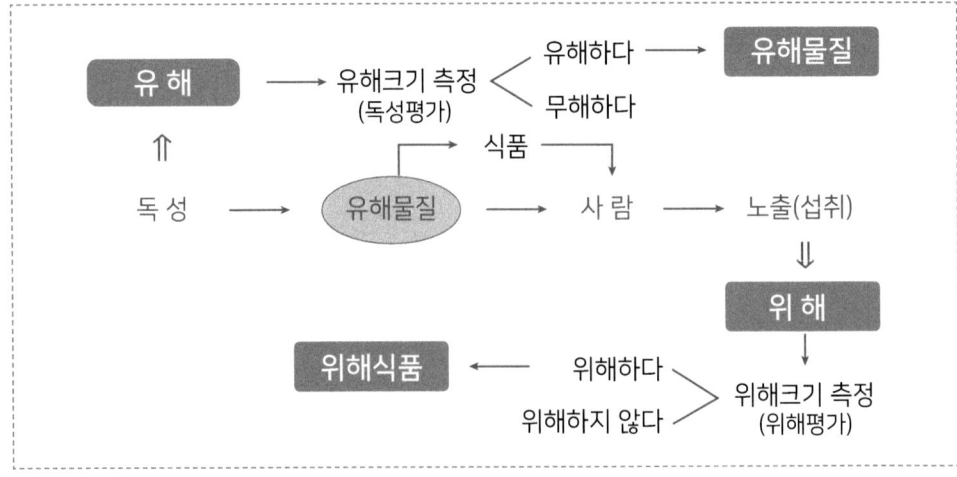

7.5 위해식품으로 판단되어야만 적용 가능한 식품위생 관련 법규들은 어떤 것이 있나요?

인체 건강에 해를 끼치거나 끼칠 우려가 있는 식품위해식품으로 판단되어야만 적용 가능한 법조항은 다음과 같다.

- 「식품안전기본법」 제15조긴급 대응
- 「식품위생법」 제4조위해식품 등의 판매 등 금지, 제6조기준·규격이 정하여지지 아니한 화학적 합성품 등의 판매 등 금지, 제45조위해식품 등의 회수, 제73조위해식품 등의 공표, 제17조위해식품 등에 대한 긴급 대응
- 「건강기능식품에 관한 법률」 제23조위해 건강기능식품 등의 판매 등의 금지 등...
- 「축산물 위생관리법」 제33조판매 등의 금지 등...

식품위생법 제15조에 따라 인체 건강에 해를 끼치거나 끼칠 우려가 있는 식품위해식품으로 판단되어야만 적용 가능한 법 조항은 다음과 같다.

① 「식품안전기본법」 제15조긴급 대응
② 「식품위생법」 제4조위해식품 등의 판매 등 금지, 제6조기준·규격이 정하여지지 아니한 화학적 합성품 등의 판매 등 금지, 제45조위해식품 등의 회수, 제73조위해식품 등의 공표, 제17조위해식품 등에 대한 긴급 대응
③ 「건강기능식품에 관한 법률」 제23조위해 건강기능식품 등의 판매 등의 금지 등 …
④ 「축산물 위생관리법」 제33조판매 등의 금지 등...

제4조(위해식품 등의 판매 등 금지) 누구든지 다음 각호의 어느 하나에 해당하는 식품 등을 판매하거나 판매할 목적으로 채취·제조·수입·가공·사용·조리·저장·소분·운반 또는 진열하여서는 아니 된다.

2. 유독·유해물질이 들어 있거나 묻어 있는 것 또는 그러할 염려가 있는 것. 다만, 식품의약품안전처장이 인체의 건강을 해칠 우려가 없다고 인정하는 것은 제외한다.

4. 불결하거나 다른 물질이 섞이거나 첨가添加된 것 또는 그 밖의 사유로 인체의 건강을 해칠 우려가 있는 것

제73조(위해식품 등의 공표) ① 식품의약품안전처장, 시·도지사 또는 시장·군수·구청장은 다음 각호의 어느 하나에 해당되는 경우에는 해당 영업자에 대하여 그 사실의 공표를 명할 수 있다. 다만, 식품위생에 관한 위해가 발생한 경우에는 공표를 명하여야 한다.
1. 제4조부터 제6조까지, 제7조 제4항, 제8조, 제9조 제4항 또는 제9조의3 등을 위반하여 식품위생에 관한 위해가 발생하였다고 인정되는 때

제6조(기준·규격이 정하여지지 아니한 화학적 합성품 등의 판매 등 금지) 누구든지 다음 각호의 어느 하나에 해당하는 행위를 하여서는 아니 된다. 다만, 식품의약품안전처장이 제57조에 따른 식품위생심의위원회이하 "심의위원회"라 한다의 심의를 거쳐 인체의 건강을 해칠 우려가 없다고 인정하는 경우에는 그러하지 아니하다.
1. 제7조 제1항 및 제2항에 따라 기준·규격이 정하여지지 아니한 화학적 합성품인 첨가물과 이를 함유한 물질을 식품첨가물로 사용하는 행위
2. 제1호에 따른 식품첨가물이 함유된 식품을 판매하거나 판매할 목적으로 제조·수입·가공·사용·조리·저장·소분·운반 또는 진열하는 행위

"화학적 합성품"이란 화학적 수단으로 원소元素 또는 화합물에 분해 반응 외의 화학 반응을 일으켜서 얻은 물질을 말한다.

제45조(위해식품 등의 회수) ① 판매의 목적으로 식품 등을 제조·가공·소분·수입 또는 판매한 영업자「수입식품안전관리 특별법」 제15조에 따라 등록한 수입식품 등 수입·판매업자를 포함한다. 이하 이 조에서 같다는 해당 식품 등이 제4조부터 제6조까지, 제7조 제4항, 제8조, 제9조 제4항, 제9조의3 또는 제12조의2 제2항을 위반한 사실식품 등의 위해와 관련이 없는 위반 사항을 제외한다을 알

게 된 경우에는 지체 없이 유통 중인 해당 식품 등을 회수하거나 회수하는 데에 필요한 조치를 하여야 한다.

제17조(위해식품 등에 대한 긴급 대응) ① 식품의약품안전처장은 판매하거나 판매할 목적으로 채취·제조·수입·가공·조리·저장·소분 또는 운반이하 이 조에서 "제조·판매 등"이라 한다 되고 있는 식품 등이 다음 각호의 어느 하나에 해당하는 경우에는 긴급 대응 방안을 마련하고 필요한 조치를 하여야 한다.

1. 국내외에서 식품 등 위해 발생 우려가 총리령으로 정하는 과학적 근거에 따라 제기되었거나 제기된 경우

2. 그 밖에 식품 등으로 인하여 국민 건강에 중대한 위해가 발생하거나 발생할 우려가 있는 경우로서 대통령령으로 정하는 경우

② 제1항에 따른 긴급 대응 방안은 다음 각호의 사항이 포함되어야 한다.

1. 해당 식품 등의 종류

2. 해당 식품 등으로 인하여 인체에 미치는 위해의 종류 및 정도

3. 제3항에 따른 제조·판매 등의 금지가 필요한 경우 이에 관한 사항

4. 소비자에 대한 긴급 대응 요령 등의 교육·홍보에 관한 사항

5. 그 밖에 식품등의 위해 방지 및 확산을 막기 위하여 필요한 사항

[식품안전기본법]

제15조(긴급 대응) ① 정부는 식품 등으로 인하여 국민 건강에 중대한 위해가 발생하거나 발생할 우려가 있는 경우 국민에 대한 피해를 사전에 예방하거나 최소화하기 위하여 긴급히 대응할 수 있는 체계를 구축·운영하여야 한다.

② 관계 중앙행정기관의 장은 생산·판매 등이 되고 있는 식품 등이 유해물질을 함유한 것으로 알려지거나 그 밖의 사유로 위해 우려가 제기되고 그로 인하여 국민 불특정 다수의 건강에 중대한 위해가 발생하거나 발생할 우려가 있다고 판단되는 경우 다음 각호의 사항이 포함된 긴급 대응 방안을 마련하여 위원회의 심의를 거쳐 해당 긴급 대응 방안에 따라 필요한 조치를 하여야 한다.

7.6 독성평가를 통한 위해식품 여부를 판단하는 규정도 있나요

> 식품위생법 제4조 제4호에 의하면 위해식품은 그 밖의 사유로 인체의 건강을 해칠 우려가 있는 것도 포함되어 있다. 따라서 이 경우 독성평가를 통하여 위해식품 여부를 판단할 수 있다.

식품위생법 제4조 제4호에 의하면 위해식품은 그 밖의 사유로 인체의 건강을 해칠 우려가 있는 것도 포함되어 있다. 따라서 이 경우 독성평가를 통하여 위해식품 여부를 판단할 수 있다.

> **제4조(위해식품 등의 판매 등 금지)** 누구든지 다음 각호의 어느 하나에 해당하는 식품 등을 판매하거나 판매할 목적으로 채취·제조·수입·가공·사용·조리·저장·소분·운반 또는 진열하여서는 아니 된다.
> 1. 썩거나 상하거나 설익어서 인체의 건강을 해칠 우려가 있는 것
> 2. 유독·유해물질이 들어 있거나 묻어 있는 것 또는 그러할 염려가 있는 것. 다만, 식품의약품안전처장이 인체의 건강을 해칠 우려가 없다고 인정하는 것은 제외한다.
> 3. 병病을 일으키는 미생물에 오염되었거나 그러할 염려가 있어 인체의 건강을 해칠 우려가 있는 것
> 4. 불결하거나 다른 물질이 섞이거나 첨가添加된 것 **또는 그 밖의 사유로 인체의 건강을 해칠 우려가 있는 것**

> **(독성시험의 방법 등)** 독성시험은 「의약품 등의 독성시험기준」식품의약품안전처고시 또는 경제협력개발기구OECD에서 정하고 있는 독성시험 방법에 따라 다음 각호와 같이 실시한다. 다만, 필요한 경우 전문위원회의 자문을 거쳐 독성시험의 절차·방법을 다르게 정할 수 있다.
> 1. 독성시험 대상 물질의 특성, 노출 경로 등을 고려하여 독성시험 항목 및 방법 등을 선정한다.

2. 독성시험 절차는 「비임상시험관리기준」_{식품의약품안전처고시}에 따라 수행한다.

3. 독성시험 결과에 대한 독성병리 전문가 등의 검증을 수행한다.

7.7 식품 중에 유독·유해물질이 검출되었을 때 위해식품 여부를 판단하는 과정은?

유독·유해물질이 검출되었는데 식품 중 유해물질의 기준 및 규격이 정해져 있고 그 기준 및 규격에 적합하다면 판매가 가능하고 부적합할 경우 판매는 불가능하다. 그러나 식품 중 유해물질이 기준 및 규격이 정해져 있지 않은 경우는 식품의약품 안전처장이 위해평가 등을 근거로 식품의생심의위원회 심의를 거쳐 인체 건강에 해를 끼칠 우려가 있으면 위해식품이라고 판단한다. 인체 건강에 해를 끼치지 않는다고 인정하면 판매가 가능하다.

식품 중에 유독·유해물질이 검출되었을 경우, 이 식품을 판매해도 되는지를 판단해야 한다. 원칙적으로 유독·유해물질이 들어 있거나 그 염려가 있을 경우 판매가 금지된다. 그러나 유독 유해물질이 검출되었다 하더라도 인체 건강에 해를 끼치지 않으면 판매가 가능하다. 그래서 그 식품이 위해식품인지 아닌지를 판단해야 한다.

그 판단 절차는 그림과 같다.

첫 번째, 유독·유해물질이 검출되었는데 그 유해물질의 기준 및 규격이 정해져 있고 그 기준 및 규격에 적합하다면 판매가 가능하다. 그러나 부적합할 경우 판매는 불가능하다. 부적합하더라도 위해평가 결과 위해 우려가 없으면 위해식품은 아니나 불량식품이다.

두 번째, 유독·유해물질이 검출되었는데 그 유해물질의 기준 및 규격이 정해져 있지 않은 경우는 식품의약품안전처장이 위해평가 등을 근거로 식품의생심의위원회 심의를 거쳐 인체 건강에 해를 끼칠 우려가 있으면 위해식품이라고 판단한다. 인체 건강에 해를 끼치지 않는다고 인정하면 위해식품이 아니며 판매가 가능하다.

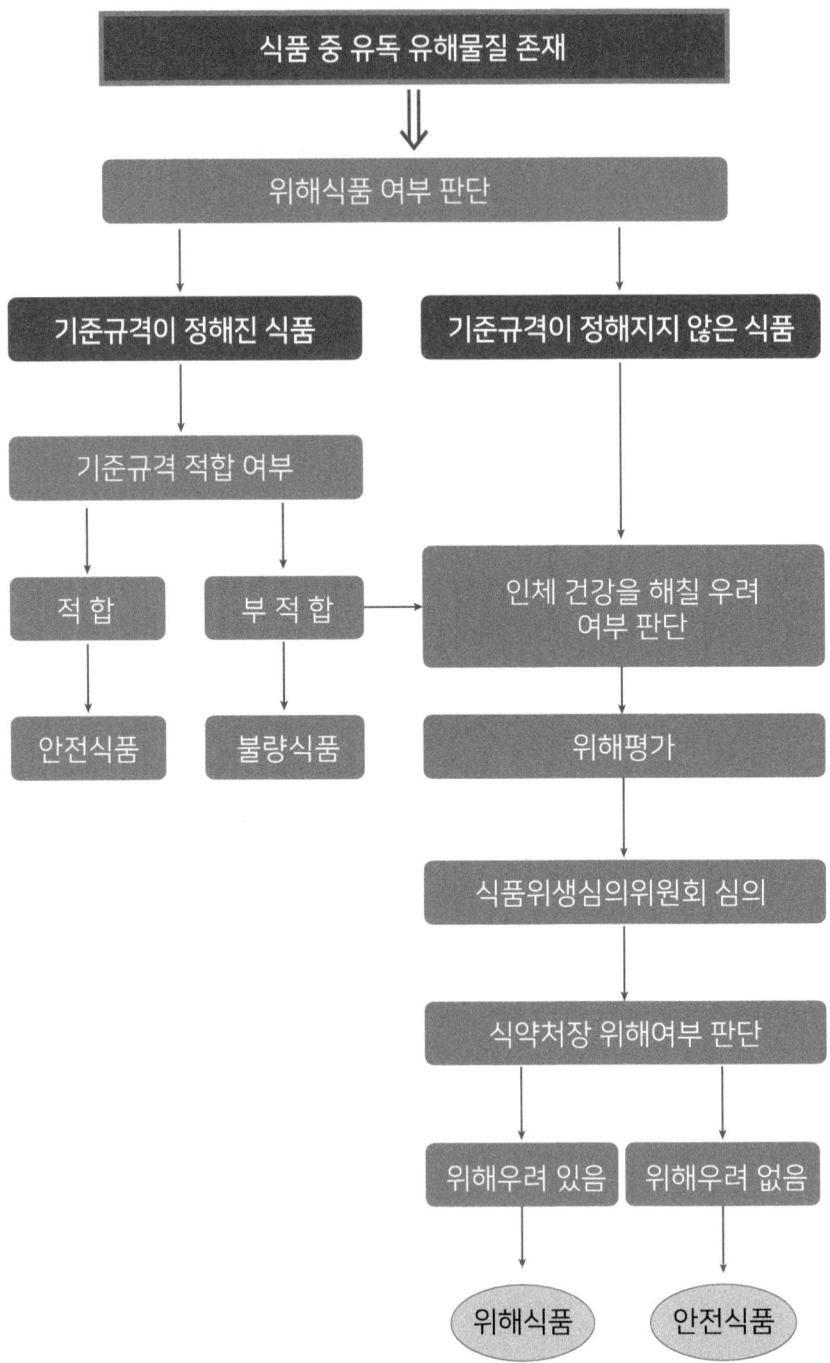

7.8 유독·유해물질이 들어 있거나 그러할 염려가 있는 것 중 인체의 건강을 해칠 우려가 없다고 식품의약품안전처장이 인정하는 절차 및 법적 근거는?

유독·유해물질이 들어 있거나 그러할 염려가 있는 것이라도 인체의 건강을 해칠 우려가 없다고 식품의약품안전처장이 인정하는 경우는 아래와 같다.

첫째, 유독·유해물질이 식품에 들어 있다 할지라도 기준 및 규격이 정해져 있고, 그 기준에 적합할 경우 판매를 허용한다.

둘째, 식품에 기준 및 규격이 정해져 있지 않은 유독·유해물질이 식품에 들어 있다 할지라도 식품의약품안전처장이 식품위생심의위원회 심의를 거쳐 인체의 건강을 해칠 우려가 없다고 인정하는 경우는 판매를 허용한다.

식품위생법 제4조 제2항에 의하면 식품에 유독·유해물질이 들어 있거나 묻어 있는 것 또는 그러할 염려가 있는 것은 위해식품으로 판매금지를 하고 있다. 그러나 유독·유해물질이 들어 있거나 그러할 염려가 있는 것 중 인체의 건강을 해칠 우려가 없다고 식품의약품안전처장이 인정하는 것은 판매를 허용하고 있다. 그 근거와 규정은 식품위생법 시행규칙 제3조_{판매 등이 허용되는 식품 등}에서 정하고 있다.

식품위생법 시행규칙 제3조(판매 등이 허용되는 식품 등) 유독·유해물질이 들어 있거나 묻어 있는 식품 등 또는 그러할 염려가 있는 식품 등으로서 법 제4조 제2호 단서에 따라 인체의 건강을 해칠 우려가 없다고 식품의약품안전처장이 인정하여 판매 등의 금지를 하지 아니할 수 있는 것은 다음 각 호의 어느 하나에 해당하는 것으로 한다.

1. 법 제7조 제1항·제2항 또는 법 제9조 제1항·제2항에 따른 식품 등의 제조·가공 등에 관한 기준 및 성분에 관한 규격_{이하 "식품 등의 기준 및 규격"이라 한다}에 적합한 것

2. 제1호의 식품 등의 기준 및 규격이 정해지지 아니한 것으로서 식품의약품안전처장이 법 제57조에 따른 식품위생심의위원회_{이하 "식품위생심의위원회"라 한다}의 심의를 거쳐 유해의 정도가 인체의 건강을 해칠 우려가 없다고 인정한 것

첫째, 기준 및 규격에 적합한지 여부로 판단시행규칙 제3조 제1호 : 유독 유해물질이 들어 있다 할지라도 기준 및 규격이 정해져 있고, 그에 적합할 경우 판매를 허용한다.

둘째, 기준 및 규격이 정해져 있지 아니한 식품은 식품위생심의위원회 심의를 거쳐 위해식품 여부 판단시행규칙 제3조 제2호 : 기준 및 규격이 정해져 있지 않은 유독 유해물질 이 들어 있다 할지라도 식품의약품안전처장이 식품위생심의위원회 심의를 거쳐 인체 의 건강을 해칠 우려가 없다고 인정하는 경우는 판매를 허용한다.

이때 식품위생심의위원회는 위해 우려 식품 판단 자료를 요구하고 이를 근거로 심 의를 한다. 이때 위해 우려 식품 판단 자료는 위해평가 자료가 되는 것이다. 결국 위해 평가를 통하여 위해식품 여부를 평가하고 전문가 심의를 거쳐 식품의약품안전처장이 최종 결정한다.

식품위생심의위원회 심의 자료위해우려 식품 판단 자료

① 위해평가식품위생법 제15조

　－ 식약처장은 위해물질이 들어 있거나 그러할 염려가 의심되는 경우 **위해평가로 위해**
　　 식품 결정제15조 제1항

　－ **위해평가**는 식품위생법 시행령 제14조 제3항에 따라 실시하고 그 결과는 **식품위생**
　　 심의위원회에서 심의 의결한다시행령 제14조 제4항

7.9 식품 중 유해물질의 기준 규격 초과 식품은 모두 위해식품인가요?

식품위생법에 의하면 유해물질 기준을 초과하면 판매가 불가능하다. 그렇다고 해서 모두 위해식품은 아니다. 인체 위해 우려가 있는지는 위해평가를 통하여 인 체 위해 여부를 가려야 한다.

식품위생법에 의하면 유해물질 기준을 초과했다고 모두 위해식품은 아니다. 인체 위해 우려가 있는지는 위해평가를 통하여 인체 위해 여부를 가려야 한다. 그래서 위해식품으로 판단되면, 그때 유통판매 금지 조치, 위해식품 회수 조치, 위해식품 공표 등의 조치를 취하면 되고, 그에 따른 법적 책임을 물으면 된다. 유해물질의 기준을 초과한 부적합 제품은 불량식품으로 그에 상응하는 규정상의 처분을 받아야 한다.

7.10 위해평가 결과를 반영하여 식품위생법을 적용해야 하는 법 조항이 많은데 실제 이를 잘 적용하고 있나요?

> 법에서는 위해식품을 과학적으로 판단하도록 규정을 하고 있다. 그러나 실제로 위해평가를 통한 위해식품 여부를 판단한 사례는 그리 많지 않은 것 같다. 더 많은 전문성의 노력이 필요해 보인다.

정부에서는 위해평가에 의한 식품의 위해 여부를 판단하고 있으나, 아직도 소비자, 언론, 국회 등에서는 이를 수용하는 데 시간이 다소 걸릴 것으로 보인다.

사법부에서도 식품의 인체 위해 여부를 따져서 위해식품에 대한 제재를 가해야 하는 법 조항이 많은데, 이를 적용하려는 움직임이 보이고 있다. 위해식품을 과학적으로 판단하기 위해서는 이에 대응하는 판검사, 변호사의 전문성을 확보하도록 하루 빨리 전문가들이 이를 뒷받침해줘야 할 것으로 보인다.

7.11 보건 범죄 단속에 관한 특별조치법은 유해와 위해를 구별하지 않았다(위법 소지?)

> 식품위생법은 유해와 위해를 구별하여 법을 적용하고 있으나, 보건 범죄 단속에 관한 특별조치법에서는 유해와 위해를 일부 구별하지 않고 적용하고 있어서 개

정이 필요해 보인다.

첫째, 보건 범죄 단속에 관한 특별조치법 제2조_{부정식품 제조 등의 처벌} 제1항 제1호에서 "식품, 식품첨가물 또는 건강기능식품이 인체에 현저히 유해한 경우: 무기 또는 5년 이상의 징역에 처한다."라고 규정하고 있으나, 인체에 현저히 유해한 경우는 인체에 위해 또는 위해 우려가 있는 경우 표현이 맞다고 볼 수 있다.

둘째, 보건 범죄 단속에 관한 특별조치법 시행령 제4조는 같은법 제2조 제1항 제1호의 규정에 의한 "인체에 현저한 유해"의 기준을 정하고 있는데 이 또한 개정이 필요해 보인다.

비소와 납의 최대기준을 정하고 있는데 이는 유해와 위해를 구별하지 않고 유해의 개념만으로 정하고 있어서 과학적이지 않다고 볼 수 있다.

식품위생법은 유해와 위해를 구별하여 법을 적용하고 있으나, 보건 범죄 단속에 관한 특별조치법에서는 유해와 위해를 일부 구별하지 않고 적용하고 있다.

보건 범죄 단속에 관한 특별조치법 제2조_{부정식품 제조 등의 처벌} 제1항 제1호에서 "식품, 식품첨가물 또는 건강기능식품이 인체에 현저히 유해한 경우: 무기 또는 5년 이상의 징역에 처한다."라고 규정하고 있다. 그러나 일부 개정이 필요해 보인다.

첫째, 인체에 현저히 유해한 경우는 인체에 위해 또는 위해 우려가 있는 경우로 개정이 필요하다.

둘째, 보건 범죄 단속에 관한 특별조치법 시행령 제4조는 같은법 제2조 제1항 제1호의 규정에 의한 "인체에 현저한 유해"의 기준을 정하고 있는데, 이 또한 개정이 필요해 보인다.

비소와 납의 최대기준을 정하고 있는데 이는 유해와 위해를 구별하지 않고 유해의 개념만으로 정하고 있어서 과학적이지 않다고 볼 수 있다. 그리고 위해식품으로 정하고 있는 「식품위생법」 제7조 제4항, 「건강기능식품에 관한 법률」 제24조 제1항과 상충되는 면이 있다.

다만, 허용되지 않은 화학적 합성품을 위해식품으로 정하는 것은 섭취 시 위해 우려가 있기 때문에 적절해 보인다.

보건범죄 단속에 관한 특별조치법 약칭: 보건범죄단속법

제2조(부정식품 제조 등의 처벌) ① 「식품위생법」 제37조 제1항, 제4항 및 제5항의 허가를 받지 아니하거나 신고 또는 등록을 하지 아니하고 제조·가공한 사람, 「건강기능식품에 관한 법률」 제5조에 따른 허가를 받지 아니하고 건강기능식품을 제조·가공한 사람, 이미 허가받거나 신고된 식품, 식품첨가물 또는 건강기능식품과 유사하게 위조하거나 변조한 사람, 그 사실을 알고 판매하거나 판매할 목적으로 취득한 사람 및 판매를 알선한 사람, 「식품위생법」 제6조, 제7조 제4항 또는 「건강기능식품에 관한 법률」 제24조제1항을 위반하여 제조·가공한 사람, 그 정황을 알고 판매하거나 판매할 목적으로 취득한 사람 및 판매를 알선한 사람은 다음 각호의 구분에 따라 처벌한다. <개정 2017. 12. 19.>

1. 식품, 식품첨가물 또는 건강기능식품이 인체에 현저히 유해한 경우: 무기 또는 5년 이상의 징역에 처한다.

2. 식품, 식품첨가물 또는 건강기능식품의 가액價額이 소매 가격으로 연간 5천만 원 이상인 경우: 무기 또는 3년 이상의 징역에 처한다.

3. 제1호의 죄를 범하여 사람을 사상死傷에 이르게 한 경우: 사형, 무기 또는 5년 이상의 징역에 처한다.

② 제1항의 경우에는 제조, 가공, 위조, 변조, 취득, 판매하거나 판매를 알선한 제품의 소매가격의 2배 이상 5배 이하에 상당하는 벌금을 병과倂科한다.

보건 범죄 단속에 관한 특별조치법 시행령

제4조(부정식품의 유해기준) ①법 제2조 제1항 제1호의 규정에 의한 "인체에 현저한 유해"의 기준은 다음 각호와 같다.

1. 다류

   허용 외의 착색료가 함유된 경우

2. 과자류

허용 외의 착색료나 방부제가 함유되거나, 비소가 2ppm 이상 또는 납이 3ppm 이상
함유된 경우

3. 빵류

허용 외의 방부제가 함유된 경우

4. 엿류

허용 외의 방부제가 함유된 경우

5. 시유

허용 외의 방부제가 함유되거나, 포스파타제가 검출된 경우

6. 식육 및 어육 제품

허용 외의 방부제가 함유되거나, 납이 3ppm 이상 함유된 경우

7. 청량음료수

허용 외의 착색료나 방부제가 함유되거나, 비소가 0.3ppm 이상 또는 납이 0.5ppm 이
상 함유된 경우

8. 장류

허용 외의 착색료나 방부제가 함유되거나, 비소가 5ppm 이상 함유된 경우

9. 주류

허용 외의 착색료나 방부제가 함유되거나, 메칠알코올이 1ml당 1mg 이상 함유된 경우

10. 분말 청량음료

허용 외의 착색료나 방부제가 함유되거나, 수용 상태에서 비소가 0.3ppm 이상 또는 납
이 0.5ppm 이상 함유된 경우

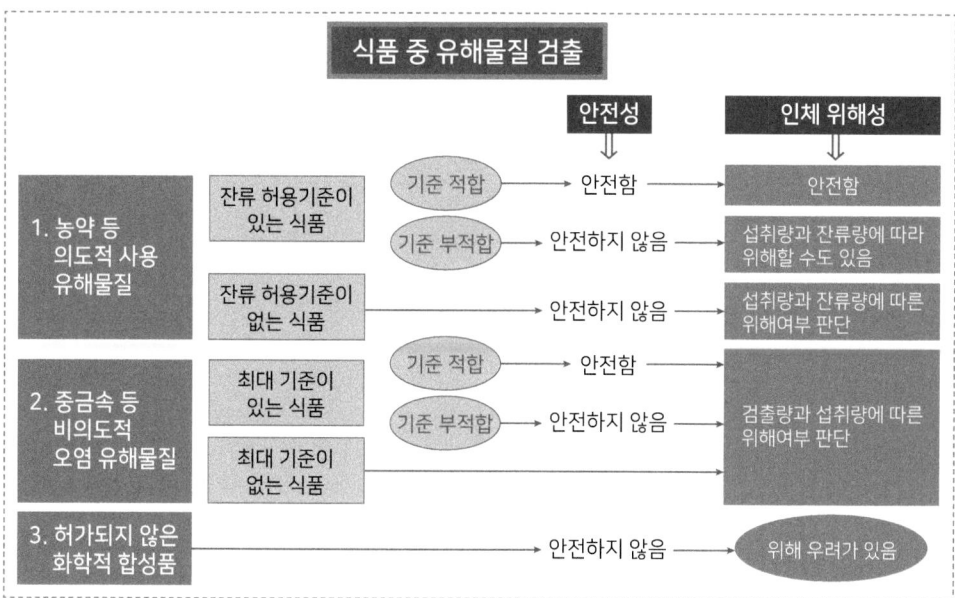

08

식품 중 유해물질 검출과
위해식품 여부 판단 사례

식품 중 유해물질 검출과 위해식품 여부 판단 사례

8.1 비소를 다량 함유한 톳환의 위해식품 여부는?

[비소 함유 톳환]

- 대상: 톳환(제조 공정: 건조 톳 → 분쇄→ 찹쌀풀 등 혼합 → 제환기 → 환 제 조 → 건조 → 포장)
- 오염도ppm: 무기비소58.28
- 섭취량: 1일에 4.0~7.9g 섭취제품에 표시된 섭취량
- 인체노출안전기준: 무기비소 PTWI, 9.0 μg/kg bw/week

톳환 중에는 무기비소의 최대기준이 설정되어 있지 않아 위해평가를 통하여 위해 식품 여부를 판단하여야 한다.

위해평가 결과, 위해 크기인 위해도%는 150.5~224.2% 수준으로 인체의 건강을 해를 끼칠 우려가 있는 수준이다. 식품의약품안전처는 식품위생심의위원회 심의를 거쳐 위해식품으로 결정하고 제조 및 판매를 금지하였다. 대책으로 인체노출기준을 초과하지 않도록 관리 방안도 마련하였다.

식약처는 톳 및 모자반을 사용하여 제조한 모든 가공식품에 대해서는 무기비소의 최대기준1mg/kg 이하을 설정하고, 무기비소가 함량이 1mg/kg을 초과한 식품은 제조

판매를 할 수 없도록 조치하였다. 이로써 톳 가공식품으로 인한 무기비소의 인체 건강에 대한 위해는 해결되었다.

이러한 조치는 가공식품에 대한 문제이었기에 최대기준 설정으로 제한할 수 있는 것이다. 톳 원료 자체에 대한 문제였다면 해결하기 어려운 문제였을 것이다. 톳 자체의 섭취량과 톳 가공식품의 섭취량은 달라서 섭취량에 기반을 둔 조치라고 보면 된다. 즉 위해하지 않도록 인체 노출량을 줄이는 방법으로 최대기준 설정을 이용한 것이다.

> 1) 유해물질이 들어 있거나 그러할 염려가 있는 식품인지 판단 방법시행규칙 제3조
>
>   ① 기준 규격에 적합한지 여부로 판단시행규칙 제3조 제1호
>
>   ② 기준 규격이 정해져 있지 아니한 식품은 식품위생심의위원회 심의를 거쳐 위해식
>
>   품 여부 판단시행규칙 제3조 제2호
>
> 2 식품위생심의위원회 위해 우려 식품 판단 자료
>
>   ① 위해평가 실시식품위생법 제15조
>
>   - 식약처장은 위해물질이 들어 있거나 그러할 염려가 의심되는 경우 위해평가로
>
>   위해식품 결정제15조 제1항

현재는 톳 및 모자반을 사용하여 제조한 모든 가공식품에 대해서는 무기비소의 최대기준1mg/kg 이하을 정하여 관리하고 있기 때문에 인체노출안전기준을 초과할 염려가 전혀 없다.

이제는 톳을 이용하여 제조한 식품은 무기비소가 함량이 1mg/kg을 초과하면 안된다. 이렇듯 최대기준의 설정은 인체노출안전기준을 초과하지 않도록 사전에 미리 예방하는 것이다.

8.2 살충제 농약이 검출된 계란의 인체 위해 여부는

> **[농약 검출 계란]**
>
> 전국 1,239개 산란계 농장에서 생산된 계란을 수거하여 계란 중 잔류농약을 검사2017.8한 결과, 총 52개 농장에서 생산한 계란이 농약 잔류허용기준에 부적합식품의약품안전처 보도자료, 2017,8
>
> : 살충제 검출량은 피프로닐0.0036~0.0763ppm, 비펜트린0.015~0.272ppm, 에톡사졸0.01ppm, 플루페녹수론0.0077~0.028ppm, 피리다벤0.009ppm

08
식품 중 유해물질 검출과 위해식품 여부 판단 사례

우리 식탁에서 매일 먹는 계란에서 농약이 검출되어 충격을 주었지만, 정부에서 전수 수거 검사하고, 인체노출안전기준인 ADI와 ARfD과 비교하여 위해 여부를 판단한 결과, 인체의 건강에 해를 끼칠 우려는 없었다.

이번 사안은 계란 중 살충제 성분이 검출되어 농약 잔류허용기준에 부적합한 계란이 생산되어 유통되었다. 이는 식품위생법 제7조식품 등의 기준 및 규격 위반으로 출하를 중지 조치하고 해당 물량에 대해서는 회수·폐기하여 일단락되었다.

식약처는 농약 잔류허용기준에 부적합한 계란에 대한 식품위생법 제4조 제2호 위반 여부, 즉 위해식품 여부에 대하여 위해평가를 통하여 판단하였다.

우리나라 국민들 중에서 계란을 많이 먹는 극단 섭취자상위 97.5%가 살충제가 최대로 검출된 계란을 섭취한다는 최악의 조건을 설정하여 살충제 5종을 위해평가한 결과, 피프로닐, 비펜트린, 에톡사졸, 플루페녹수론, 피리다벤의 노출량섭취량은 모두 인체노출안전기준ADI와 ARfD 대비 0.01 ~ 27.41%로 인체의 건강에 해를 끼칠 우려가 없었다고 하였다.

식품 중 잔류농약의 위해평가 시 인체노출안전기준으로 ADI와 ARfD를 사용한 이유는 농약을 허가등록하면서 만성 독성이 있는 물질은 허가해 주지 않고 안전하게 관리가 가능한 물질만 허가하기 때문에 ADI와 ARfD만으로 위해평가를 해도 안전성에는 문제가 없다. 환경 관련 모 학회에서는 ADI와 ARfD를 초과하지 않았다 하더라도 만성 독성에 대한 우려를 표명한 바 있으나, 농약을 허가_{등록}하면서 만성 독성이 있는 물질은 허가해 주지 않기 때문에 염려할 필요는 없다.

따라서 유통되는 계란은 위해식품이 아니며, 식품위생법 제4조 제2호 위반 사항도 아니다. 다만, 식품위생법 제7조 위반 사항으로 행정처분 및 회수 폐기 대상일 뿐이다.

일반적으로 위해평가는 식품 섭취자가 평균적으로 섭취한 식품 양과 평균적으로 검출된 유해물질의 양의 식품을 섭취한다는 조건에서 실시하지만, 경우에 따라서는 최악의 조건_{극단 섭취자가 유해물질이 최대로 검출된 식품을 섭취}에서 실시하기도 한다. 이번 같은 경우는 우리 국민이 매일 식탁에서 자주 먹는 식품이다 보니 더욱 적극적으로 보다 철저하게 위해 여부를 판단한 것 같다.

Q1) 식품 중 농약의 잔류허용기준량이 초과되면 어떻게 되는가?

식품 중 농약의 잔류허용기준 초과가 확인되면 해당 식품은 시장에서 수거되지만, 단기간 동안 잔류허용기준이 초과되는 것이 반드시 해당 식품 섭취 시 건강 리스크와 관련 있다고 할 수 없음.

Q2) 인체노출안전기준이 초과되면 어떻게 되는가?

인체노출안전기준의 초과는 유해 크기를 초과한 것으로 반드시 구체적인 건강 위험을 의미하는 것이 아니지만, 현재의 과학적 지식에 의하면 문제의 식품을 섭취 후 건강 피해가 발생할 수도 있음을 의미함. 동물실험에서 건강 피해가 관찰되지 않은 최대 용량과 인체노출안전기준 사이의 안전계수는 100임.

8.3 아마씨 중에 중금속인 카드뮴이 0.56mg/kg 검출되어 소비자 단체에서 문제를 제기하였다. 과연 아마씨는 위해식품일까?

인체에의 건강에 해를 끼칠 우려가 있는지를 측정하였다. 인체에의 건강에 해를 끼칠 우려가 있는지를 평가하기 위한 위해 크기_{위해도}는 사람이 아마씨를 섭취한 양_{노출량}

에 대하여 유해 크기인 인체노출안전기준으로 비교하여 측정한다. 노출량은 아마씨 중 카드뮴 함량과 그 해당 아마씨의 섭취량을 곱하여 산출한다.

- 아마씨의 최고 검출된 카드뮴 농도는 0.56mg/kg이다.
- 아마씨 섭취량은 권고량으로 식품의 기준 및 규격_{식품공전}에서 정하고 있으며, 1일 16g_{성인 60kg}이다.
- 카드뮴 인체노출안전기준_{독성값}은 PTMI 25ug/kg bw/month_{잠정 월간 섭취한계치}으로 1일로 환산 시 0.83ug/kg bw/day이다.

위해 크기를 계산해 보면 18% 수준으로 인체의 건강에 해를 끼칠 수준은 아니었다. 따라서 아마씨는 위해식품이 아니다.

위해 크기(위해도), % = 0.15 ug/kg bw/day / 0.83ug/kg bw/day × 100 = 18%

노출량은 0.56mg/kg × 16g_{성인 60kg} / 1000_{단위 환산} = 0.00896 mg/60kg bw/day

인체 노출안전기준과 단위 맞추기 위한 1일 몸무게 1kg당 카드뮴 노출량은 0.15ug/kg bw/day

8.4 벤조피렌 기준을 초과한 훈제 건조 어육을 우동스프의 원료로 사용하여 제조한 우동의 위해식품 여부는?

[변조피렌 기준 초과 스프 사용 우동]

우동 벤조피렌 사건은 벤조피렌 기준_{10.0ug/kg 이하}을 초과한 훈제 건조 어육_{23.5ug/kg}을 우동스프의 원료로 사용한 것이고, 이를 사용한 우동스프에서는 벤조피렌이 3.10 ug/kg 검출되었다.

○ **법적 판단**

식품 제조 시 원료는 기준에 적합한 원료만을 사용하도록 하고 있는데, 이 제품은 이 규정을 어겼다. 기준을 초과한 훈제 건조 어육다랑어은 강제 회수·폐기 대상이며, 훈제 건조 어육다랑어을 사용하여 제조한 우동스프도 행정 제재 대상이다. 하지만 우동스프와 함께 제조한 우동은 벤조피렌에 대한 기준 등의 규정이 없어 위해 여부 판단에 따라 회수 등의 행정 제재를 결정한다.

① 벤조피렌 기준 초과한 훈제 건조 어육: 강제 회수·폐기 등 행정 제재
② 기준 초과 원료훈제 건조 어육 사용 제조한 우동스프: 행정 제재
③ 우동스프 포함: 위해 여부에 따라 위해식품 판단

○ **인체 위해 여부 평가**

우리나라 국민의 통상적인 우동스프벤조피렌 검출량 3.10ug/kg 섭취로 인한 벤조피렌의 위해 크기위해도인 노출안전역MOE은 봉지우동이 1,811,594, 컵우동이 6,329,114으로 위해 우려가 거의 없는 수준이다. MOE는 10,000 이상이면 안전하다고 판단한다. 우동에 존재하는 벤조피렌 양은 우동을 평생 먹어도 독성을 나타내지 않을 정도의 양으로 위해식품은 아니다.

$$MOE = BMDL_{10}/노출량(식품 섭취량 \times 식품 중 벤조피렌 검출량) \rightarrow 10,000 이하면$$
위해관리
* 벤조피렌 $BMDL_{10}$ 0.1mg/kg bw/day

○ **우동의 위해관리**

규정상 기준 초과 훈제 건조 어육과 훈제 건조 어육을 사용한 우동스프는 행정 제재 대상이다. 하지만 우동스프를 넣은 우동은 위해평가 결과, 평생 먹어도 독성을 나타내지 않을 정도의 양으로 안전하므로 유통판매를 통제하는 것은 바람직하지 않다.

다만, 경우에 따라서는 국민의 기호식품이자 다소비 식품이라는 점 때문에 국민 안심 차원에서 정책적 결정에 의한 업체 자율적 회수 권고를 할 수도 있다. 그러나 이러한 결정은 소비자에게는 안심을 주지만 업체와 전문가에게는 불만으로 존재할 수 있다.

8.5 소모적인 논쟁이 된 카드뮴이 검출된 낙지는 위해식품일까

> 당시 유해와 위해 개념을 이해하였다면 언론이나 서울시에서 과잉 반응은 일어나지 않았어야 할 사건이었다. 결론은 카드뮴이 검출된 낙지 머리를 통상적으로 섭취하여도 카드뮴으로 인한 인체의 건강에 해를 끼칠 우려는 없었다.

(서울시 문제 제기) 서울시는 시중에 유통 중인 낙지, 문어 등 연체류 14건과 생선류 14건 등 총 28건을 수거해 머리, 내장 등 특정 부위를 대상으로 중금속 검사를 실시한 결과, 낙지·문어 등 연체류 머리에서 카드뮴이 기준치보다 높게 검출됐다고 밝혔다.

⇒ 식약처는 '내장이나 먹물 등 낙지의 특정 부위만을 조사하여 기준 초과라고 발표한 것은 잘못된 것으로 낙지 전체를 대상으로 기준을 적용할 경우, 기준 초과 13건 중 1건을 제외하고 모두 기준치를 초과하지 않을 것이다'라는 의견을 냈지만 지속적인 논란 초래

(언론, 소비자 등 우려 목소리) 낙지나 문어 머리 속 내장에 들어 있는 중금속 문제는 소비자들뿐 아니라 이를 생산하는 어업인들에게도 매우 중요한 사안이다. 명확한 결론을 내려서 소비자들의 불안을 불식시키고 생산자들이 피해를 보지 않도록 해야 할 것이다.

"먹어도 되나? 안 되나?"…낙지 논란 "불안한 식탁",

'낙지머리 중금속' 놓고 어민-서울시 공방

'낙지머리 논란에 상인들 시름은 깊어진다'

'낙지머리 카드뮴 소동, 그냥 넘길 일 아니다'

(식약처 인체의 건강에 위해 우려 없음 발표) 식약처 "낙지 문어머리 먹어도 괜찮다"라고 발표

식약처는 위해평가 결과, 낙지의 내장만 또는 내장을 포함한 몸체를 1주일 평균 2마리 평생 먹어도 문제가 없고 꽃게와 대게는 각각 1주일 평균 3마리와 반마리씩 꾸준히 먹어도 안전하다고 발표하였다.

중금속 검출량의 위해 여부는 식품 섭취량을 근거로 산출된 인체노출량을 WHO·FAO 합동 식품첨가물 전문가위원회JECFA의 중금속 인체노출안전기준인 잠정주간 섭취허용 량PTWI과 비교해 평가했다. PTWI는 체중 55kg인 성인이 평생 섭취해도 인체에 무해한 1주일 허용섭취량으로 PTWI 대비 카드뮴 노출량이 100%를 넘지 않으면 먹어도 위해하지 않은 수준으로 볼 수 있다.

* PTWI는 체중 55kg 성인 섭취해도 인체에 무해한 일주일 허용섭취량으로 카드뮴의 경우 7µg/ bw(체중)/week로, PTWI 대비 카드뮴 노출량이 100%를 넘지 않으면 먹어도 유해하지 않은 수준으로 볼 수 있다는 설명이다.

식약처 "낙지 문어머리 먹어도 괜찮다"

"낙지머리 마음 놓고 드세요"

8.6 발효 된장에서 바이오제닉아민(히스타민)이 다량 검출되었는데, 이 된장은 위해식품일까

히스타민은 인체 내에서 몇 분 이내에 분해효소에 의해 분해되어 없어지기 때문에 일시1회 식사에 과량50mg 이상을 섭취하지 않는 한 식중독이 일어나지 않는다. 따라서 일시에 식품을 통해 히스타민을 먹는 양이 중요하다. 설령 히스타민이 다량 검출된 된장 등 장류를 먹더라도 히스타민 식중독을 일어나지 않는다. 왜냐하면 된장 등 발효 장류는 주로 조미료로서 섭취량이 소량이기 때문에 상대적으로 인체 내 히스타민 노출량은 적을 수밖에 없다.

인체의 히스타민 중독 최대무독성량NOAEL은 성인의 1회 식사 제공량당 50mg이다. 즉 사람이 히스타민 중독을 일으키려면 히스타민을 50mg 이상 한꺼번에 인체에 노출되어야 한다. 이때 히스타민은 축적된 양이 아니고 일시적인 양을 말한다. 히스타민은 몇 분이 지나면 인체에서 분해되어 사라진다. 히스타민은 인체 내에서 몇 분 이내에 분해효소에 의해 분해되어 없어지기 때문에 일시1회 식사에 과량을 섭취하지 않는 한 식중독이 일어나지 않는다.

그래서 먹는 양이 중요하다. 설령 히스타민이 검출된 된장 등 장류를 먹더라도 히스타민 식중독을 일어나지 않는다. 왜냐하면 된장 등 발효 장류는 주로 조미료로서 섭취량이 소량이기 때문이다.

예를 들어, 히스타민 1000mg/kg이 검출된 된장을 하루에 한 번에 10g 내외실제 된장 섭취자의 1일 섭취량을 먹었다면 우리 인체에 들어온노출 히스타민의 양은 10mg이다. 그러나 히스타민이 인체에서 식중독을 일으키는 양은 50mg으로, 된장 등 장류의 섭취로는 이 양을 초과할 수 없다.

식품의약품안전처는 2016년 국내 제조업체가 제출한 된장과 간장, 액젓 등 장류 제품 206개를 검사한 결과, 41개19.9% 제품에서 1kg당 500mg이 넘는 바이오제닉아민이 검출됐다고 밝혔다.

* 바이오제닉아민은 단백질이 발효되는 과정에서 발생하는 질소화합물이다. 이 중 히스
타민은 혈관과 신경을 자극해 피부 염증과 두통, 복통 등 식중독을 일으킬 수 있다.

따라서 히스타민 1,000mg/kg이 검출된 된장은 먹어도 히스타민 중독_{식중독}은 일어
나지 않으며, 위해식품도 아니다.

한편, 된장 등 발효 장류를 먹고 어류의 히스타민 중독과 같은 식중독을 일으킨 사
례는 아직까지 보고된 바 없다.

09

위해식품과 식품위생법
적용 판례 재해석

9.1 식품위생법 제4조 제2항의 대법원 판례(유독 유해물질)

대법원 2014. 4. 10 선고 2013도9171 판결
【식품위생법 위반】[공2014상,1078]

판시 사항

[1] 유독·유해물질이 들어 있거나 묻어 있는 것 또는 그러할 염려가 있는 식품 등으로서 식품위생법 시행규칙 제3조 각호에 해당하지 않는 것은 식품위생법상 판매 등이 금지되는지 여부_{적극}

[2] 영업자에 의해 판매되는 식품에 실제로 유독·유해물질이 들어 있지 않거나 그로 인하여 사람의 건강을 해한 결과가 발생하지 않았으나 그러한 염려가 있음이 인정되는 경우, 식품위생법상 처벌대상이 되는지 여부_{적극}

판결 요지

[1] 식품위생법_{이하 '법'이라고 한다} 제94조 제1호, 제4조 제2호는 유독·유해물질이 들어 있거나 묻어 있는 것 또는 그러할 염려가 있는 식품, 식품첨가물 등을 판매한 경우에는 처벌하도록 규정하고 있고, 다만 같은 제2호 단서에 의하여 <u>식품의약품</u>

안전처장이 인체의 건강을 해칠 우려가 없다고 인정하는 것은 판매 등 금지대상에서 제외하고 있으며, 식품위생법 시행규칙 제3조는 법 제4조 제2호 단서에 따라 판매 등이 허용되는 식품의 범위를 '법 제7조 제1항·제2항에 따른 식품 등의 제조·가공 등에 관한 기준 및 성분에 관한 규격에 적합한 것과 그 기준 및 규격이 정해지지 아니한 것으로서 식품의약품안전처장이 식품위생심의위원회의 심의를 거쳐 유해의 정도가 인체의 건강을 해칠 우려가 없다고 인정한 것'으로 한정하고 있으므로, 이에 해당하지 않는 것은 그 판매 등이 금지된다고 보아야 한다.

[2] 영업자에 의해 유독·유해물질이 들어 있는 식품이 시중에 판매되는 경우, 다수의 소비자들이 위험성을 미처 인식하지 못하고 섭취하게 됨으로써 사람의 생명과 신체에 대한 피해가 광범위하고 급속하게 발생할 우려가 있고, 일단 피해가 발생하면 사후적인 구제는 별 효과가 없는 경우가 대부분이다.

식품으로 인하여 생기는 위생상의 위해를 방지하고 식품 영양의 질적 향상을 도모하며 식품에 관한 올바른 정보를 제공하여 국민보건의 증진에 이바지함을 목적으로 하여 제정된 식품위생법 제4조 제2호는 위해식품으로 인하여 생기는 위와 같은 피해의 특수성을 고려하여 유독·유해물질이 들어 있거나 묻어 있는 것 외에 그러할 염려가 있는 것에 대해서까지도 판매하는 등의 행위를 금지하고 있으므로, 실제로 유독·유해물질이 들어 있지 않거나 그로 인하여 사람의 건강을 해한 결과가 발생하지 아니하였더라도 그러한 염려가 있음만 인정된다면 식품위생법 제94조 제1호, 제4조 제2호에 의한 처벌대상이 된다.

⇒ **대법원 판례(대법원 2014. 4. 10 선고 2013도9171 판결)의 재해석**

식품 등의 기준 및 규격이 정해지지 아니한 것으로서 식품의약품안전처장이 식품위생심의위원회의 심의를 거쳐 유해의 정도가 인체의 건강을 해칠 우려가 없다고 인정한 것'에 대한 해석[식품위생법 시행규칙 제3조 제2호]

1) 유독·유해물질이 들어 있거나 묻어 있는 것 외에 그러할 염려가 있는 것으로

기준 및 규격이 정해져 있지 않은 것은 위해식품으로 판단하려면 반드시 <u>위해 여부 판단 절차에 따라야 한다.</u>

2) 실제로 유독·유해물질이 들어 있지 않거나 그로 인하여 사람의 건강을 해한 결과가 발생하지 아니하였더라도 그러한 염려가 있다는 것만으로 위법하다고 판단하는 것은 과학적이지 않다.

식품위생법 제4조_{위해식품 등 판매금지} 제2호 단서 조항_{다만, 식품의약품안전처장이 인체의 건강을 해칠 우려가 없다고 인정하는 것은 제외한다.}은 식품위생법 시행규칙 제3조에서 그 범위를 정하고 있다.

<u>식품 중 기준 및 규격이 정해져 있지 않은 유독·유해물질이 식품에서 검출될 경우</u>

첫째, 이 식품의 위해 크기_{위해도}가 인체의 건강을 해칠 우려가 '있는지', '없는지' 판단한다. 이러한 판단은 위해평가 등을 통하여 위해 크기를 측정하여 여부를 결정하면 된다.

둘째, 위해평가 결과 등을 토대로 식품위생심의위원회에서 위해평가의 적정성 등을 심의하여 식품의 위해 여부를 의결한다.

셋째, 식품위생심의위원회 심의 결과를 근거로 식품의약품안전처장은 그 식품의 위해 여부_{유해의 정도가 인체의 건강을 해칠 우려 여부}를 결정한다.

[식품위생법 시행규칙]

제3조(판매 등이 허용되는 식품 등) 유독·유해물질이 들어 있거나 묻어 있는 식품 등 또는 그러할 염려가 있는 식품 등으로서 법 제4조 제2호 단서에 따라 인체의 건강을 해칠 우려가 없다고 식품의약품안전처장이 인정하여 판매 등의 금지를 하지 아니할 수 있는 것은 다음 각호의 어느 하나에 해당하는 것으로 한다.

1. <u>법 제7조 제1항·제2항 또는 법 제9조 제1항·제2항에 따른 식품 등의 제조·가공 등에 관한 기준 및 성분에 관한 규격_{이하 "식품등의 기준 및 규격"이라 한다}에 적합한 것</u>

2. <u>제1호의 식품 등의 기준 및 규격이 정해지지 아니한 것으로서 식품의약품안전처장이 법 제57조에 따른 식품위생심의위원회_{이하 "식품위생심의위원회"라 한다}의 심의를 거쳐 유해의 정도가 인체의 건강을 해칠 우려가 없다고 인정한 것</u>

따라서 이러한 절차 없이 식품위생법 시행규칙 제3조 제2호를 해석해서는 안 된다.

1) 유독·유해물질이 들어 있거나 묻어 있는 것 외에 그러할 염려가 있는 것으로 기준 및 규격이 정해져 있지 않은 것은 위해식품으로 판단하려면 반드시 이러한 절차_{위해 여부 판단 절차}에 따라야 한다.

2) 실제로 유독·유해물질이 들어 있지 않거나 그로 인하여 사람의 건강을 해한 결과가 발생하지 아니하였더라도 그러한 염려가 있다는 것만으로 위법하다고 판단하는 것은 과학적이지 않다.

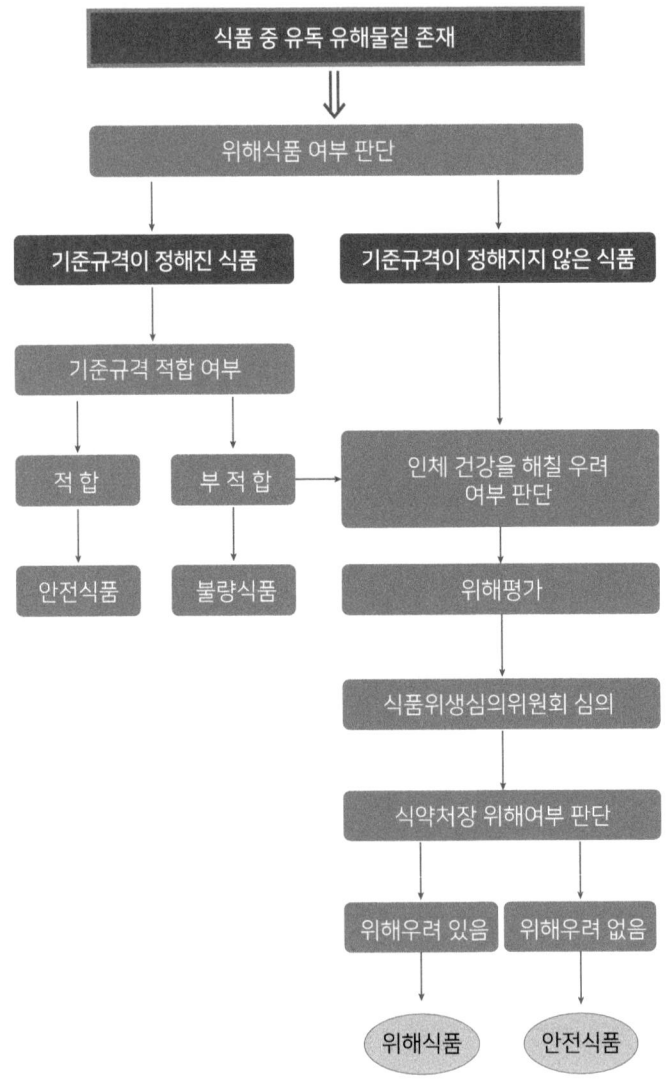

해설을 곁들이자면,

유해와 위해를 착각해서는 안 된다. 유해물질이 함유된 식품을 사람이 섭취함으로써 그 유해물질이 인체에 얼마나 들어왔으며, 인체에 들어온 양_{축적된 양}이 그 유해물질의 유해 크기_{독성 크기}를 초과했는지가 판단기준이다. 유해는 그 물질 자체에 대한 특성을 말하지만 위해는 유해_{물질}를 통한 인체에 대한 특성을 말한다. 반드시 사람을 통하지 않고서는 위해는 말할 수 없다. 유해가 사람이라는 매개체에서 일어나는 현상을 위해로 보면 된다.

따라서 유해물질이 함유된 식품_{유해식품?}을 위해식품으로 착각해서는 안 된다. 식품에서 유해물질이 검출된다고 해서 반드시 그 식품을 먹으면 유해의 정도가 인체의 건강을 해칠 우려가 있다고는 볼 수 없다.

식품위생법 제4조 위반은 영업자에게는 사형선고와 마찬가지다.

형사 처벌도 10년 이하의 징역과 1억 원 이하의 벌금형에 처해지면서 병과가 될 수도 있지만 오히려 이보다는 행정처분이 더 문제가 된다.

식품위생법 제83조_{위해식품 등의 판매 등에 따른 과징금 부과 등} 제1항에서는 '식품의약품안전처장, 시·도지사 또는 시장·군수·구청장은 위해식품 등의 판매 등 금지에 관한 제4조부터 제6조까지의 규정, 제8조 또는 제13조를 위반한 경우 다음 각호의 어느 하나에 해당하는 자에 대하여 그가 판매한 해당 식품 등의 소매가격에 상당하는 금액을 과징금으로 부과한다'고 규정하고 있다.

[참고자료]

[식품위생법]

제4조(위해식품 등의 판매 등 금지) 누구든지 다음 각호의 어느 하나에 해당하는 식품 등을 판매하거나 판매할 목적으로 채취·제조·수입·가공·사용·조리·저장·소분·운반 또는

진열하여서는 아니 된다.

1. 썩거나 상하거나 설익어서 인체의 건강을 해칠 우려가 있는 것

2. 유독·유해물질이 들어 있거나 묻어 있는 것 또는 그러할 염려가 있는 것. 다만, 식품의 약품안전처장이 인체의 건강을 해칠 우려가 없다고 인정하는 것은 제외한다.

3. 병病을 일으키는 미생물에 오염되었거나 그러할 염려가 있어 인체의 건강을 해칠 우려가 있는 것

4. 불결하거나 다른 물질이 섞이거나 첨가添加된 것 또는 그 밖의 사유로 인체의 건강을 해칠 우려가 있는 것

5. 제18조에 따른 안전성 심사 대상인 농·축·수산물 등 가운데 안전성 심사를 받지 아니 하였거나 안전성 심사에서 식용食用으로 부적합하다고 인정된 것

6. 수입이 금지된 것 또는 「수입식품안전관리 특별법」 제20조 제1항에 따른 수입 신고를 하지 아니하고 수입한 것

7. 영업자가 아닌 자가 제조·가공·소분한 것

[식품위생법 시행규칙]

제3조(판매 등이 허용되는 식품 등) 유독·유해물질이 들어 있거나 묻어 있는 식품 등 또 는 그러할 염려가 있는 식품 등으로서 법 제4조 제2호 단서에 따라 인체의 건강을 해칠 우려가 없다고 식품의약품안전처장이 인정하여 판매 등의 금지를 하지 아니할 수 있는 것 은 다음 각호의 어느 하나에 해당하는 것으로 한다.

1. 법 제7조 제1항·제2항 또는 법 제9조 제1항·제2항에 따른 식품 등의 제조·가공 등에 관한 기준 및 성분에 관한 규격이하 "식품 등의 기준 및 규격"이라 한다에 적합한 것

2. 제1호의 식품 등의 기준 및 규격이 정해지지 아니한 것으로서 식품의약품안전처장이 법 제57조에 따른 식품위생심의위원회이하 "식품위생심의위원회"라 한다의 심의를 거쳐 유해 의 정도가 인체의 건강을 해칠 우려가 없다고 인정한 것

[식품위생법]

제94조(벌칙) ①다음 각호의 어느 하나에 해당하는 자는 10년 이하의 징역 또는 1억 원 이하의 벌금에 처하거나 이를 병과할 수 있다.

1. 제4조부터 제6조까지 제88조에서 준용하는 경우를 포함하고, 제93조 제1항 및 제3항에 해당하는 경우는 제외한다를 위반한 자

2. 제8조 제88조에서 준용하는 경우를 포함한다를 위반한 자

2의2. 삭제 <2018. 3. 13.>

3. 제37조 제1항을 위반한 자

② 제1항의 죄로 금고 이상의 형을 선고받고 그 형이 확정된 후 5년 이내에 다시 제1항의 죄를 범한 자는 1년 이상 10년 이하의 징역에 처한다.

③ 제2항의 경우 그 해당 식품 또는 식품첨가물을 판매한 때에는 그 판매 금액의 4배 이상 10배 이하에 해당하는 벌금을 병과한다.

9.2 식품위생법 제4조 제2항의 대법원 판례
[대마씨 기름에서 테트라하이드로칸나비놀(THC) 성분이 검출]

대법원 2014. 4. 10 선고 2013도9171 판결
【식품위생법 위반】 [공2014상,1078]

이 사건의 경우 피고인 1이 판매한 대마씨 기름에서 테트라하이드로칸나비놀THC 성분이 검출되었는데, 테트라하이드로칸나비놀은 마약류 관리에 관한 법률의 규정에 의한 마약류의 성분으로서 식품위생법 제4조 제2호에서 규정한 유독·유해 물질이라고 할 것이고, 기록에 의하면 테트라하이드로칸나비놀은 같은 법 제7조의 규정에 의한 고시에 수록된 기준·규격에 적합하지 아니할 뿐만 아니라, 식품

위생심의위원회의 심의를 거쳐 유해의 정도가 인체의 건강을 해칠 우려가 없는 것으로 인정된 것도 아닌 사실을 알 수 있다.

따라서 피고인들이 주장하는 바와 같이 테트라하이드로칸나비놀 성분이 들어 있지 않은 대마씨 기름의 판매가 가능하고, 피고인 1이 판매한 대마씨 기름 중에는 그 성분이 매우 적은 양만 포함되어 있어 인체의 건강에 영향이 없는 경우가 있을 수 있다고 하더라도, 인체의 건강에 유해할 정도의 테트라하이드로칸나비놀이 들어 있을 가능성을 배제할 수 없는 이상, 피고인 1이 판매한 대마씨 기름 원액은 같은 법 제4조 제2호에서 판매 등을 금지하고 있는 유독·유해물질이 들어 있거나 그러할 염려가 있는 식품에 해당한다고 할 것이다.

⇒ 대법원 판례(대법원 2014. 4. 10 선고 2013도9171 판결)의 재해석

식품에 테트라하이드로칸나비놀 성분을 첨가했다면 식품위생법 제6조 제1항 위반이다.

테트라하이드로칸나비놀이 식품에 자연적으로 존재하였다면 인체 건강에 해를 끼치는지를 판단해야 하고, 만약에 식품에서 테트라하이드로칸나비놀 성분을 제거해야 한다고 규정되어 있다면 식품위생법 제7조 제1항 위반이다.

식품위생법 제4조 제2항 위반이 되려면 인체의 건강을 해칠 우려가 있어야 한다. 유독·유해물질이 들어 있거나 묻어 있는 것 외에 그러할 염려가 있는 것으로 기준 및 규격이 정해져 있지 않은 것은 위해식품으로 판단하려면 반드시 위해 여부 판단 절차에 따라야 한다.

기준 및 규격이 정해지지 않은 화학적 합성품은 식품에 사용하면 안 된다. 즉 식품에서 검출되면 안 된다. 다만, 천연적으로 들어 있는 물질은 어쩔 수 없다. 천연적으로 유독물질이 들어 있는 식품 원재료는 식용이 불가능하나, 소량 함유되어 있어 인체 건강에 영향을 미치지 않은 경우 식품 원료로 인정된다. 어떤 경우는 유독물질을 제거한 경우만 식품 원료로 인정한 경우도 있다.

만약에 식품의 기준 및 규격에 대마씨 기름에는 테트라하이드로칸나비놀 성분이 들어 있지 않아야 한다고 규정이 되어 있다면 대마씨 기름에서 테트라하이드로칸나비놀 성분이 검출되면 안 된다. 이 경우는 판매 중인 대마씨 기름에서 테트라하이드로칸나비놀 성분이 검출되었다면, 이것은 식품의 기준 및 규격 위반이다.

한편으로는 만약에 테트라하이드로칸나비놀을 첨가하였다면 식품위생법 제6조 제1항 위반이다.

하지만 이것이 식품위생법 제4조 제2항 위반이 되려면 인체의 건강을 해칠 우려가 있어야 한다. 따라서 이것은 식품위생법 제4조 제2항 위반이라고는 볼 수 없다.

식품위생법 제4조 제2항 위반의 핵심은 대마씨 기름에서 검출된 테트라하이드로칸나비놀 성분의 양이즉 유해의 정도가 인체의 건강을 해칠 우려가 '있느냐', '없느냐'이다.

유해물질이 검출된 사실만으로 위해식품으로 판단하는 것은 매우 부적절하다. 위해식품으로 판단하려면 사람을 대상으로 판단하여야 한다. 즉 테트라하이드로칸나비놀 성분이 검출된 대마씨 기름을 사람이 먹었을 때 인체의 건강을 해칠 우려가 있느냐지를 판단해야 한다.

최근 식품의약품안전처는 테트라하이드로칸나비놀 성분의 인체 위해성을 고려하여 대마씨 기름에 테트라하이드로칸나비놀 성분의 함유를 어느 정도 인정하였다.

식품의약품안전처장은 대마씨 기름에서 테트라하이드로칸나비놀 성분이 10mg/kg 이하로 함유하는 것을 인정하고 있다. 즉 불검출에서 10mg/kg까지 함유를 인정한 셈이고 이 정도 양은 인체 건강에 해를 끼칠 우려가 없다는 것이다.

* 2015년에 식품의 기준 및 규격 중 대마씨와 대마씨 기름에 대한 테트라하이드로칸나비놀 기준이 설정되었다. 그리고 대마씨와 대마씨 기름에 대한 CBD는 2020년에야 기준이 신설되었다.

⇒ 이렇듯 인체의 건강을 해칠 우려가 있는지 없는지를 판단하는 것이 위해식품 여부를 가리는 것으로 식품위생법 제4조 제2항의 위반 여부도 이에 따라 적용해야 한다.

즉 유해 유독물질이 검출된 사실만으로 제4조 제2항의 위반 여부를 따질 수 없다. 결국 유해 유독물질이 검출된 식품을 섭취했을 때 인체의 건강을 해칠 우려가 있는지 없는지가 제4조 제2항의 위반 여부을 판단할 수 있다.

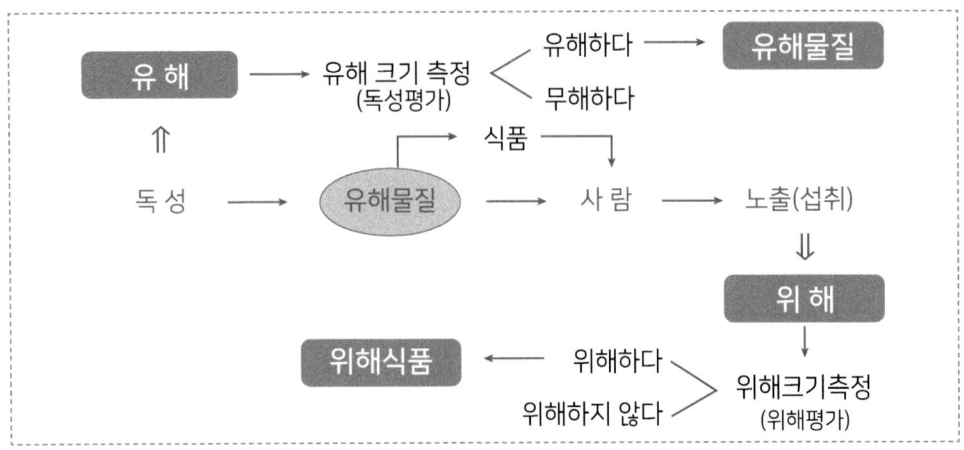

곁들어 설명하자면,

위해식품은 위해요소_{유해 유독물질 등}가 식품에 존재하여 인체의 건강을 해치거나 해칠 우려가 있는 식품을 말한다. 위해 요소들이 식품이 함유되었다 하더라도 인체의 건강을 해치거나 해칠 우려가 없는 식품은 위해식품이 아니다.

따라서 위해식품으로 판단되어야 식품위생법 제4조 위반이라고 할 수 있다. 식품위생법 제4조 제2항에 위반되려면 식품에 들어 있는 유해 유독물질이 인체의 건강을 해치거나 해칠 우려가 있어야 한다. 인체의 건강을 해치거나 해칠 우려가 있는지 없는지는 위해평가 또는 독성시험_{평가}을 통하여 알 수 있다.

행정적으로는 위해평가 등의 결과를 식품위생심의위원회에서 심의하고 심의 결과를 토대로 식품의약품안전처장이 위해 여부를 결정한다. 이때 식품의약품안전처장이 위해식품으로 판정하면 식품위생법 제4조 2항 위반이고, 위해식품이 아니라고 판정하면 식품위생법 제4조 2항 위반이 아니다.

다만, 영업자가 인체의 건강을 해치거나 해칠 우려가 없다는 위해평가 등의 결과를 제시하였을 때 이러한 절차는 이루어진다.

9.3 식품위생법 제4조 제4항의 대법원 판례(니코틴산 과다 사용)

식품위생법 위반[대법원 2015. 10. 15. 선고 2015도2662 판결]

판시 사항

식품의약품안전처장이 고시한 '식품첨가물의 기준 및 규격'에 식품에 사용 가능한 첨가물로 규정되어 있으나 사용량 최대한도에 관하여는 아무런 규정이 없는 식품첨가물이 첨가된 식품이 식품위생법 제4조 제4호에 규정된 '그 밖의 사유로 인체의 건강을 해칠 우려가 있는 식품'에 해당하는 경우 및 식품첨가물이 일정한 기준을 초과하여 식품에 첨가된 경우, 식품이 인체의 건강을 해칠 우려가 있는지 판단하는 방법

판결 요지

식품의약품안전처장이 고시한 '식품첨가물의 기준 및 규격'에 식품에 사용 가능한 첨가물로 규정되어 있으나 사용량의 최대한도에 관하여는 아무런 규정이 없는 식품첨가물의 경우에도 식품첨가물이 1일 섭취한도 권장량 등 일정한 기준을 현저히 초과하여 식품에 첨가됨으로 식품이 인체의 건강을 해칠 우려가 있다고 인정되는 경우에는 식품은 식품위생법 제4조 제4호에 규정된 '그 밖의 사유로 인체의 건강을 해칠 우려가 있는 식품'에 해당한다. 나아가 그와 같은 식품첨가물이 일정한 기준을 초과하여 식품에 첨가됨으로 식품이 인체의 건강을 해칠 우려가 있는지는 기준의 초과 정도, 기준을 초과한 식품첨가물이 첨가된 식품의 섭취로 인하여 발생할 수 있는 건강의 침해 정도와 침해 양상, 식품의 용기 등에 건강에 영향을 미칠 수 있는 유의 사항 등의 기재 여부와 내용 등을 종합하여 판단하여야 한다.

[산수유 대신 '니코틴산'을 과다하게 넣은 산수유 제품을 만들어 판매]

제품에는 산수유가 0.8%만 들어 있었고 1포당 니코틴산이 73~105mg가량 함유된 산수유 제품을 판매하였는데, 포장 용기에는 '1일 1~2회, 1회 1포씩 섭취하고 음용 시 체질에 열이 나거나 피부의 따끔거림의 증상이 나타날 수 있으나 일시적인 것이니 안심하고 드시라'고 기재

이 제품을 음용한 일부 소비자들이 발열, 홍조, 가려움증, 구토, 위장장애 등 니코틴산 과다 섭취로 인한 부작용 증세로 배상을 요구식품위생법 위반으로 기소

[재판부 판정: 제품의 위해성 여부가 쟁점]

1심 재판부는 부작용이 있다며 '위해식품'으로 판단했지만, 2심 재판부는 니코틴산이 사용 가능한 식품첨가물인 데다 사용량 한도가 딱히 없어 '위해식품'으로 볼 수 없다고 판단하지만, 대법원은 사용량의 최대한도가 정해지지 않은 식품첨가물도 하루 섭취 한도를 현저히 초과하여 인체 건강에 해를 끼칠 우려가 있으면 식품위생법상의 '위해식품'으로 판단식품위생법 제4조 제4항 위반

⇒ 대법원은 식품첨가물의 사용기준이 없다 하더라도 식품첨가물이 지나치게 많이 들어가 인체위해를 초래했다면 따로 규정이 없더라도 '위해식품'으로 봐야 한다고 판단한 것으로 식품위생법 제4조 제2항을 적극적으로 해석한 판례이다.

니코틴산은 식품첨가물로서 식품위생법상 식품첨가물의 기준 및 규격식품첨가물공전에서 식품에 사용 가능한 식품첨가물로 규정되어 있으며 그 사용량의 최대한도에 관해 아무 규정이 없다. 그래서 규정상 위해식품이 아니다 판단2심 재판부

그러나 대법원은 위해식품 여부를 인체의 건강에 해를 끼치는 경우로 판단하였다. 그 근거로는 니코틴산의 위해평가 자료를 근거로 삼았다.

식품의약품안전처 위해평가 자료건강기능식품에 사용되는 비타민, 무기질 위해평가 설명서, 2007년를

근거를 제시하였고, 자료에 의하면 '나이아신' 영양소의 원료에 해당하는 '니코틴산'은 하루 50mg의 낮은 용량에서도 유해 영향을 초래할 수 있다고 하였다. 한편, 이러한 결과를 바탕으로 건강기능식품에 관한 법률 중 '건강기능식품의 기준 및 규격 이하 '건강기능식품공전''에 니코틴산의 1일 섭취량을 3.9~23mg으로 규정하고 있다.

니코틴산을 다량 섭취 시 인체의 건강에 해를 끼친다는 것은 이미 식품의약품안전처장이 인정한 것으로, 건강기능식품의 기준 및 규격에서 니코닌산의 하루 권장섭취량을 제시했다.

그런데 산수유 제품 1포당 니코틴산이 73~105mg가량 함유의 1일 섭취량은 하루 1포에서 2포까지 먹으라고 표시되어 있어서, 니코틴산으로는 하루에 73~210mg까지 먹는 셈이다. 니코틴산이 인체 건강에 해를 끼칠 수 있는 용량 50mg을 초과했고, 1일 권장섭취량도 4배 이상 초과했다. 그래서 대법원은 이 제품을 위해식품에 해당한다고 판단한 것이다. 대법원이 인체의 건강에 해를 끼치는지를 과학적인 위해평가 결과를 근거로 위해식품을 판단한 사례로 볼 수 있다.

이 판단의 사례는 비록 건강기능식품이 아닌 일반 식품일지라도 니코틴산의 인체 건강에 대한 영향은 동일하다는 것을 간과해서는 안 된다.

① 식품첨가물공전은 니코틴산을 식품에 사용 가능한 첨가물로 규정하면서 사용량의 최대한도는 정하고 있지 않다.
② 식품의약품안전처가 한국영양학회와 공동으로 발간한 《건강기능식품에 사용되는 비타민·무기질 위해평가설명서 2007년》 중 '나이아신'에 대한 설명 부분에는 "고콜레스테롤혈증을 치료하기 위한 목적으로 사용하는 니코틴산은 하루 50mg의 낮은 용량에서도 홍조, 피부가려움증, 구역질, 구토, 그리고 위장장애 등의 유해 영향을 초래한다. 과량의 니코틴산을 장기간 복용하면 간효소와 빌리루빈 수치의 증가, 황달과 같은 증상을 수반하는 간 기능 장애가 나타난다. 그 밖에도 니코닌산의 유해 영향으로 혈당 상승, 흐릿

한 시야, 낭종 모양의 반점부종과 같은 안과 부작용들이 있다. 니코틴산에 대한 홍조 등 독성종말점이 나타나는 최저독성량을 50mg/1일로 정하였다"라고 니코틴산의 부작용에 대하여 기재되어 있다.

③ 피고인들이 이 사건 산수유 제품을 판매할 당시 시행되던 '건강기능식품의 기준 및 규격'식품의약품안전처 고시, 이하 '건강기능식품공전'이라고 한다은 영양소인 나이아신의 원료에 해당하는 니코틴산의 1일 섭취량은 3.9~23mg 또는 4.5~23mg이고, 다만 비타민과 무기질의 과잉 섭취로부터 안전성을 확보하기 위해 설정된 이와 같은 최대함량기준은 최종제품의 표시량에 대한 임의기준으로 적용한다고 규정하고 있었다.

④ 이 사건 산수유 제품은 한 포35㎖에 니코틴산이 73~105mg가량 함유되어 있고, 그 포장용기에 "섭취방법: 1일 1~2회, 1회 1포씩 음용기호에 따라 드십시오. 주의사항: 음용 시 체질에 따라 열이 나거나 피부가 따끔거릴 수 있습니다. 잠시 후 사라지니 안심하고 드십시오. 제품의 이상 의문사항 알레르기 체질 질환이 있으신 분은 성분 확인 후 드십시오"라고 기재되어 있었다.

9.4 식품위생법 제6조의 대법원 판례(콩나물 카벤다짐)

[대법원 1995. 11. 7. 선고 95도1966 판결]

판시 사항

가. 식품위생법 제12조의 규정에 의한 식품·첨가물 등의 공전에 수록된 기준·규격에 적합하지 아니하거나 그 공전에 수록되지 아니한 것으로서 보건사회부 장관이 유해의 정도가 인체의 건강을 해할 우려가 없는 것으로 인정한 것이 아닌 것은 그 판매 등이 금지되는지 여부 및 보건사회부 장관이 식품의 성분에 관한 규격을 정하여 고시하지 아니하였다 하여 유독·유해한 성분을 용인하는 것이라고 볼 수 있는지 여부

나. 보통 독성 농약인 치오파네이트 메틸과 카벤다짐이 들어 있는 콩나물이 식품위생법 제4조 제2호 소정의 유해·유독물질이 들어 있는 식품이라고 본 사례

판결 요지

가. 식품위생법 제4조 제2호 단서, 같은 법 시행규칙 제2조에 비추어 보면 식품·첨가물 등의 공전에 수록된 기준·규격에 적합하지 아니하거나 위 공전에 수록되지 아니한 것으로서 보건사회부 장관이 유해의 정도가 인체의 건강을 해할 우려가 없는 것으로 인정한 것이 아닌 것은 그 판매 등이 금지되고, 같은 법 제7조, 제12조에서 보건사회부 장관이 식품의 성분에 관한 규격을 정하여 고시할 수 있고, 그러한 기준을 수록한 공전을 작성·보급하도록 규정하고 있는 취지는 국민보건상 특히 필요하다고 인정되는 판매용 식품의 성분 규격을 미리 정하여 규격에 맞지 아니한 식품의 제조, 판매 등을 금지시키기 위한 것에 불과하므로 식품의 각 품목마다 반드시 그 고시를 하여야 하는 것은 아니고 또 이러한 고시를 아니 하였다 하여 유독·유해한 성분을 용인하는 것이라고는 볼 수 없다.

나. 치오파네이트 메틸과 카벤다짐은 식품위생법 제12조의 규정에 의한 식품·첨가물 등의 공전에 수록된 기준·규격에 적합하지 아니하고, 또한 보건사회부 장관이 식품위생심의위원회의 심의를 거쳐 유해의 정도가 인체의 건강을 해할 우려가 없는 것으로 인정한 것도 아니므로, 이들이 들어 있는 콩나물은 같은 법 제4조 제2호에서 금지하고 있는 유해·유독물질이 들어 있는 식품이다.

[판결 재해석]

⇒ 이 사건은 원심에서는 인체 건강에 위해 여부를 따져서 인체의 건강을 해칠 우려가 없다고 판결한 반면, 대법원은 인체의 건강을 해칠 위해 여부보다는 법 조항을 그대로 따졌을 뿐 법 조항의 해석은 하지 않은 판결로 보인다.

물론 원심도 위해평가 결과를 토대로 식품위생심의위원회의 심의를 거쳐 식

품의약품안전처장당시 보건사회부 장관이 인체 건강에 위해 우려가 없다고 인정했을 때 판결이 있어야 했다. 그러나 막연히, 매우 소량 검출되었고, 재배 기간, 출하 시기 등을 고려하여 위해 우려가 없다고 판단한 것으로 보인다. 이러한 경우도 전문가의 의견과 심의를 거쳐 식품의약품안전처장의 인정을 받았다면 하는 아쉬움이 있다.

⇒ 이 사건은 오래된 판례로 식품위생법의 개정 등에 따라 법 조항이 다소 차이가 있다. 그러나 이 사건은 "제6조기준·규격이 정하여지지 아니한 화학적 합성품 등의 판매 등 금지 누구든지 다음 각호의 어느 하나에 해당하는 행위를 하여서는 아니 된다. 다만, 식품의약품안전처장이 제57조에 따른 식품위생심의위원회이하 "심의위원회"라 한다의 심의를 거쳐 인체의 건강을 해칠 우려가 없다고 인정하는 경우에는 그러하지 아니하다."라고 하는 식품위생법을 근간으로 한 판례로 보인다.

원심에서는 콩나물에서 검출된 카벤다짐의 양은 0.37μg/g으로서 보건사회부 공고 식품공전 개정안상의 강낭콩에 대한 허용기준치인 2.0μg/g보다도 극히 적은 점, 이 사건 감정 콩나물이 완전히 성장하여 시장 출하가 되려면 2~4일 정도의 재배 기간이 추가로 필요하고 그 기간 중에 4시간마다 물을 주므로 출하 단계에서의 위 농약 잔류량은 감소될 것인 점 등을 종합하여 이 사건 콩나물이 유해·유독물질이 들어 있거나 그 염려가 있는 식품에 해당한다고 볼 수 없고, 달리 이를 인정할 만한 증거가 없다는 이유로 피고인에 대하여 무죄를 선고하였다.

그러나 대법원은 이 사건 치오파네이트 메틸과 카벤다짐은 식품위생법 제6조기준·규격이 정하여지지 아니한 화학적 합성품 등의 판매 등 금지 기준·규격이 정하여지지 아니한 것으로서 식품의약품안전처장당시 보건사회부장관이 식품위생심의위원회의 심의를 거쳐 유해의 정도가 인체의 건강을 해할 우려가 없는 것으로 인정한 것도 아닌 사실을 알 수 있으므로, 이들이 들어 있는 콩나물은 같은 법 제4조 제2호에서 금지하고 있는 유해·유독물질이 들어 있는 식품이라고 판단하였다.

10

식품 신소재 원료의 안전성

식품 신소재 원료의 안전성

10.1 우리나라 식품 원료의 관리 체계는?

우리나라 식품으로 사용 가능한 원료는 식품공전_{식품의 기준 및 규격} 별표 1에서 별표 3에 수록되어 있으며, 여기 목록에 없는 원료는 식품으로 사용할 수 없다. 다만, 별표 목록에 없는 원료라 할지라도 식품으로서의 안전성이 입증되면 한시적으로 기준 및 규격을 인정받아 사용할 수 있다.

우리나라 식품 원료는 「식품위생법」 제7조_{식품 또는 식품첨가물에 관한 기준 및 규격}에 따라 다음으로 구분하여 관리하고 있다. ① 식품에 사용할 수 있는 원료, ② 식품에 제한적으로 사용할 수 있는 원료, ③ 식품에 사용할 없는 원료

먼저, 식품에 사용할 수 있는 원료는 식품에 조건 없이 사용할 수 있는 원료를 말한다. 이에 대한 목록은 식품공전 제1. 총칙 중 4. 식품 원료 분류 및 제2. 식품 일반에 대한 공통 기준 및 규격 중 1. 식품 원료 기준, 2 식품 원료 판단기준 [별표 1] 식품에 사용할 수 있는 원료 및 식품 원료 목록에서 확인할 수 있다.

두 번째로 식품에 제한적으로 사용할 수 있는 원료는 식품 사용에 조건이 있는 식품 원료를 말하며, 다음에 해당하는 것은 제한적 원료로 판단한다.

① 향신료, 침출차, 주류 등 특정 식품에만 제한적 사용 근거가 있는 것

② 독성이나 부작용 원인 물질을 완전 제거하고 사용해야 하는 것

③ 독성이나 부작용 원인 물질의 잔류 기준이 필요한 것

"식품에 제한적으로 사용할 수 있는 원료" 목록은 식품공전 이에 대한 목록은 [별표 2] 식품에 제한적으로 사용할 수 있는 원료 및 식품 원료 목록에서 확인할 수 있다.

예시) 은행나무의 은행잎은 침출차의 원료로만 사용할 수 있다. 건강기능식품 기능성 원료로도 사용되고 있는 식품 스테롤은 사용 조건뿐만 아니라 사용량이 정해져 있다. 제품의 kg당 6.5g 이하로 사용할 수 있으며, 1일 섭취량이 3g을 초과하지 않도록 사용해야 한다.

식품에 제한적으로 사용할 수 있는 원료를 이용하여 식품을 제조할 경우, 특별히 사용 조건이 명시되어 있지 않은 원료는 다음의 사용 조건을 따라야 한다.

① 식품에 제한적으로 사용할 수 있는 원료로 명시되어 있는 동·식물 등은 가공 전 원재료의 중량을 기준으로 원료 배합 시 50% 미만_{배합수는 제외한다} 사용하여야 한다.

② 식품에 제한적으로 사용할 수 있는 원료에 속하는 원료를 혼합할 경우, 혼합 성분의 총량이 제품의 50% 미만_{배합수는 제외한다}이어야 한다. 다만, 최종 소비자에게 판매되지 아니하고 제조 업소에 공급되는 원료용 제품을 제조하고자 하는 경우에는 위의 50% 미만 기준을 적용받지 아니할 수 있다.

③ 음료류, 주류 및 향신료 제조 시에는 제품의 구성 원료 중 "제한적 사용 원료"에 속하는 식물성 원료가 1가지인 경우에는 식품에 사용할 수 있는 원료로 사용할 수 있다.

세 번째로 식품에 사용할 수 없는 원료는 안전성 등의 이유로 식품의 제조, 가공, 조리에 사용할 수 없는 원료를 말한다. 또한, 야생동식물보호법을 위반하여 포획한 야생동물을 식품 제조 가공에 사용하는 것을 금지_{식품위생법 시행규칙 제57조 별표 17 식품접객업자 준수사항}하고 있다.

네 번째로 기존에 섭취하지 않았던 새로운 원료를 식품 원료로 사용하고자 하는 경우에는 "한시적 기준 및 규격 인정" 제도를 통해 식품의약품안전처장이 정하는 자료를 구비하여 안전성 평가를 거쳐 식품의 원료로 사용할 수 있다.

10.2 새로운 원료를 식품 원료로 사용하고자 하는 경우, 신소재 원료의 안전성은 어떻게 확보하나요?

> 신소재 원료 중 유독물질이 들어 있거나 묻어 있는 것 또는 그러할 염려가 있는 것은 식품 원료로 사용할 수 없다. 다만, 식품의약품안전처장이 인체의 건강을 해칠 우려가 없다고 인정하는 것은 식품 원료로 사용할 수 있다. 그래서 우리나라는 "한시적 기준 및 규격 인정" 제도를 통해 식품의약품안전처장이 정하는 자료를 구비하여 안전성 평가를 거쳐 식품의 원료로 사용할 수 있도록 인정하고 있다.

식품위생법 제4조 제2항에 의하면 "유독·유해물질이 들어 있거나 묻어 있는 것 또는 그러할 염려가 있는 것. 다만, 식품의약품안전처장이 인체의 건강을 해칠 우려가 없다고 인정하는 것은 제외한다."라고 규정하고 있는 바, 반대로 해석하면 유독·유해물질이 들어 있거나 묻어 있는 것 또는 그러할 염려가 있는 것은 인체의 건강을 해칠 우려가 있어야만 위해식품이라는 것이다.

따라서 신소재 원료 중 유독물질이 들어 있거나 묻어 있는 것 또는 그러할 염려가 있는 것은 식품 원료로 사용할 수 없다. 다만, 식품의약품안전처장이 인체의 건강을 해칠 우려가 없다고 인정하는 것은 식품 원료로 사용할 수 있다. 그래서 우리나라는 "한시적 기준 및 규격 인정" 제도를 통해 식품의약품안전처장이 정하는 자료를 구비하여 안전성 평가를 거쳐 식품의 원료로 사용할 수 있도록 하고 있다.

새로 개발 또는 발견한 신소재를 식품의 원료로 사용하고자 할 경우는 정부식품의약품안전청의 승인을 받아야 한다. 식품 원료로 인정받고자 할 때 가장 고려되는 사항은 안전성이다.

이때 안전성을 확인하는 것은 독성시험 및 평가 자료이다. 먼저 단회 투여 독성시험, 반복90일 투여 독성시험, 유전 독성시험, 알레르기 독성 자료를 먼저 검토하고 이상 발견 시 추가로 발암독성, 생식·발생독성, 면역독성, 항원성독성 등을 검토하여 안전성을 확보한다.

10.3 승인된 신소재 식품 원료는 마음대로 모든 식품에 사용하여도 되나요?

'식품 등의 한시적 기준 및 규격 인정 기준'에 따라 승인된 신소재 식품 원료는 식품으로서의 안전성을 입증할 당시 식품 품목과 사용량을 제한할 수도 있기 때문에 인정한 식품 원료의 기준 및 규격에 적합하게 사용하여야 한다.

신소재 식품 원료는 안전성을 고려하여, 사용 용도와 사용량을 사용기준으로 정하는 등 기준 및 규격을 정해서 인정된다. 따라서 인정된 식품 원료는 사용 용도에 따른 사용 가능한 식품 유형이 등이 정해지고 그 식품에 사용할 수 있는 양도 정해진다. 이러한 사용기준을 준수하는 등 기준 및 규격에 적합하게 식품을 제조하여야 한다.

10.4 신소재 식품 원료는 사용 가능한 식품과 그 식품에 사용할 수 있는 양은 어떻게 정하나요?

신소재 원료의 안전성을 입증하기 위해서는 유해 크기와 위해 크기를 모두 고려하여 신소재 원료의 섭취로 인체 건강에 해를 끼치지 않은 범위 내에서 사용할 수 있는 식품 품목과 사용량을 정한다.

신소재 식품 원료는 의도적 사용 물질로서 '의도적 사용 유해물질'의 위해관리와 유사하다고 보면 된다. 먼저, 반복 투여 독성시험에 따른 최대무독성량NOAEL을 구하고 신소재 식품 원료의 인체 적용 최대무독성량인 1일 섭취허용량ADI을 결정한다. 신소재 식품 원료의 사용기준은 식품에 사용하여 그 식품을 섭취하더라도 1일 섭취허용량을 초과하지 않도록 식품 품목과 그 품목에 대한 사용하는 양을 정한다.

10.5 신소재 식품 원료의 유해 크기 측정은?

> 신소재 원료의 유해 크기 측정은 먼저 유전독성이나 발암독성이 없다는 것을 확인하고, 90일 반복 투여 독성시험을 통하여 최대무독성량NOAEL을 구한 다음 인체에 적용할 수 있는 유해 크기로 전환하여 사람의 1일 섭취허용량ADI을 결정한다.

신소재 식품 원료의 유해 크기 측정은 유해물질의 유해 크기 측정과 동일한 방법으로 한다. 90일 반복 투여 독성시험을 통하여 최대무독성량NOAEL을 구한 다음, 인체에 적용할 수 있는 유해 크기로 전환하여 사람의 1일 섭취허용량ADI을 결정한다.

예를 들어, 새로운 버섯A을 신소재 원료로 하고자 할 때, 독성시험을 통해 A버섯분말의 NOAEL 값이 2g/kg·bw/day이라면 A버섯의 1일 섭취허용량은 0.02g/kg·bw/day이다.

버섯이 분말이기 때문에 생버섯으로 환산하면 생버섯 수분 90%과 버섯 분말 수분 10%을 감안하여 수분 80%을 보정해 주면 신소재 생버섯 1일 섭취허용량은 0.16g/kg·bw/day이다.

안전성 자료	**나. 독성시험자료** ○ 시험기관 : □□□(GLP 기관) ○ 단회투여 : 간략히 요약 ○ 90일반복투여독성시험 : 무독성량(NOAEL)값은 암·수 모두 ○○ mg/kg·bw/day 　- 간략히 요약 ○ 유전독성(복귀돌연변이, 염색체이상, 소핵) : 간략히 요약 ○ 흡수·분포·대사배설 및 소화성 자료 : 간략히 요약 **다. 사용용도 및 사용량 등 섭취량에 관한 자료** ○ 일일섭취허용량(Acceptable Daily Intake, ADI) : ○ mg/kg·bw/day

최대무독성량(NOAEL)	일일섭취허용량(ADI)
○○ (mg/kg·bw/day)	○ (mg/kg·bw/day)

예) * 일일섭취허용량(ADI) = 최대무독성량(NOAEL) / 안전계수 100
　　** 안전계수 100 = 동물종간 감수성 차이 10 x 사람간 감수성 차이 10

$$ADI = \frac{NOAEL}{안전계수} = \frac{2\,g/kg \cdot bw/day}{10(종간차이) \times 10(개체차이)}$$

10.6 신소재 식품 원료의 위해 크기는 어떻게 예측하나요?

> 위해 크기 측정은 먼저 신소재 원료를 식품 원료로 사용하고자 하는 식품이 어떤 식품에 어떻게 사용될 것인가를 예측한다. 그다음으로 신소재 원료의 유해 크기를 기준으로 신소재 식품 원료의 섭취로 인해 유해 크기를 초과하지 않도록 식품 품목과 사용량을 제한하여 위해가 발생하지 않도록 한다.

첫째, 신소재 원료의 1일 섭취허용량ADI, 인체 적용 유해 크기을 구한다.

둘째, 신소재 식품 원료의 사용 목적에 따른 식품 유형을 결정한다.

셋째, 사용 목적에 맞는 식품 유형의 섭취량을 찾는다. 국민건강영양조사 자료 중 연령별 평균 섭취량, 극단 섭취량상위 95%를 찾아서 산출한다.

(단위: g/day, 국민건강영양조사)

연령 (세)	남성		여성	
	평균 섭취량	극단 섭취량	평균 섭취량	극단 섭취량

넷째, 신소재 원료의 1일 섭취허용량ADI, 인체 적용 유해 크기과 사용하고자하는 식품 유형의 섭취량과 비교하여 위해 크기를 평가한다.

다섯째, 유해 크기가 위해 크기를 초과하지 않도록, 즉 위해하지 않도록 위해 크기를 감안하여 신소재 원료의 식품에 사용량을 정한다. 즉 사용하고자 하는 식품 유형에 신소재 식품 원료의 사용량을 유해 크기가 위해 크기를 초과하지 않도록 정한다.

10.7 신소재 식품 원료의 사용 기준은 어떻게 결정하나요?

> 신소재 식품 원료의 유해 크기가 기존 식품 섭취로 인해 신소재 원료의 유해 크기1일 섭취허용량를 초과할 우려가 있는 경우는 안전하지 않은 것으로 식품 원료로

사용할 수 없다. 따라서 식품 품목을 정하고 품목별로 사용기준을 정하여 신소재 식품 원료의 1일 섭취허용량_{유해 크기}을 초과하지 않도록 위해를 예측하고 관리해야 한다.

신소재 식품 원료로 인정받기 위해서는 그 원료의 섭취량이 신소재 식품 원료의 유해 크기를 초과하지 않아야 한다. 즉 신소재 식품 원료를 사용하여 제조한 식품을 일반 국민들이 섭취하였을 때 그 원료의 유해 크기에 해당하는 수준의 원료 양을 초과해서 안 된다는 것이다.

식품 원료를 식품 제조에 사용하고 그 식품을 섭취한 섭취량이 1일 섭취허용량을 초과하지 않도록 위해 크기를 예측하여 식품 품목과 그 품목에 대한 사용량_{사용기준}을 정하여야 한다.

신소재 식품 원료의 유해 크기가 기존 식품 섭취로 인하여 신소재 원료의 1일 섭취허용량을 초과할 우려가 있는 경우는 안전하지 않은 것으로 식품 원료로 사용할 수 없다. 따라서 식품 품목을 정하고 품목별로 사용기준을 정하여 신소재 식품 원료의 1일 섭취허용량_{유해 크기}을 초과하지 않도록 위해를 예측하고 관리해야 한다.

예를 들어, 새로운 버섯(A) 분말의 경우 유해 크기가 1일 섭취허용량_{ADI} $0.02g/kg \cdot bw/day$ 이고, 이를 생버섯으로 환산하면 1일 섭취허용량은 $1.6g/kg \cdot bw/day$이다. 이러한 유해 크기를 가진 신소재 식품 원료_{버섯}의 식품으로 총 섭취량 결정은 어떻게 할까?

첫째, A버섯_생의 안전한 섭취량_{인체 적용 유해 크기}을 산출하여야 한다.

식품 원료 A버섯_생의 안전 섭취량 산출은 1일 섭취허용량을 평균 체중으로 곱하여 계산한다. 일반 성인의 경우는 체중 60kg을 감안하면 하루에 96g 이하로 매일 먹어도 안전한 양이다.

둘째, 신소재 식품 원료 A버섯_생이 현재 버섯 섭취량의 몇 %를 대체하게 될 것인지 검토한 후 섭취량을 예측하는 위해평가를 한다.

새로운 식품 원료 A버섯생의 특성 및 유통량 등을 감안하여 현재 버섯류 전체 섭취량 중 최대 30%가 대체될 것으로 가정을 한다면 일일섭취량은 우리 국민의 실제 버섯류의 섭취량 × 0.3으로 계산한다.

셋째, 현재 버섯류 전체 섭취량 중 신소재 생버섯이 최대 30%가 대체될 것으로 예측한다면, 최근 국민건강영양조사 자료 중 버섯의 연령별·성별 평균 섭취량 및 극단 섭취량상위 95% 자료를 찾아서 신소재 생버섯의 안전 섭취량을 계산한다.

국민건강영양조사 자료 중 우리 국민의 실제 버섯류의 섭취량×0.3으로 계산하면, 식품 원료 A버섯생의 연령별 평균 섭취량은 1.36~9.84g/day이며, 극단 섭취량상위 95%은 3.03~29.43g/day이다.

연령과 성별에 따른 한국인 평균 및 극단 섭취량(상위 95%)의 버섯 섭취량

(단위: g/day, 출처: 국민건강영양조사 2010~2012)

연령 (세)	남성		여성	
	평균 섭취량	극단 섭취량	평균 섭취량	극단 섭취량
1~2	5.85	20.13	4.53	10.09
3~5	8.17	26.30	6.63	26.30
6~8	12.06	42.02	10.78	47.58
9~11	10.19	49.16	10.80	57.91
12~14	14.82	40.09	16.18	44.78
15~18	14.93	39.79	12.72	48.00
19~29	18.91	70.30	15.11	47.20
30~49	24.21	98.10	18.93	73.92
50~64	19.30	66.01	16.73	66.96
65~74	32.79	95.54	22.21	60.09
75세 이상	16.66	66.57	14.35	49.29

넷째, 실제 버섯 섭취량과 신소재 생버섯의 유해 크기를 감안한 안전 섭취량_{1일 섭취}허용량과 비교하여 위해를 예측_{위해평가}하고 안전성을 평가한다.

신소재 식품 원료 A버섯_생의 연령별 평균 섭취량은 안전_{상한} 섭취량_{1일 섭취허용량} 대비 약 11.46~25.43%이고, 연령별 극단 섭취량_{상위 95%}은 안전_{상한} 섭취량_{1일 섭취허용량} 대비 약 30.62~90.78%이다.

따라서 우리 국민 실제 신소재 생버섯 섭취량_{A버섯}이 안전_{상한} 섭취량_{1일 섭취허용량}을 상회하지 않으므로, 즉 유해 크기가 위해 크기보다 작으므로 안전성에 문제가 없는 것으로 확인되었다.

다섯째, 신소재 버섯_{분말} 원료를 식품의 제조 가공 시 사용할 수 있는 양을 설정한다.

신소재 식품 원료 A버섯의 사용량 설정은 안전_{상한} 섭취량_{1일 섭취허용량}을 상회하지 않은 수준_{위해하지 않은 수준}에서 식품 품목별로 사용 기준을 설정한다.

10.8 식품 원료의 안전성 평가 절차는?

식품 원료의 안전성 평가 절차는 먼저 독성시험을 통하여 유해성을 확인하고, 유해 크기를 결정한다. 그다음으로 인체에 얼마나 섭취하였는지를 평가한다. 마지막으로 그 식품 원료의 인체 섭취량이 그 식품 원료의 유해 크기_{1일 섭취허용량}를 초과했는지를 평가한다.

1) 독성평가_{독성 확인}

식품 원료는 기본적으로 발암독성, 유전독성, 생식독성, 면역독성 등이 없어야 한다.

2) 독성평가_{유해 크기 측정}

독성시험의 반복 투여시험 결과로부터 얻은 최대무독성량_{NOAEL}을 식품 원료의 동물 적용 유해 크기로 정하고, 인체 적용을 위하여 안전계수 100을 감안하여 100배 낮은 값으로 인체노출안전기준으로 1일 섭취허용량ADI을 정한다.

독성시험은 신소재 원료의 독성시험은 투여 용량별, 실험동물의 성별을 구분하여 실시한다.

단회투여 독성시험	- 시험동물: SD 랫드 (암·수 군별 5마리) - 시험방법: 단회 강제경구투여, 14일간 독성 관찰 - 투여용량: 800, 2000, 5000mg/kg(예시)
반복투여 독성시험	- 시험동물: SD 랫드 (암·수 군별 10마리) - 시험방법: 반복 강제경구투여, 90일간 전신 독성 관찰 - 투여용량: 500, 1000, 2000mg/kg(예시)

3) 위해평가노출량 산출

식품 중에 평가하려고 하는 식품 원료의 함량원료 배합 비율 등을 구하고, 그 원료를 함유한 식품을 얼마나 먹었는지를 평가하여 그 원료의 하루 섭취량노출량을 구한다.

* (1일 노출량 산출) 식품 원료의 1일 노출섭취량 산출은 다음과 같다.

$$\text{1일 노출(섭취)량 (mg/kg b.w./day)} = \frac{\text{식품 원료를 사용한 식품의 1일 섭취량(mg/day) x 식품 원료 함량(\%)}}{\text{몸무게(성인의 경우 60 kg)}}$$

4) 위해평가위해 크기 측정

위해평가는 유해성 확인 ▶ 유해 크기 결정 ▶ 노출섭취량 평가 ▶ 위해 크기 결정의 단계에 따라 인체 위해 가능성을 평가한다.

위해 크기 결정은 인체 노출량이 유해 크기인 인체노출안전기준을 초과하지 않은 경우 위해 우려가 없다고 판단하고, 초과한 경우 위해 우려 발생 가능성이 있다고 판단한다.

* (위해 크기 결정) 식품 원료의 섭취를 통한 1일 노출량과 유해 크기인 인체노출안 전기준을 비교하여 결정한다.

$$\text{위해 크기} = \frac{\text{유해 크기(인체노출안전기준, ADI, mg/kg b.w./day)}}{\text{1일 노출(섭취)량(mg/kg b.w./day)}}$$

10.9 신소재를 식품 원료로 인정받기 위하여 유독물질이 인체의 건강에 해를 끼치지 않도록 제어하는 방법은?

> 식품공전의 별표1, 2, 3의 목록에 없는 원료를 식품 원료로 인정받기 위해서는 안전성 확보가 우선인데 안전성 확보를 위해서는 원료 중 유독물질을 제거하거나 저감화하는 방법이 있을 수 있다.

열처리, 추출 방법, 침지 등 제조 공정을 통하여 유독물질을 제거하거나 저감화하여 인체 건강에 해가 없도록 하여 식품 원료를 인정받을 수 있다. 예를 들어, 열처리를 통한 유독 휘발 성분 제거 또는 유독 성분 분해, 물 추출물만 사용, 열수 추출 또는 용매 추출로 유독 성분 제거 또는 저감화 등의 방법이 있을 수 있다.

신소재의 섭취량을 인체 건강에 해가 없도록 조절하여 식품 원료로 인정받을 수 있다. 즉 신소재의 식품 중 사용 기준을 정하여 식품 원료로 인정하는 경우이다. 예를 들어, 일정 식품 품목만 허용하여 섭취량 제한, 일부 품목에 사용량을 제한하여 섭취량을 제한하는 방법 등이 있다.

10

식품 신소재 원료의 안전성

10.10 식품 원료의 안전성 평가 사례

> **다음과 같은 신소재 원료는 식품 원료로 안전할까**
> - 유전독성, 생식발생독성: 음성 반응
> - 랫드에 90일 동안 투여 최대무독성량NOAEL 0.4g/kg weight 산출

⇒ 유전독성, 생식발생독성 시험 결과, 신소재 원료가 돌연변이나 발암물질이 아니라는 것을 확인할 수 있다. 그렇다면 안전섭취량이 존재한다고 볼 수 있다.

인체 적용 안전섭취량은 NOAEL에 인체 적용 계수 100을 감안하면 0.4g/10x10 = 4mg/kg weight이다. 즉 유해 크기인 1일 섭취허용량은 4mg/kg.bw/day인 것이다.

이를 체중 60kg인 성인에 적용할 경우, 1일 섭취허용량은 4mg x 60 = 240mg이다. 즉 하루 0.24g을 성인이 평생 섭취하여도 이상이 없다는 것을 의미한다.

이를 기준하여 신소재 원료를 사용한 제조한 식품에서 신소재 원료 함량과 소비자의 섭취량을 알면, 안전성 여부를 파악할 수 있다. 그에 따라 식품의 안전 섭취량도 구할 수 있다.

즉 신소재 원료 2%를 사용하여 제조한 식품을 하루에 100g 먹었다면 신소재 원료 2g을 먹었다는 것으로 안전 섭취량1일 섭취허용량 0.24g보다 많아서 안전하다고 볼 수 없다.

그러나 이 식품을 안전하게 먹으려면 하루에 10g을 먹으면 안전하다. 식품 10g 속에는 신소재 원료가 0.2g 들어 있으니까 1일 섭취허용량보다 적다.

11

식품첨가물의 안전성

식품첨가물의 안전성

11.1 우리나라의 식품첨가물 관리 체계는?

화학적 합성품은 식품에 사용할 수 없는 것이 원칙이다. 그러나 국가에서는 안전성과 식품 제조상 기술적 효과가 입증된 것에 한하여 몇몇 화학적 합성품을 식품첨가물로 사용하도록 고시하고 있다. 고시되지 않은 화학적 합성품을 식품첨가물로 사용하고자 할 경우 식품으로서의 안전성과 기술적 효과를 입증하여 제출하면 식품의약품안전처장은 한시적으로 기준 및 규격을 인정한다.

식품첨가물의 정의는 식품위생법 제2조에서 정의하고 있다. 식품을 제조·가공·조리 또는 보존하는 과정에서 감미甘味, 착색着色, 표백漂白 또는 산화 방지 등을 목적으로 식품에 사용되는 물질을 말한다고 정의되어 있다. 이때 식품에 사용하는 목적은 감미甘味, 착색着色, 표백漂白 또는 산화 방지 등의 기술적 목적을 위하여 의도적으로 사용한다.

식품첨가물은 의도적 사용 화학적 합성품을 포함하고 있다.

그러나 우리나라 식품위생법 제6조에 따르면, 기준·규격이 고시되지 아니한 화학적 합성품인 첨가물과 이를 함유한 물질을 식품첨가물로 사용할 수 없다.

화학적 합성품을 식품첨가물로 사용하기 위해서는 안전성 평가를 통하여 인체에 안전하다고 정부식품의약품안전처장가 인정해야 한다. 즉 식품의약품안전처장은 기술적 효과와 안전성이 확보된 화학적 합성품을 식품첨가물로 인정하고 식품첨가물의 기준 및 규격으로 고시하고 있다.

기준·규격이 고시되지 아니한 화학적 합성품을 식품첨가물로 사용하기 위해서는 한시적 기준 및 규격 인정 제도를 통하여 식품첨가물로서의 기술적 효과와 안전성을 확보하고 식품의약품안전처장의 승인을 받아 사용할 수 있다.

11.2 식품첨가물의 안전성 확보는 어떻게 하는가?

> 식품첨가물의 안전성 확보는 독성시험을 통한 독성평가를 기반으로 한다. 먼저 독성시험을 통하여 유해성을 확인하고, 유해 크기를 결정한다. 그다음으로 식품 섭취로 인한 식품첨가물의 인체 섭취량노출량이 그 식품첨가물의 유해 크기를 초과하지 않도록 식품에 사용할 수 있는 그 식품첨가물의 사용기준식품 품목과 사용량을 정하여 관리한다.

1) 독성 확인독성평가

식품첨가물은 기본적으로 발암독성, 유전독성, 생식독성, 면역독성 등이 없어야 한다.

○ 독성시험 자료는 기본적으로 반복투여독성시험90일, 유전독성시험, 생식·발생 독성시험, 면역독성시험, 발암성시험 자료를 제출하며, 다음 중 어느 하나에 해당 하는 경우에는 명시된 자료를 제출하고, 필요 시 추가 자료 제출

구분	제출 자료
가공보조제 (효소제 제외)	반복투여독성시험 및 유전독성시험 자료
효소제	반복투여독성시험, 유전독성시험, 면역독성시험(알레르기원성) 자료

향료	반복투여독성시험, 유전독성시험, 화학적 구조등급 분류(합성향료에 한함) 자료
식품에 일반적으로 존재하는 성분	- 반복투여독성시험, 유전독성시험 자료 - 식품에 일반적으로 존재하는 지에 대한 과학적 근거자료
기존 허용 식품첨가물과 염의 형태만이 다르거나 그 이성체인 경우	- 반복투여독성시험, 유전독성시험 자료 - 다만, 기존 허용 식품첨가물과 화학적, 생물학적, 독성학적 등으로 동일하게 작용한다는 근거자료를 제출하는 경우 독성시험 자료 생략 가능

2) 유해 크기 측정독성평가

독성시험의 반복투여시험 결과로부터 얻은 최대무독성량NOAEL을 식품첨가물의 동물 적용 유해 크기로 정하고, 인체 적용을 위하여 안전계수 100을 감안하여 100배 낮은 값으로 인체노출안전기준으로 1일 섭취허용량ADI, mg/kg b.w./day을 정한다.

독성시험은 신소재 원료의 독성시험은 투여 용량별, 실험동물의 성별을 구분하여 실시한다.

단회투여 독성시험	- 시험동물: SD 랫드(암·수 군별 5마리) - 시험방법: 단회 강제경구투여, 14일간 독성 관찰 - 투여용량: 800, 2000, 5000mg/kg(예시)
반복투여 독성시험	- 시험동물: SD 랫드(암·수 군별 10마리) - 시험방법: 반복 강제경구투여, 90일간 전신 독성 관찰 - 투여용량: 500, 1000, 2000mg/kg(예시)

3) 위해 크기 측정위해평가

위해 크기 결정은 인체 노출량이 유해 크기인 인체노출안전기준을 초과하지 않은 경우 위해 우려가 없다고 판단하고, 초과한 경우 위해 우려 발생 가능성이 있다고 판단한다.

* (위해 크기 결정) 식품 원료의 섭취를 통한 1일 노출량과 유해 크기인 인체노출안
전기준을 비교하여 결정한다.

$$\text{위해 크기} = \frac{\text{유해 크기(인체노출안전기준, ADI, mg/kg b.w./day)}}{\text{1일 노출(섭취)량(mg/kg b.w./day)}}$$

4) 식품첨가물의 사용기준 설정

식품첨가물의 사용기준 설정은 그 식품첨가물을 식품에 사용함으로써 식품 섭취를
통하여 그 식품첨가물이 인체에 들어온 양_{노출량}이 그 식품첨가물의 유해 크기를 초과
하지 않도록 설정한다.

식품첨가물의 인체 노출량_{섭취량}은 기술적 목적을 위해 사용할 식품의 섭취량_{국민건강}
_{영양조사 자료 활용}과 그 식품에 기술적 효과를 나타낼 수 있는 식품첨가물의 양을 곱해서
구한다.

이렇게 구한 인체 노출량_{섭취량}이 유해 크기인 1일 섭취허용량을 초과하지 않도록
해야 한다는 것이다.

* (1일 노출량) 식품첨가물의 1일 노출량 산출 공식은 다음과 같다.

$$\text{1일 식품첨가물 노출량 (mg/kg b.w./day)} = \frac{\text{식품첨가물을 첨가한 식품의 1일 섭취량(mg/day) x 식품첨가물 첨가량(\%)}}{\text{몸무게(성인의 경우 60 kg)}}$$

11.3 식품첨가물의 인정 시 안전성 평가를 위한 자료는 어떤 것이 있나요?

식품첨가물의 안전성 평가를 위한 자료는 유해 크기_{독성시험, 1일 섭취허용량} 자료, 체
내 동태에 관한 자료, 식품첨가물 제조에 이용된 미생물에 관한 자료_{미생물 사용 시}
_{에 한함}, 위해 크기 측정_{1일 섭취량 등} 자료, 위해 크기를 고려한 사용기준 설정 자료
등이다.

1) 유해 크기독성시험, 1일 섭취허용량

- 독성시험 자료는 우수실험실운영규정Good Laboratory Practice, GLP에 따라 운영된 기관에서 실시한 시험 보고서이거나 해당 식품첨가물의 개발국에서 허가 신청 당시 평가받은 독성시험 자료로서 개발국 정부허가 또는 등록기관가 제출받았거나 승인하였음을 확인한 것 또는 이를 공증한 자료를 제출하여야 한다.
- 독성시험 자료는 기본적으로 반복투여독성시험90일, 유전독성시험, 생식·발생독성시험, 면역독성시험, 발암성시험 자료를 제출하며, 다음 중 어느 하나에 해당하는 경우에는 명시된 자료를 제출하고, 필요 시 추가 자료를 제출하여야 한다.
- 독성시험은 경제협력개발기구OECD에서 정하고 있는 독성시험 방법OECD Test Guideline에 준하되, 시험할 필요가 없다고 판단될 경우에는 생략할 수 있으나 그 사유를 기재하고 근거 자료를 제출하여야 한다.
- 식품첨가물의 분해물 또는 혼재하는 불순물이 있는 경우에는 해당 물질의 안전성 자료도 제출하여야 한다.
- FAO/WHO 합동 식품첨가물전문가위원회JECFA에서 안전성 평가가 이루어진 식품첨가물에 대해서는 가장 최근의 평가 자료를 제출하여야 한다.

2) 체내 동태에 관한 자료

식품첨가물을 섭취하였을 때 생체 내에서 흡수, 분포, 대사, 배설을 추정하기 위한 시험 결과 자료를 제출하여야 한다. 다만, 필요 시 동물시험 결과뿐만 아니라 사람에 대해서도 체내 동태 및 유해한 작용 추정에 대한 시험 자료를 제출하여야 한다.

3) 식품첨가물 제조에 이용된 미생물에 관한 자료

효소제 등 미생물을 이용하여 제조된 식품첨가물의 생산 균주 안전성 확인을 위한 다음의 자료 제출하여야 한다.

- 생산 균주의 진위를 확인할 수 있는 자료
- 최종 산물에 균주의 사멸 또는 잔류를 확인할 수 있는 자료

- 식품으로서의 섭취 경험에 관한 자료
- 식품 등의 제조에 이용된 사례에 관한 자료
- 인체 또는 동식물에 병원성 발현 여부를 확인할 수 있는 자료
  다만,「식품첨가물의 기준 및 규격」[별표 1]의 [표 2] 안전성 자료를 일부 생략할 수 있는 미생물 목록에 수재되어 있는 미생물인 경우V-3 참조에는 다음의 자료를 제출하여야 한다.
- 생산 균주의 진위를 확인할 수 있는 자료
- 최종 산물에 균주의 사멸 또는 잔류를 확인할 수 있는 자료
  ☞ 다만,「식품첨가물의 기준 및 규격」의 최근 고시 내용을 반드시 확인해야 하며, 국내·외 정부기관 또는 국제기구에서 발표한 새로운 안전성 자료가 있는 경우에는 추가 자료를 제출하여야 한다.

4) 위해 크기 측정1일 섭취량 평가

해당 첨가물의 안전성에 대하여 1일 섭취량과 독성시험으로부터 구한 1일 섭취허용량ADI을 비교·검토한 자료를 제출하여야 한다.
- 동 종의 식품첨가물염의 형태가 다르거나, 이성질체 등이 존재하는 경우에는 이에 대한 섭취량도 같이 추산

식품첨가물의 1일 섭취량은 사용 대상 식품의 1일 섭취량에 식품첨가물의 사용량을 곱하여 구한다. 이때 식품의 1일 섭취량은 국민건강영양조사질병관리청 등에서 조사한 식품 또는 식품군별 섭취량 자료를 참고하여 적절히 추정한다.

신청한 식품첨가물의 사용기준을 근거로 추정한 1일 섭취량이 1일 섭취허용량ADI을 초과하지 않는지 여부를 검토하고, 필요할 경우 사용기준을 수정하여야 한다.

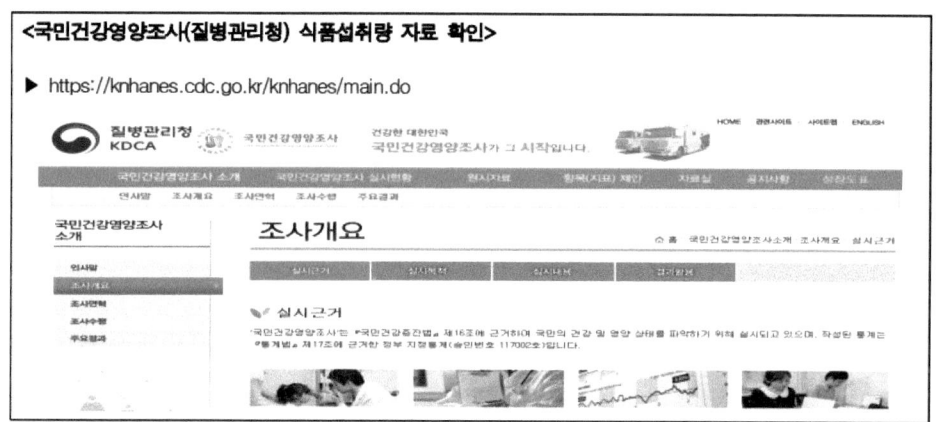

※ 섭취량 평가 예시

- (가정) A식품 중 B첨가물의 사용기준이 20mg/kg 이하이고, B첨가물의 1일 섭취 허용량이 1mg/kg bw/day인 경우

일반국민 평균[1]					
연령	체중[2] (kg)	A식품의 1일섭취량[3] (g/day)	A식품으로부터 섭취하는 B첨가물의 추정 일일섭취량[4] (mg/day)	체중 1kg 당 B첨가물의 추정 1일 섭취량[5] (mg/kg bw/day)	B첨가물의 ADI 대비 1일 섭취량 비율[6] (%)
전체	60	10	0.2	0.003	0.3
19세 이상					
1~2세					
3~5세					
6~11세					
12~18세					

1) 일반국민 평균, 섭취자 평균, 극단섭취자 평균을 각각 구분하여 평가
2) 국민건강영양조사(질병관리본부)에서 조사한 자료 등을 활용
3) 국민건강영양조사(질병관리본부)에서 조사한 자료 등을 활용
   * 국민영양통계(한국보건산업진흥원) 자료도 활용 가능
4) A식품의 1일섭취량(g/day) × A식품에 대한 B첨가물의 최대 사용기준(mg/kg) × 1/1,000
5) A식품으로부터 섭취하는 B첨가물의 추정 1일섭취량(mg/day) / 체중(kg)
6) 체중 1kg 당 B첨가물의 추정 1일섭취량(mg/kg bw/day) / 1일 섭취허용량(ADI) × 100

5) 위해 크기를 고려한 사용기준

식품첨가물의 안전성, 사용의 기술적 필요성 등을 종합적으로 검토하여 사용 대상 식품 및 사용량, 사용 용도 등을 한정할 필요가 있는 경우에는 사용기준_안을 설정하고 근거 자료를 제시하여야 한다.

(예시 1) 식품에 첨가되는 A첨가물의 양은 물리적, 영양학적 또는 기술적 효과를 달성하는 데 필요한 최소량으로 사용하여야 한다.

(예시 2) A첨가물은 빵류에 한하여 0.15% 이하로 사용하여야 한다.

(예시 3) A첨가물은 ○○식품 제조 시 응고제 목적에 한하여 사용하여야 한다.

사용기준을 설정할 필요가 없다고 판단한 경우에는 그 근거 자료를 명확하게 제시하여야 한다. 예시 사용 후 최종 제품에서 제거되어 잔류하지 않음.

11.4 식품첨가물의 유해 크기(1일 섭취허용량)와 위해 크기를 고려한 안전성 확보 절차는?

식품첨가물은 1일 섭취허용량을 초과하지 않도록 식품을 한정하고 그 한정된 식품에도 사용할 수 있는 양을 제한하고 있기 때문에 식품첨가물로 인하여 인체 건강에 해를 끼칠 우려는 매우 적다고 말할 수 있다.

이 세상에 100% 안전한 물질은 없습니다. 모든 물질은 독성을 지니고 있습니다. 다만 섭취량에 따라 약이 될 수도, 독이 될 수도 있습니다. 즉 모든 물질의 안전성은 인체가 노출되는 양에 좌우된다는 뜻입니다. 산화방지제를 비롯한 식품첨가물도 마찬 가지로 극단적으로 과량 섭취하면 독이 될 수 있지만 허용수준 이내로 섭취하면 우리의 식생활을 즐겁고 풍부하게 만들어 줍니다. 이 허용수준이 '1일 섭취허용량'으로 정해져 있습니다.

식품첨가물의 안전성 확보는 그 첨가물의 유해 크기인 1일 섭취허용량을 정하고 1일 섭취허용량을 초과하지 않도록 사용기준을 식품별로 정한다. 따라서 1일 섭취허용량을 초과하지 않도록 식품을 한정하고, 그 한정된 식품에도 사용할 수 있는 양을 제한하고 있기 때문에 식품첨가물로 인한 인체 건강에 해는 있을 수 없다.

11.5 식품 섭취로 인한 식품첨가물의 인체 건강에 대한 위해 크기 평가 사례는?

식약처는 민감도가 높은 고령자, 어린이를 대상으로 가공식품에 사용한 식품첨가물로 인한 인체 위해 우려를 조사한 결과_{위해평가한 결과}, 1일 섭취허용량 대비 매우 안전한 수준이라고 발표하였다. 또한, 식품첨가물인 아스파탐, 식용 타르 색소의 우리 국민 건강에 미치는 영향을 조사한 결과, 매우 안전한 수준이라고 하였다. 이렇듯 식품첨가물에 대해서 주기적으로 전 국민을 대상으로 위해 수준을 평가해서 발표하고 있다.

고령자 식품첨가물 섭취, 일일 허용량의 0.5% 이하…'안전한 수준'

👤 나명옥 기자 │ 🕐 입력 2023.05.17 09:57 │ 💬 댓글 0

식약처, 가공식품 1934건 분석 결과 식품첨가물 사용기준 모두 적합
올해 1인 가구 식품첨가물 섭취 수준·위해도 평가

'우리아이 식품첨가물 괜찮을까?'..식약처, 어린이 섭취 수준 '안전'

푸드투데이 황인선 기자 001@foodtoday.ockr │ 등록 2022.05.12 11:04:28

1~18세 평가 결과 위해도 ADI 대비 1.4% 이하로 안전

아스파탐 "현재 섭취 수준에서 안전·1일 섭취허용량 유지"

👤 나명옥 기자 │ 🕐 입력 2023.07.14 09:16 │ 💬 댓글 0

과자, 탄산음료 등 시중유통 가공식품 식용타르색소 '안전한 수준'

👤 복요한 기자 │ 🕐 입력 2019.02.27 09:34 │ 💬 댓글 0

12

건강기능식품
기능성 원료의 안전성

건강기능식품 기능성 원료의 안전성

12.1 어떤 식품을 건강기능식품이라고 하나요?

건강기능식품은 식품과 의약품의 중간에서 존재하고 있으며, 의약품이 아니라 식품의 한 분야로 분류되어 관리되고 있다. 식품과 의약품의 다른 점은 식품의 경우 위해성이 배제되고 있으나, 약품의 경우는 약간의 위해가 있다 할지라도 받는 이익이 크다고 생각되면 약간의 위해를 감수하는 것이 의약품이다. 이것이 의약품과 식품의 근본적인 차이인 것이다. 두 번째로 일반 식품과 건강기능식품 그리고 의약품의 차이는 표현의 방법이다. 일반 식품은 기능성이나 질병 치료, 예방 등 건강기능식품이나 의약품과 같은 효과 효능에 대한 표시에 제한을 받는다. 그리고 건강기능식품은 국가에서 인정한 기능성 내용을 표시 광고할 수 있으나 질병 치료, 예방 등 의약품과 같은 표현은 할 수 없다.

한편, 식품의 기능은 1차 기능, 2차 기능, 3차 기능으로 분류한다. 1차 기능은 영양 기능을 주로 말하며 기아 해결이나 체력 유지, 건강 유지, 체위 향상을 목적으로 한다. 2차 기능은 감각 기능을 말하며, 맛, 향기, 색깔, 물성, 풍요로운 감각 제공 등을 제공하는 것이 목적이다. 3차 기능은 주로 생체 조절 기능을 말하며, 생리활성 성분, 건강 유지 및 향상, 질병 예방 등을 목적으로 한다.

제1차 기능영양 기능 : 기아 해결, 체력 유지, 건강 유지, 체위 향상

제2차 기능감각 기능 : 맛, 향기, 색깔, 물성, 풍요로운 감각 제공

> 제3차 기능생체 조절 기능 → 건강기능식품
>
> : 생리활성 성분, 건강 유지 및 향상, 질병 예방

건강기능식품은 식품 3차 기능을 목적으로 제조한 식품을 말하며, 영양소 기능, 생리활성 향상 기능, 질병 위험 감소 기능으로 나누어 표현하고 있다.

우리나라에서 정하고 있는 건강기능식품의 정의는 인체에 유용한 기능성을 가진 원료나 성분을 사용하여 제조·가공한 식품을 말한다.

12.2 건강기능식품이 일반 식품과 가장 큰 차이는 무엇인가요?

첫째, 기능성의 확보이고 표시이다. 즉 식품의 3차 기능영양소 기능, 생리활성 향상 기능, 질병 위험 감소 기능을 가지고 있어야 한다. 둘째, 안전성 확보이다. 일반 식품에 없는 성분을 기능 성분으로 이용하기 때문에 무엇보다도 안전성 확보가 우선이다. 셋째, 제품에 기능 성분의 균질성 유지다. 즉 기능 성분은 소량으로도 효과를 나타낼 수 있어 기능성 및 안전성을 확보하기 위하여 제품에 균질성 또한 중요하다. 그래서 건강기능식품의 제조는 GMP우수 제조 시설 시설에서 제조를 의무화하고 있다.

12.3 건강기능식품 기능성 원료의 기능성 평가는?

식약처는 영업자가 기능성 원료 인정 신청 시 제출한 자료를 평가기준에 따라 검토하여 안전성, 기능성, 기준 및 규격이 확보되었는지를 판단한다.

건강기능식품 기능성 원료의 평가는 기본적으로 원료 표준화, 기준 및 규격과 안전성 확보에 우선순위를 둔다. 그다음으로 기능성을 과학적으로 입증하고, 입증된 내용을 소비자의 눈높이에 맞추어 쉽게 표시한다.

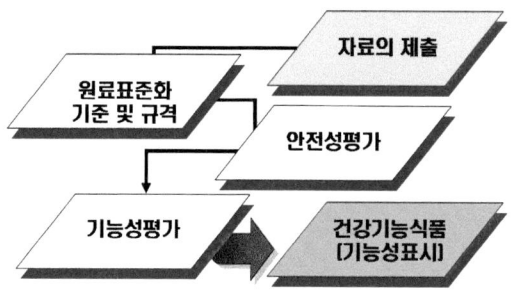

기능성의 평가는 비록 인체 적용 시험이 기능성을 입증하는 데 가장 중요한 근거가 되기는 하나, 동물 모델을 이용한 시험이나 시험관 시험도 기능성을 입증하는 데 중요한 자료가 된다. 동물시험과 시험관 시험을 작용 기전을 이해하기 위한 배경 정보로 활용한다. 동물은 사람과 다른 생리를 가지고 있으며 시험관 시험은 인위적인 상태에서 진행되므로 소화, 흡수, 분포, 대사와 같이 사람이 식품 또는 식품 성분을 섭취하면서 발생되는 복합한 생리 작용을 설명할 수 없다. 하지만 동물시험과 시험관 시험에서는 연구자가 섭취하는 식품이나 유전적 특성 등의 변수에 대해 조절하는 방법 등을 통하여 인체 적용 시험보다 더 적극적으로 개입할 수 있어, 작용 기전을 파악하고 식품 성분의 특성과 기능성과의 관계를 이해하는데 좋은 정보를 제공할 수 있다. 그러나 이 결과를 토대로 인체에서의 생리학적 효과를 추정하는 데에는 많은 불확실성이 개입하게 되며, 이것만으로 인체에서의 생리학적 효과를 입증할 수는 없다.

동물시험과 시험관 시험은 적절한 인체 적용 시험의 설계가 어렵다거나 적합한 바이오마커가 없을 경우 등에 고려되어야 한다. 동물시험의 경우 주장하는 기능성에서 일관성을 보이는 것이 가장 중요한데, 가장 좋은 동물시험은 측정하고자 하는 기능성에 적합한 동물 모델을 사용하고, 인체에서 확인된 기능성의 기전을 설명하기 위한 바이오마커들을 사용하며, 서로 다른 연구자들에 의하여 결과가 재현된 것이다.

12.4 기능성 원료의 안전성 평가는?

건강기능식품의 안전성 평가는 1) 제조 방법에 따른 안전성 평가, 2) 섭취량의 변화 여부에 따른 안전성 평가, 3) 생물학적 유용성·영양평가 등 생체 내에서의 원료의 특성에 따른 안전성 여부 평가, 4) 독성시험을 통한 안전성 평가의 4가지로 나뉜다. 기존에 보고된 근거 자료를 모두 종합하여 제안된 섭취량 내에서의 원료의 안전성을 확인하게 되며 기존에 보고된 자료로 안전성의 입증이 어렵다면 신청한 원료를 가지고 독성시험을 함으로써 안전성을 입증해야 한다.

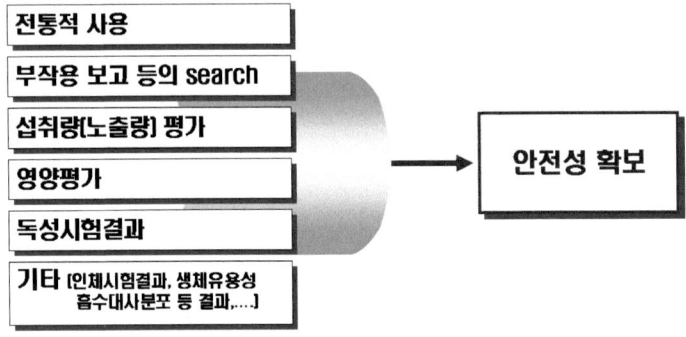

건강기능식품의 기능성 원료의 안전성 평가를 위한 주요 검토 사항은?

첫째, 영양평가 자료

영양평가 자료는 건강기능식품 기능성 원료가 기타 영양 성분의 흡수·분포·대사·배설 등에 영향을 미치는지를 연구한 자료이다

둘째, 생물학적 유용성 자료

생물학적 유용성 자료란 건강기능식품 기능성 원료의 지표 성분또는 기능 성분이 체내 흡수 후 생체 작용에 반영되는 정도를 연구한 자료이다. 많은 생리활성 물질은 실제로 매우 낮은 흡수율을 보여 준다. 제안된 섭취량을 섭취하였을 때 혈중에 반영되는 농도를

확인할 수 있는 자료를 말하며 이러한 자료가 있으면 안전성 평가 시 유용하게 사용할 수 있다. 이러한 자료에는 섭취 후 시간대별로 측정한 기능 성분의 AUC~Area under the Curve~, 혈중 최고농도 도달시간~Tmax~, 혈중 최고농도~Cmax~ 등의 측정 지표가 포함될 수 있다.

셋째, 인체 적용 시험 자료

대체로 기능성 시험을 위해 인체 적용 시험을 수행할 때, 안전성 지표와 이상 반응의 확인 항목이 있으면 이를 안전성 자료의 하나로 인정할 수 있다.

기능성 시험을 위해 수행된 인체 적용 시험에서 안전성을 확인하기 위해서는 이상 반응 사례 관찰과 더불어 기초 건강지표~체중, 혈압, 심전도 등~, 혈액학적·혈액생화학적 검사 헤마토크리트, 혈색소, 백혈구 수, 적혈구 수, 혈소판 수, 혈당, AST, ALT, ALP, 총단백질, 알부민, 총빌리루빈, γ-GTP, 콜레스테롤~total, LDL, HDL~, 중성지방, 요소질소, 크레아티닌, 요산, calcium, potassium 등 및 뇨 검사~산도, 아질산염, 케톤체 등~ 등을 할 수 있다.

넷째, 독성시험 자료

건강기능식품의 섭취로 인해 발생할 수 있는 잠재적 위해를 동물시험 연구를 통해 예측하는 것이다. 동물시험은 인체 적용 시험에서 파악하기 힘든 독성 결과까지 볼 수 있도록 통제된 조건에서 시험할 수 있다는 큰 장점이 있다.

단회 투여 독성시험~설치류, 비설치류~, 3개월 반복 투여 독성 자료~설치류~, 유전 독성시험~복귀돌연변이 시험, 염색체이상 시험, 소핵시험~을 기본으로 하며, 원료의 특성에 따라 필요한 경우 생식독, 면역독성, 발암성 시험 등이 추가로 필요할 수 있다. 기본적으로 독성시험에 사용되는 시험 물질은 제출 원료와 동일한 것이어야 하며, 실험동물의 종은 시험 물질의 독성을 가장 민감하게 반영할 수 있는 것으로 선택하여야 한다. 시험 물질은 경구 투여를 원칙으로 한다. 독성시험 자료는 우수실험실운영기준~Good Laboratory Practice, GLP~에 따라 지정된 기관에서 OECD 독성시험 지침~Toxicity Test Guideline~에 준하여 시험한 보고서로 제출하여야 한다.

12.5 기능성 원료의 유해 크기와 1일 섭취허용량은 어떻게 측정하는가

기능성 원료의 유해 크기는 독성시험을 통하여 측정한다. 첫째, 동물을 이용한 90일 반복 투여 독성시험을 통하여 그 원료의 최대무독성량NOAEL을 구하고, 둘째, 인체 적용 최대무독성량을 구한다. 즉 인체 적용 안전섭취량인 1일 섭취허용량ADI을 구한다.

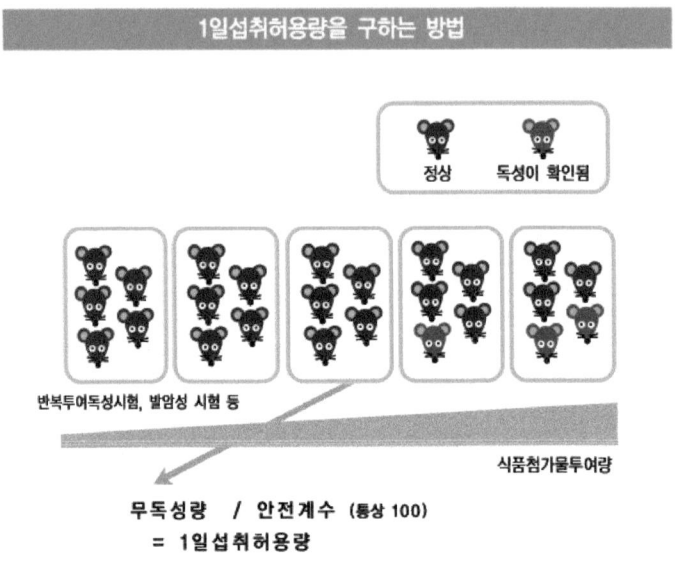

12.6 건강기능식품 기능성 원료 인정 시 위해 크기는 어떻게 적용하나요?

건강기능식품의 기능성 원료의 경우 유해 크기1일 섭취허용량가 결정이 되면 건강기능 식품은 무조건 안전섭취량1일 허용섭취량 범위 내에서 1일 섭취기준을 결정하여야 한다. 즉 안전섭취량 내에서 건강기능식품 1일 섭취기준을 정해야 한다. 만약 안전섭취량을 벗어난 건강기능식품 1일 섭취기준은 있을 수 없다. 이것이 건강기능식품 기능성 원료 의 안전성을 확보하는 절차이다.

결론적으로는 기능성 효과를 위한 1일 섭취량은 안전성을 나타내는 유해 크기인 안 전섭취량1일 허용섭취량을 초과하면 기능성 원료로 인정받을 수 없다. 즉 안전성 혹은 기 능성을 확보하지 못하면 건강기능식품 기능성 원료로 인정받을 수 없다.

12.7 건강기능식품 기능성 원료의 독성시험을 통한 안전성 평가 사례

다음 표와 같은 독성시험 결과로 볼 때 단회 투여 독성시험 결과, 기능성 원료의 투여량 2,000mg/kg bw까지는 사망한 동물도 없고, 관찰된 증상이 없어서 기능성 원료의 반치사량LD$_{50}$은 2,000mg/kg bw 이상이다.

90일 반복 투여 독성시험 결과, 투여량 1,500mg/kg bw까지는 사망한 동물도 없고, 관찰된 독성도 없어서 기능성 원료의 최대무독성량NOAEL은 1,500mg/kg bw 이상이다.

그리고 유전 독성시험 결과, 복귀돌연변이시험, 염색체이상시험, 소핵시험 모두 이상 증상을 유발하지 않았다.

독성시험		시험동물/시험계	기간	시험물질, 농도	시험결과
단회투여	설치류	8D, Rat (M 5, F 5)	1회	2,000 mg/kg bw	• 사망등도 없음, 관찰된 일반 증상 없음 • LD$_{50}$은 2,000 mg/kg 이상이었음
13주 반복투여	설치류	CD, Ret (M 80, F 80)	13주	0, 15, 150, 1500 mg/kg bw	• 시험품질로 인한 특성 일 사망동물 관찰되지 않음. • NOAEL 1,500mg/kg 이상임
유전독성	복귀돌연변이시험 (Ames test)	S. typhimurium TA9G, TA100, TA1535, TA1537 TA1538	1회	5,000 g/plate	• 복귀돌연변이를 유발하지 않았음
	염색체이상시험	CHL cell	1회	0, 1250, 2500, 5000μg/ml	• CHL cell의 염색체 이상을 유발하지 않음
	소핵시험	ICR mouse	1회	0, 1250, 2500, 5000 mg/kg	• ICR 마우스의 곰수세포에 소핵을 유발하지 않음

따라서 독성시험 결과, 기능성 원료로 안전성이 확보되었으며, 1일 섭취허용량인체 적용 안전섭취량은 15mg/kg bw이다.

성인60kg 기준으로 기능성 원료의 안전섭취량은 1일 900mg이다. 즉 성인은 하루에 이 원료를 900mg까지 먹어도 안전이 확보된다는 것이다.

건강기능식품 기능성 원료로 인정받으려면 1일 섭취허용량인체 적용 안전섭취량인 15mg/kg bw의 범위 내에서 기능성 효과를 입증하여야 한다. 기능성 효과 입증은 시험관 실험, 동물시험, 인체적용시험을 통해서 입증하여야 한다.

12.8 식품 원료로 사용할 수 없는 원료를 건강기능식품의 기능성 원료로 사용하고자 할 경우, 안전성을 평가하는 사례는?

해마토코쿠스 추출물에 대한 안전성 평가 사례를 가지고 설명해 보자. 해마토코쿠스Haematococcus pluvialis 건조 분말을 아세톤으로 추출하여 만들어지며, 기능성 성분인 아스타잔틴의 함량을 표준으로 하였다.

해마토코쿠스 아세톤 추출물은 식품 원료로는 사용할 수 없는 원료로서 건강기능식품의 기능성 원료로 사용하기 위해서는 독성시험, 인체적용시험 등을 통하여 안전성을 입증하여야 한다.

첫 번째로 국내외 사용 현황은?
- 한국
  - 'Astaxanthin'은 국내 식품첨가물공전 제4. "품목별 규격 및 기준" 나. "천연첨가물" 162. '파피아색소', 168. '가재색소', 172. '크릴색소', 의 주색소 성분에 해당함.
- 일본
  - 식품 및 식품첨가물착색료로 인정
- 유럽
  - "Novel Food"로 검토Article 3(4) of the Novel Foods Regulation (EC) 258/97
- 미국
  - Dietary supplement로 판매

- "Food color additives" Haematococcus algae meal CFR, Title 21, sec. 73.185 / Astaxanthin CFR, Title 21, sec. 73.35

• 기타

- 뉴질랜드, 캐나다. 프랑스, 러시아, 영국 등 여러 국가에서 식품원료, 식품첨가물, 식이보충제 등으로 판매되고 있음.

두 번째로 독성시험 결과는?

독성시험		시험동물/시험계	기간	시험울질, 농도	시험결과
단회투여	설치류	SD. Rat (M 5, F 5)	1회	2,000 mg/kg bw	• 사망동물 없음. 관찰된 일반 증상 없음 • LD$_{50}$은 2,000 mg/kg 이상 이었음
13주 반복투여	설치류	CD, Rat (M 80. F 80)	13주	0.15, 150, 1500 mg/kg bw	• 시험물질로 인한 독성 및 사망동물 관찰되지 않음 • NOAEL은 1,500mg/kg 이상임
유전독성	복귀들연변이시험 (Ames test)	Crj:CD(SD)IGS (M 10, F 10)	1회	• 헤마토코쿠스 추출물 • 0, 2000 mg/kg bw	• 사망동물 없음 • 시험물질 투여 2일째 암컷, 수컷에서 붉은 색의 변이 관찰 되었음. 3일 째부터 시험물질의 투여로 인한 이상반응은 나타나지 않았음 • LD50은 2000 mg/kg 이상이었음.
	소핵시험	QJ:CD(SD)IGS (M40, F40)	90일	• 헤마토코쿠스 추출물 • 0.37.185.2, 925.9 mg/kg bw	• 사망동물 없음 • 시험물질 투여 2일째부터 시험 종료일 까지 185.2, 925.9 mg/kg 투여군 암컷, 수컷에서 붉은 색의 변이 관찰되었음.
	염색체이상시험	• S. typhimurium, TA9G, TA100, TA1535 • E call WP2uvrA	1회	• 헤마토코쿠스 추출물 • 156.3, 312.5. 625, 1250, 2500, 5000 μg/plate	• 복귀돌연변이를 유발하지 않았음

세 번째로 인체적용시험 결과는?

Design	Subject	Dose/Period	Safety markers	Remarks	비고
• RCT • Double blind • Parallel	건강한 성인 (n=30) 20~60yrs	• *Haematococcus pluvialis algal extract* (Astaxanthin 12 mg/day) • 4 weeks	• 혈액학적 검사 • 혈액생화학적 검사	• 군간 임상지표의 유의적인 차이가 없었음. • 이상반응이 나타나지 않았음	
⋮	⋮	⋮	⋮	⋮	⋮

네 번째로는 영양소와의 상호 흡수 관계 등 영양평가 결과는?

• 약용식물과 보충제와의 상호작용

 – Astaxanthin은 Gl tract에서 다른 carotenoids와 흡수에 대해 경쟁하므로 같이 섭취할 경우에 흡수가 감소될 수 있음. Nutr Rev 1999 ; 57 : 1~10

• 식품과의 상호작용

 – 식품 속에 존재하는 carotenoids는 astaxanthin의 흡수를 감소시킬 수 있음. Carotenoids는 다양한 채소에서 발견되어지며 당근과 토마토에 고농도로 존재함.

다섯 번째로 생물학적 유용성 평가 결과는?

• 3명의 건강한 성인남성37~43 yrs, 90~100kg이 100mg168M의 astaxanthin을 섭취 한 결과, 섭취 6.7±1.2시간 내에 혈장 최대 농도 1.3±0.1mg/L에 도달하였음. 대부분 lipoproteins을 통하여 혈장에서 이동되며, 모든 lipoprotein fractions에 각각 다른 농도로 존재하고 있는 것이 확인되었음.

여섯 번째로 섭취 시 주의사항은?

• 제안된 섭취량 이상 섭취 시 일시적으로 피부가 황색으로 변할 수 있습니다.

• 임산부와 수유기 여성은 섭취를 피하는 것이 좋습니다.

• β-carotene의 흡수를 저해할 수 있습니다.

결론은 독성시험과 인체 적용 시험 결과를 근거로 1일 12mg_{아스타잔틴} 섭취량에서 안전성을 확인하였고 영양평가나 생물학적 유용성 평가에서도 문제가 없어 기능성 원료로 사용이 가능하다.

인체 적용 시험 결과에서 1일 12mg 섭취량에서 안전성을 확인하였고, 90일 반복 투여 독성시험 결과에서 성인 1일 안전섭취량_{1일 섭취허용량}은 900mg을 확인하였기 때문에 해마토코쿠스 추출물은 1일 12mg을 섭취 시 안전하였다.

12.9 기능성 원료의 안전성과 유효성(기능성)의 확보는

> 기능성 원료의 안전성 확보는 유효성을 확보하는 범위 내에서 안전성을 입증해야 한다. 예를 들어 기능성 원료가 건강기능식품으로서 하루에 1mg을 섭취했을 기능 효과_{1일 섭취기준 1mg}가 입증되었다면 안전성은 그보다도 더 높은 양인 하루 2mg에서 안전성을 확보하여야 한다.
>
> 기능성 원료는 유해 크기_{1일 허용섭취량} 범위 내에서 기능성을 발휘하여야 한다. 즉 건강기능식품은 안전성과 기능성을 모두 확보하여야 한다는 것이다.

기능성 원료의 기능성 효과를 나타내는 1일 섭취량은 기능성 원료의 유해 크기_{1일 허용섭취량}을 초과해서는 안 된다. 건강기능식품의 1일 섭취기준_{1일 섭취량}은 기능성 효과를 나타내는 양이다. 그리고 기능성 원료의 1일 허용섭취량은 안전성을 확보하는 양이다.

즉 기능성 원료의 유해 크기_{1일 섭취허용량, ADI}가 건강기능식품 1일 섭취기준을 초과하여야 한다는 것이다.

건강기능식품의 기능성 원료는 유해 크기_{1일 허용섭취량} 범위 내에서 기능성을 발휘하여야 한다. 즉 건강기능식품은 안전성과 기능성을 모두 확보하여야 한다는 것이다.

12.10 왜 건강기능식품은 인체 적용 시험을 하나요?

> 기능성 효과는 사람에게 나타나는 것과 동물에게 나타나는 것이 동일하지 않기 때문에 사람을 대상으로 기능 효과를 확인하는 과정이다.

건강기능식품의 인체 적용 시험은 동물이 아닌 인체를 대상으로 기능성과 안전성을 동시에 알 수 있는 시험 평가이다. 건강기능식품의 인체에 대한 효과를 확실하게 입증하기 위한 절차이다.

동물시험에서 어느 정도 효과가 입증되었다 하더라도 인체에서는 입증되지 않은 경우도 있다. 기능성 효과는 사람에게 나타나는 것과 동물에게 나타나는 것이 동일하지 않기 때문에 이 절차를 필요로 한다.

부록 1
유해 크기 측정

유해 크기 측정

1. 독성시험

발생할 수 있는 잠재적 위해와 인체 적용 시험에서 파악하기 힘든 독성을 동물시험 연구를 통해 예측해 볼 수 있다. 일반적으로 물질의 독성은 포유류 전반에 걸쳐 유사하므로 동물시험을 통해 관찰된 독성은 별도의 안전성 근거 자료가 없는 경우 안전성 평가를 위하여 유용하게 사용될 수 있다. 얼마만큼 섭취하면 어떤 독성이 나오는지를 파악하는 것이 '독성시험'이다. 독성을 파악함으로써 안전한 섭취량을 산출할 수 있다.

안전성을 확인하기 위한 독성시험은 일반적으로 랫트, 마우스, 개 등이 이용되고, 대상 물질을 사료에 섞어 오랫동안 섭취하도록 하여 나타나는 독성을 관찰하거나 독성이 나타나지 않는 섭취량을 구한다.

단회 투여 독성시험설치류, 비설치류, 3개월 반복 투여 독성시험설치류, 유전 독성시험복귀돌연변이시험, 염색체이상시험, 소핵시험을 기본으로 하며, 물질의 특성에 따라 필요한 경우 생식독성, 면역독성, 발암성 시험 등이 추가로 필요할 수 있다.

(1) 일반 독성시험
독성시험은 투여량용량과 그에 따른 결과반응로써 그 결과를 해석하고 안전성을 평가한다.

독성시험에 따른 용량-반응곡선은 미지의 독성을 가진 식품에 대해 그 식품의 독성 용량과 비독성 용량의 기준/특성 등을 파악하는 데 중요한 요소이다.

1. 급성 독성시험1회 투여 독성시험

   - 시험 물질을 한 번만 투여24시간 이내에 분할하여 투여하는 경우도 포함하였을 때 단기 간에 나타나는 독성을 검사하는 시험

2. 아급성단기 독성시험

   - 시험 물질을 실험동물에 중/장기적몇 주~몇 달으로 반복 투여하여 독성을 검 사하는 시험으로 실험동물은 일반적으로 래트rat 1종과 비설치류 중 1개를 선택하여 2종 이상 실시

3. 만성장기 독성시험반복 투여 시험

   - 아급성 독성과 유사하며, 실험 기간이 길게 확장되어 생애 대부분의 노출 로부터 일어날 수 있는 독성을 확인하는 데 이용

(2) 특수 독성시험법

1. 발암성 시험: 동물을 사용한 발암성 시험은 시험 물질을 실험동물에 만성 독성시험보다 오랜 기간 투여하여 암종양의 유발 여부를 질적/양적으로 검사

2. 생식 독성시험: 시험 물질이 생식 기간의 성숙, 임신, 수정 및 태아의 성장, 발달, 분만, 수유뿐만 아니라 후손의 행동 기능 발달 등을 포함한 생식 기능 발달, 손 행동 발달 등을 포함한 생식 능력에 어떠한 영향을 미치는가에 대 한 정보를 얻기 위한 동물실험

3. 유전 독성시험: 화학물질이 세포의 유전물질DNA에 직접 또는 간접적으로 영향을 끼쳐 돌연변이를 유발하는 것을 유전 독성이라 하는데, 이를 기초 로 한 시험 물질의 돌연변이 유발

4. 발생 독성시험: 태아의 기관 형성기 동안 임신 모체에 약물을 투여하여 기 형 유발 여부 및 차세대의 신체 발달, 반사 기능, 학습 기능 발달 등의 이상 유무를 일으키는 물질을 확인하기 위한 시험

(1) 일반 독성시험

일반 독성시험은 식품첨가물이나 의약품, 농약 등 화학물질의 안전성 평가의 중심이 되는 것으로, 단회 투여 독성시험급성 독성시험과 반복 투여 독성시험28일, 90일, 6개월, 1년간 등이 있다.

가) 단회 투여 독성시험

단회 투여 독성시험은 실험동물에게 비교적 대량의 화학물질을 1회 투여함으로써 나타나는 중독 증상이나 치사량을 조사하기 위한 시험이다.

단회 투여 독성시험은 시험 물질을 실험동물에 단회 투여24시간 이내의 분할 투여하는 경우도 포함하였을 때 단기간 내에 나타나는 독성을 질적·양적으로 검사하는 시험을 말한다. 설치류에 있어서 기존에 요구되어 왔던 반치사 용량이하 LD_{50}은 고정된 것이 아니며 시험 조건의 차이에 의해 수치의 변동이 큰 생물학적 지표이다.

일반적으로 단회 투여 독성시험에 사용되는 동물종으로는 반복 투여 독성시험에서 사용한 동물종과의 대응을 고려할 때, 설치류는 랫드가, 비설치류는 개가 현재 가장 많이 사용되고 있다.

만약 LD_{50} 값이 인체 가능 섭취량의 10배 이하인 경우 해당 물질은 식용으로서는 부적합하다고 판단하여 기타 독성실험을 중단한다. 만약 10배 이상인 것은 다음 단계의 독성실험을 진행할 수 있다.

LD_{50}이 인체 가능 섭취량의 10배 전후인 경우 재실험을 하거나 다른 방법으로 검증을 진행한다.

시험 물질을 실험동물에 1회 투여하고 그 후 중독 증상 및 치사량을 정성 및 정량적으로 평가, 조사하는 급성 독성시험이다.

① 동물종: 2종 이상의 동물 1종은 설치류, 다른 1종은 토끼 이외의 비설치류

② 성별: 적어도 1종에서는 암·수 동물 사용하여 성 차를 검토

③ 동물 수: 일반적으로 설치류는 군별 5마리, 비설치류는 군별 2마리

④ 체중 또는 주령: 설치류의 경우 5~6주령, 개의 경우 5~6개월령

⑤ 투여 경로 및 관찰 기간: 임상 적용 경로 원칙, 경구 투여의 경우 강제 투여 원칙, 통상 14일

⑥ 용량: OECD 허용 한계 용량인 2,000mg/kg에서 사망이 관찰되지 않아도 이 용량 이상에서의 시험은 수행하지 않음: 사망 여부, 체중 감량 여부, 조직 변화 등

나) 반복 투여 독성시험

반복 투여 독성시험은 시험 물질을 실험동물에게 오랫동안 반복 투여함으로써 나타나는 독성을 밝히는 것으로, 중독 증상을 나타내는 용량이나 독성의 종류와 정도, 독성을 나타내지 않는 최대 용량무독성량을 조사하기 위한 시험이다.

반복 투여 독성시험은 시험 물질을 실험동물에 반복 투여하여 중·장기간 내에 나타나는 독성을 질적, 양적으로 검사하는 시험을 말한다. 용량 단계는 적어도 3단계 시험 물질 투여군으로 하고, 최대 내성 용량 및 무해 용량 등을 포함하여 용량-반응 관계가 나타날 수 있도록 설정한다. 독성 변화의 가역성과 지연성지속성 독성을 검토하기 위해 회복군을 두어 시험하는 것이 바람직하다.

독성량을 비교하여 안전역을 추정하기 위해 독성 동태적인 측면에서도 적절한 동물의 선택이 요구된다. 종 또는 계통의 차이에 의해 약물 반응에 차이가 있으므로 두 종 이상의 동물을 사용하여야 하며 한 종은 설치류, 다른 한 종은 토끼 이외의 비설치류에서 선택하여야 한다. 독성 발현의 기전 해명을 위해서는 암·수 모두에 대해서 정보를 얻는 것이 보다 중요한 경우도 있다. 설치류에서는 암·수 각각 10마리 이상, 또 비설치류에서는 암·수 각각 3마리 이상으로 하고 있다. 인체에 처음 투여하는 임상시험의 경우 비임상시험에서 결정된 무독성량이 가장 중요한 정보를 제공한다.

90일 반복 투여 실험의 평가 원칙은 가장 민감한 지표로 얻은 최대 무독성량에 따라 평가를 한다.

① 최대 무독성량이 인체 가능 섭취량의 100배보다 작거나 같은 독성이 비교적 강한 것임으로 해당 물질의 사용을 포기해야 한다.

② 최대 무독성량이 100배 이상 300배 이하인 경우 만성 독성실험을 실시한다.

③ 300배 혹은 그 이상일 경우 만성 독성실험을 할 필요 없이 안전성 평가를 할 수 있다.

한편, 만성 독성실험발암실험 포함의 평가 원칙은 최대 무독성량을 근거로 평가를 한다.

① 무독성량이 인체 가능 섭취량의 50배보다 작거나 같은 독성이 비교적 강한 것임으로 해당 물질의 사용을 포기해야 한다.

② 무독성량이 50배 이상 100 이하인 경우 안전성 평가 후 해당 물질의 사용 여부를 결정한다.

③ 최대 무독성량이 100배 혹은 100배 이상인 경우 식용으로서의 사용 승인을 고려할 수 있다.

시험 물질을 일정 기간3개월 연속적으로 실험동물에 투여하여 시험 물질을 일정 시간에 걸쳐 섭취한 경우 생기는 독성 증상 및 유해성을 예측하고 시험 물질을 사용할 때 대체적인 안전성을 추정하는 시험이다.

① 동물 종: 폐쇄군closed colony인 SD 랫드, Wister 랫드, ICR 마우스 사용

② 성별: 암·수 동물 사용하여 성 차를 검토

③ 동물 수: 일반적으로 설치류는 군별 5~10마리

④ 체중 또는 주령: 설치류의 경우 5~6주령, 개의 경우 12개월령부터 투여 시작

⑤ 투여 경로 및 투여 기간: 임상 적용 경로 원칙, 경구 투여의 경우 강제 투여 원칙, 통상 1일 1회 주 7회

⑥ 용량: 적어도 3단계, 확실 중독량과 무해 용량이 파악되도록 설정

⑦ 체중 변화, 혈액학적 생화학적 변화, 오줌 성분 변화, 병리 조직 변화

(2) 특수 독성시험

발암성 시험은 화학물질의 안전성 평가에서 가장 중요한 시험으로, 화학물질의 발암성을 조사하는 시험이다. 발암성이 확인된 경우에는 그 물질의 사용을 금지한다.

생식, 발생 독성시험이란 시험 물질이 포유류의 생식·발생에 미치는 영향을 규명하는 시험을 말한다. 시험 결과는 생식·발생에 대한 의약품 등의 안전성 평가에 이용된다. 생식·발생에 미치는 영향으로는 생식세포의 형성 장애, 수태 저해, 임신 유지, 분만, 포육 등에 대한 영향, 차세대의 발육 지연 및 기형 발생 등에 대한 영향, 출생 후 성장과 발달, 생식능에 대한 영향 등이 있다.

생식, 발생 독성시험을 계획하고 시작할 때, 보통 단회 투여 독성 및 1개월 이상 반복 투여 독성시험에서 얻은 정보를 이용할 수 있다. 이러한 정보로부터 생식·발생 독성시험의 시험 물질 투여량을 설정하는 것이 가능하다.

반드시 포유동물을 사용하여야 한다. 배·태자 발생 시험에 한하여 두 종류의 포유동물이 사용되는데 비설치류로서는 토끼를 많이 사용한다.

유전 독성시험은 시험 물질의 발암성을 예측하기 위한 단기 검색법의 하나로 중요한 역할을 하여 왔다. 그러나 유전 독성시험은 발암성 평가에만 국한되는 것은 아니다. 예를 들면, DNA에 대한 상해성이 태아에 미친다면 최기형성teratogenicity으로 연결되고, 또한 생식세포정자 또는 난자에 영향을 미치게 된다면 다음 세대에 유전적 상해genetic hazard가 전달될 수 있다.

첫 번째는 유전자 돌연변이gene mutation를 지표로 하는 것, 두 번째는 염색체 이상chromosomal aberration을 지표로 하는 것, 세 번째는 DNA에 대한 상해성 또는 그 수복성DNA damage or repair을 지표로 하는 것

물리화학적인 요인 또는 생리적인 요인 등에 의해 DNA의 염기나 유전자 및 염색체에 직접 손상을 주어 형태학적 및 기능적 이상을 일으키는 현상유전 독성 여부를 판단

- 유전독성의 종류: DNA 손상, DNA 수복, 유전자 돌연변이, 염색체 이상
- 복귀 돌연변이 시험: 특정 아미노산 요구성 균주를 이용하여 시험 물질에 의한 돌

연변이_{저해된 아미노산 합성 균주}로 전환되는지를 확인함으로 유전독성을 측정하는 시험

- **염색체 이상 실험:** 시험 물질에 의한 염색체 이상 유발 유무와 유발 정도를 염색체 수의 이상 및 구조의 이상 판단을 통해 검색하는 시험
- **소핵 시험:** 시험 물질에 의해 소핵이 생성되는 정도를 관찰함으로써 시험 물질에 의한 염색체 또는 유사분열 기관의 손상 여부를 통해 유전 독성을 평가하는 시험 방법

유전 독성평가를 위한 표준시험법의 조합으로 수행되어야 한다. 이들 표준시험법은 in vitro 및 in vivo 시험법을 포함하며 상호 보완적이다.

실험 대상 물질의 화학 구조, 물리화학적 성질 및 유전 물질에 대한 작용 종점의 상이함과 체외, 체내 실험과 체세포, 생식세포를 동시에 고려하는 원칙에 따라 유전 독성 실험 중에서 4가지 실험을 선택하여 다음의 원칙에 따라 결과에 대해 판단을 내린다.

① 만약 3가지 실험이 양성인 경우 해당 실험 물질은 유전 독성 작용과 발암 작용의 가능성이 있기 때문에 일반적으로 해당 물질을 식품에 응용하는 것을 포기해야 한다. 따라서 기타 항목의 독성실험은 할 필요가 없다.

② 만약 2가지 실험이 양성이며 단기 사육 실험에서 해당 물질이 현저한 독성 작용을 나타낸 경우 일반적으로 해당 물질의 사용을 포기한다. 만약 단기 사육 실험에서 독성 작용이 있는 것으로 의심될 경우 기초 평가 후에 실험 대상 물질의 중요성과 가능 섭취량 등을 근거로 종합적인 이해관계를 따져 결정한다.

③ 만약 그중 한 가지 실험에서 양성 반응을 나타낼 경우 다시 3.1.2.4 중의 두 가지 유전 독성실험을 선택한다. 만약 재실험한 결과 모두 양성인 경우 단기 사육 실험과 전통 기형 유발 실험에서 독성 작용과 기형 유발 작용의 유무를 막론하고 해당 물질의 사용을 포기해야 한다. 만약 그중 하나에서 양성으로 나타났지만 단기 사육 실험과 전통 기형 유발 실험에서 명확한 독성과 기형 유발 작용이 없다면 제3단계 독성실험을 진행할 수 있다.

④ 네 가지 실험이 모두가 음성인 경우 제3단계 독성실험을 진행할 수 있다.

(3) 실험동물 독성시험으로 안전성 평가 시 고려할 사항

① 인체 가능 섭취량

일반 집단의 섭취량 외에 특수, 민감 집단예를 들어 아동, 임산부 및 고섭취량 집단도 고려해야 한다.

② 인체 자료

동물과 인간 사이에는 종족의 차이가 존재하고 있으므로 동물실험의 결과를 인체에 적용할 때에는 인체가 실험 물질과 접촉한 후의 반응에 관한 자료를 되는대로 수집해야 한다. 예를 들어, 직업적인 접촉 혹은 사고에 의한 접촉 등 실험지원자 체내의 대사 자료는 동물실험을 인체에 적용할 때 아주 중요한 의미를 지니고 있다. 안전이 확보된 조건에서 관련 규정에 따라 필요한 인체 시식 실험의 진행을 고려할 수 있다.

③ 동물 독성실험과 체외 실험 자료

동물 독성실험과 체외 실험 체계는 아직 보완할 점이 많지만, 현재 수준에서 얻을 수 있는 가장 중요한 자료이며 평가를 하는 데 있어 가장 중요한 근거이다. 실험이 양성 결과를 나타내고 결과의 판단이 실험 물질의 식용으로서의 사용 여부와 관계되었을 경우, 결과의 중복성과 용량-반응의 관계를 고려해야 한다.

④ 동물 독성실험의 결과를 인체에 적용할 때에는 동물과 인간의 종속적 차이와 개체 사이의 생물 특성의 차이를 감안하여 일반적으로 안전계수의 방법을 채택하여 인체의 안전성을 확보한다. 안전계수는 일반적으로 100배로 하지만 실험 대상 물질의 물리화학 성질, 독성 강도, 특징, 접촉 집단의 범위, 식품 중의 사용량과 사용 범위 등 요소를 근거로 하여 안전계수의 가감을 종합적으로 고려해야 한다.

⑤ 대사 실험의 자료

대사 연구는 화학물질의 독성 평가에 있어 아주 중요한 측면이다. 이는 각기 다른 화학물질 용량은 대사 측면의 차이에서 독성 작용에 아주 큰 영향을 미치기 때문이다. 독성실험에서 원칙적으로 인간과 동일한 대사 경로와 방식을 지닌 동물을 선별하여 실험을 해야 한다. 실험 대상 물질이 실험동물과 인체 내의 흡수,

분포, 배설과 생물 진화 측면의 차이를 연구하는 것은 동물실험의 결과를 인체에 비교적 정확하게 적용하는 것에 대해 중요한 의미를 지니고 있다.

⑥ 종합평가

최후 평가를 내릴 때 실험 대상 물질이 인체 건강에 대해 있을 수 있는 위해와 유익한 작용 사이에서 가늠해야 한다. 평가의 근거는 과학실험 자료뿐 아니라 당시의 과학 수준, 기술 조건 및 사회적 요소와도 관계가 있다. 따라서 시간이 흐름에 따라 결론이 다를 수도 있다. 계속되는 상황 변화와 과학기술의 발전 그리고 연구의 계속되는 진전에 따라 이미 평가를 내린 화학물질에 대해서도 재평가하여 새로운 결론을 내려야 할 것이다.

이미 오랜 기간 동안 식품에 응용해 온 물질에 대해 접촉 대상에 대한 유행성 질병 조사는 중요한 의미를 갖고 있지만 용량-반응의 관계 차원에서의 신빙성 있는 자료를 얻지 못한다. 새로운 실험 대상 물질에 대해서는 동물실험과 기타 실험에 의존할 수밖에 없다. 그러나 설령 완벽하고 상세한 동물실험 자료와 일부 일류 접촉자의 유행 질병학 연구 자료가 있다 한들 인류의 종족과 개체의 차이로 모든 사람의 안전을 보증할 수 있는 평가를 내릴 수는 없다. 이른바 절대적 안전은 실제로 존재하지 않는 것이다. 최종 평가를 내릴 때에는 실제 가능을 전면 가늠하고 고려해야 한다. 해당 물질의 최대 효능을 끌어내고 인체 건강과 환경에 최소의 위해의 조성을 보증하는 것을 전제로 결론을 내려야 할 것이다.

2. 유해 크기 결정

가장 민감한 부정적 건강 영향에 대하여 용량-반응 관계를 파악하고 평가한다. 예를 들어 고용량 실험에서 관찰된 화학물질의 작용 메커니즘이 가장 낮은 추정 노출 수준에서도 사람에게 의미가 있으면 역학적 측면도 고려한다.

화합물의 역치를 갖는 메커니즘으로 독성을 발휘하는 경우, 위해요소 독성값은 안전한 섭취 수준으로 1일 허용_{許容}섭취량_{ADI, acceptable daily intake} 또는 1일 내용_{耐容}섭취량_{TDI, tolerable daily intake}를 정한다.

안전 섭취 수준_{인체노출안전 수준}의 추정은 ADI나 TDI_{PTWI} 추정하는 것으로 동물 모델에서 얻은 데이터를 사람에 적용할 때 나타나는 불확실성과 개인 간 변동성을 감안하여, 실험 또는 역학 조사에서 관찰된 무영향 수준 또는 저영향 수준에 '불확실성 계수'를 적용한다. 그러므로 ADI나 TDI는 실제 만성적으로 안전한 일일 섭취량의 보수적 추정에 해당된다. 위해 추정치와 내재적 불확실성 추정치 모두 계산하지 않은 상태다. 충분한 데이터가 있으면, 데이터 유래 화학물질 외삽 계수로 불확실성 계수를 대체할 수 있다. ADI과 달리 TDI나 PTWI는 오염물질에 대하여 사용하며, 동일한 방법과 원칙을 적용하여 정한다. 이와 같은 안전 평가에 내재된 보수주의는 일반적으로 사람 건강을 충분히 보호한다고 생각한다.

또한, 독성 화학물질에 대한 급성 노출 시의 참고 용량 계산 방법도 개발되었다. 예를 들어 잔류허용기준_{MRL}을 훨씬 초과하는 우발적인 잔류물 섭취 가능성을 감안하여 농약에 대한 ARfD_{Acute Reference Dose}를 산출하고 있다.

왜 유해물질인가? 왜 유해 화학물질인가? 그것은 독성을 가지고 있다는 뜻이다. 그렇다면 어느 정도의 독성을 가졌다는 것인가? 독성의 정도에 따라 그 위험성은 달라진다.

유해 화학물질은 모두 식품에 존재하면 안 되는가? 화학물질의 종류에 따라 독성의 정도는 달라서 인체 미치는 영향도 그 양이 다를 수 있다. 어떤 유해물질은 ppm 단위, 어떤 물질은 ppt 단위에서도 인체에 악영향을 미친다.

따라서 유해물질마다 독성의 정도가 달라서 일률적인 농도로 인체에 유해하다 무해하다 할 수 없다. 결국 어떤 종류의 유해물질이냐에 따라 식품 중에 관리하는 함유량도 달라진다.

유해물질위해요소도 물질에 따라 유해의 크기가 다를 수 있다. 즉 위험에 대한 크기가 물질 그 자체부터 다를 수 있는데 무엇으로 알 수 있을까? 그 물질의 독성값으로 결정된다.

1) 비발암 유해물질의 유해 크기 결정

유해물질의 독성을 평가하기 위하여 유해물질을 실험동물에게 투여하고 그 반응을 관찰하여 조금이라도 반응이 나타나면 그 시점에서 독성값[최대 무작용무영향 독성량 NOAEL]을 산출하여 유해물질의 독성 크기를 결정한다. 즉 유해물질의 독성 크기는 인체에 미치는 정도로 위험성을 결정한다.

일일 섭취허용량Acceptable Daily Intake, ADI 과정은 비발암 작용에 근거하여 인간에게 허용되는 만성 노출 수준을 계산하는데 이용되어 왔다. ADI는 사람이 평생 고통스러운 유해 작용 없이 매일 노출될 수 있는 화학물질의 양이다. 이는 독성을 유발하지 않는 사람과 동물실험에서 무독성량NOAEL에 대한 안전 인자safety factor를 적용함으로써 결정된다.

ADI를 결정하는 과정에서 무독성량NOAEL이 허용인체노출allowable human exposure 에 대한 안정 영역을 제공하기 위하여 안전 인자들불확실 인자에 의해 나뉘진다.

NOAEL을 얻을 수 없을 때는 최소독성용량LOAEL이 RfD 값을 계산하기 위해 사용된다.

또한, 비발암성 작용에 대한 용량 반응 곡선에서 NOAEL과 LOAEL이 확인된다. 어떠한 독성 작용이라도 인간에게 나타날 것 같은 가장 민감한 독성작용이라면 NOAEL/LOAEL로 사용되어질 것이다.

ADI, RfD를 이끌어 내기 위해 사용되는 불확실 인자 또는 안전 인자는 아래와 같다.

10: 인간의 다양성에 대하여

10: 동물에서 인간으로 외삽할 경우

10: 만성 자료가 아닌 것을 사용한 경우

10: NOAEL 대신 LOAEL을 사용한 경우

ADI, RfD를 계산하기 위해 사용된 인자의 수는 적절한 LOAEL과 NOAEL을 제공하기 위해 사용된 연구에 의존한다.

RfD를 유도하기 위한 일반적인 공식은:

불확실한 또는 신뢰할 수 없는 결과일수록 적용되는 전체 불확실 인자는 더 높아진다. RfD 계산의 한 예를 아래에 나타내었다.

50mg/kg/day의 LOAEL을 가진 아만성 동물실험subchronic animal study이 사용되었다. 그러므로 불확실 인자들은 인간의 다양성에 대해 10, 동물실험에 대해 10, 만성 노출 이하의 사용에 대해 10, NOAEL 대신에 LOAEL을 사용한 것에 대한 10이 된다.

유해물질의 독성 특성을 결정하는 것은 기본적으로 유해물질의 농도에 따라 어떤 반응을 보이는지를 관찰하여 결정한다.

첫 번째로 그 유해물로 인해 죽기 시작하는 농도가 얼마인지 또는 전체 중 절반이 죽는 농도를 가지고 특성을 설명한다.

두 번째로 일정 농도에서 어떠한 반응이라도 나타내기 시작하는 농도를 관찰하여 독성 특성을 결정한다. 그리고 반응을 나타내기 바로 전의 농도, 즉 반응을 나타내지 않는 농도를 임계값, 즉 무독성량으로 결정한다. 이 농도가 인체노출안전기준을 결정하는 중요한 요소이다.

앞서 설명한 바와 같이 동물실험을 통하여 독성 특성값을 결정하는 그림이다.

유해물질 용량에 따라 영향이 나타나는 것을 관찰하고 그 영향이 나타나지 않는 농도로 무독성량을 결정한다. 이 용량이 인체노출안전기준을 결정하는 중요한 값이다.

인체노출안전기준은 동물실험에서 결정된 무독성량에 안전계수동물과 인간의 종간 차이 10배, 인간의 특성 차이 10배 등을 고려하여 100 이상를 고려하여 그보다 낮은 용량으로 최대한 안전하게 설정한다. 그래서 설령 이 기준을 조금 넘는다고 바로 위해가 나타나는 것은 아니지만 굉장히 엄격하게 관리하는 기준이다.

인체노출안전기준이란 식품 중 유해 오염물질이 인체에 노출되어도 유해한 영향이 나타나지 않는다고 판단되는 노출 허용 수준이다.

평생의 건강 보호를 목적으로 기준이 정해져 있으며, 이 기준을 초과하여 지속적으로 노출되었을 경우에는 건강에 영향을 줄 수 있다.

유해물질의 인체노출안전기준독성값은 유해물질의 특성에 따라 급성 독성의 경우 LD_{50}반치사량나 aRfD급성 독성 참고값로, 급만성 독성의 경우 ADI1일 섭취허용량나 TDI1일 섭취한계량로 설정하고 있다.

인체노출안전기준은 체중 kg당 노출 허용량으로 표시하고, 중금속 등 비의도적 물질은 TDI나, PTWI를 사용한다.

TDItolerable diary intake는 1일 섭취한계량으로, 매일 평생 섭취해도 인체에 무해한 1일 단위 섭취량이고, PTWI는 잠정 주간 섭취한계량으로 매주 평생 섭취해도 인체에 무해한 1주일 단위 섭취량이다.

다음으로 잔류농약, 동물용 의약품 등 의도적 사용 물질은 ADI를 사용하는데, ADIacceptable diary intake는 1일 섭취허용량으로 매일 평생 섭취해도 인체에 무해한 1일 단위 섭취허용량이다.

**인체노출
안전기준** ➡ 식품 중 유해오염물질이 인체에 노출되어도 유해한
영향이 나타나지 않는다고 판단되는 노출 허용 수준

평생 동안의 건강보호를 목적으로 정해져 있으며,
이 기준을 초과하여 지속적으로 노출되었을 경우
건강에 영향을 줄 수 있음

체중 kg 당 노출 허용량으로 표시

중금속 등 비의도적 오염물질 : TDI, PTWI 사용

잔류농약 등 의도적 사용물질 : ADI 사용

유해물질 중에는 식품의 생산·제조·보존·유통함에 있어서 필요불가결하게 어떤 목적을 위하여 식품에 사용을 허가하는 경우가 있다. 이때는 발암성, 유전독성, 인체 축적성 등을 평가하여 식품 중에서 안전하게 관리가 가능한 물질만을 선택하여 허가 한다. 식품에 사용 허가한 유해물질은 인체노출안전기준을 1일 섭취허용량ADI으로 정 하고 있다. 따라서 안전관리가 가능한 만큼 그 독성값도 허용하는 값으로 표시한다. 그리고 그 허용량을 근거로 식품 중 잔류허용기준을 설정하여 관리하고 있다.

그러나 식품에 사용을 허가되지 않은 비의도적 오염물질은 축적성 등의 특성 때문 에 허용량이 아닌 한계량으로 1일 섭취한계량TDI, 또는 1주일 섭취한계량TWI, 1달 섭취 한계량TMI으로 정하고 있다. 따라서 이 유해물질은 식품 중에 존재하면 안 되지만, 환 경 등으로 인하여 어쩔 수 없이 존재할 수밖에 없기 때문에 최소량으로 존재하도록 관리할 수밖에 없다.

	ADI(1일 섭취허용량)	TDI(1일 섭취한계량)
대상 유해물질	농약, 동물용 의약품, 식품첨가물	중금속, 곰팡이독소, 해양생물독소, 잔류성유기오염물질, 벤조피렌, MCPD 등
사용 허가 여부	식품에 사용하여도 인체에 유해하지 않도록 관리가 가능한 물질	식품에 허가할 수 없는 물질
식품에 존재 여부	의도적 사용 물질	비의도적 오염물질
식품 중 함유량	식품에 일정 양까지는 잔류를 허용(잔류허용기준)	식품에 존재하면 안 되지만 가능한 한 식품에 최소량으로 존재하도록 관리(최대 기준)
독성 특성	발암성, 유전독성이 없는 물질 인체에 축적되지 않은 물질	발암성, 유전독성 등도 있는 물질 주로 인체에 축적되는 물질

다음은 유해 오염물질별 인체노출안전기준이며, 그 물질의 축적 특성에 따라 TDI1 일, PTWI1주일, PTMI1개월로 결정한 값이다.

2) 발암성 유해물질의 유해 크기 결정

유해물질의 발암독성은 국제발암연구소IARC에서 인체 또는 동물에 대한 발암 가능 정도에 따라, 1군, 2군2A-인체 발암 가능성이 높은 물질, 2B-인체 발암 가능성이 있는 물질, 3군인체 발암물질로는 분류되지 않은 물질, 4군비발암물질로 분류되는 물질으로 분류한다. 1군 발암물질은 인체에 발암성이 확인된 물질로 벤젠, 카드뮴, 비소, 포름알데히드, 담배 등이다.

발암 독성은 물질의 양과는 상관없이 암을 일으키느냐, 일으키지 않느냐에 따라 분류한다. 따라서 우리가 먹고 있는 식품 중에도 발암물질이 다수 있을 수 있다. 예를 들어, 알코올 등이 그렇다.

발암성 화학물질에 대한 독성학적 참고값은 국가별로 다를 수 있다. 역학 데이터와 동물실험 데이터의 조합에 근거한 것도 있고, 동물 데이터에만 근거하여 정하기도 하며, 서로 다른 수학적 모델을 활용해 위해 추정치를 저용량에 외삽하기도 한다. 이러한 차이에 따라 동일 화학물질에 대한 암 위해 추정치가 차이를 보일 수 있다.

발암 위해평가는 두 단계를 가진다. 첫 단계는 모든 역학연구, 동물실험, 생물학적 활성 측정의 정성평가이다. 만약 증거가 풍부하다면 물질은 확실한definite, 발암성이 추정되는probable 혹은 가능성이 있는possible 인체 발암원으로 분류될 것이다.

두 번째 단계는 인간에게 확실한 혹은 잠재적인 발암원으로 분류되는 물질들에 대한 위해성을 정량하는 것이다.

물질 노출과 인체에 있어서 암 사이의 원인 관계를 명확하게 보여 주는 역학 연구는 충분한 인체 증거sufficient human evidence의 기본이 된다.

만약 관측된 작용을 위한 대체적인 설명이 존재한다면, 그 자료는 인체에 있어서 제한된 증거limited evidence in humans로 결정된다. 만약 만족할 만한 역학 연구가 존재하지 않는다면, 그 자료는 인체에 있어서 부적절한 증거inadequate evidence in humans가 된다.

실험동물 한 종 혹은 한 계통 이상 또는 한 실험 이상에서 암의 증가는 동물에 있어서 충분한 증거sufficient evidence in animals로 여겨질 수 있다. 단일 실험으로부터 얻은 자료일지라도 만약 발생 확률이 높거나 특이한 종양이 유발되었다면 역시 동물에 대한 충분한 증거로 간주될 수 있다. 그러나 일반적으로 오로지 하나의 종 한 계통 혹은

한 연구에서만 발암 반응을 나타내었다면 이는 단순히 동물에 있어서 제한적 증거 limited evidence in animals로 간주된다.

- 벤치마크 용량Benchmark dose, BMD
  - 용량-반응 모델을 근거로 계산되는 값, 어떤 독성에 대해 사전에 정한 척도나 생물학적 영향의 변화가 대조군에 비해 5% 혹은 10%의 유해한 영향이 나타나는 용량
    * BMDLBenchmark Dose Lower Confidence Limit, BMD 중 95% 신뢰 구간의 하한치
  - 최대 무독성 용량NOAEL 접근 방법의 단점을 보완하기 위해 개발된 방식으로 최근 용량반응평가에서 BMD 사용 선호
- 노출 안전역Margin of Exposure, MOE
  - NOAEL, BMD 등과 같이 독성이 관찰되지 않는 기준값을 인체 노출량으로 나눈 값으로, 화학물질이 적절하게 관리되고 있는지 혹은 여러 가지 화학물질 중 우선 관리 대상을 선정하는 등의 위해관리를 지원할 때 사용

식품 안전에 있어 가장 어려운 이슈 중의 하나는 유전독성과 발암성 둘 모두를 지닌 물질이 식품에 존재한다는 사실과 이 물질을 쉽게 제거하거나 피할 수 없다는 사실이 밝혀졌을 때 인간 보건에 미치는 잠재적 위험성을 알리는 일이다.

BMD는 기준이 되는 종양 발생에 있어 사전에 정한 증가율예: 10%을 유발하는 것으로 추정되는 용량을 말한다. BMDL는 BMD의 일방향 95% 신뢰 구간의 하한치를 말하는데, 이 BMDL은 MOE 계산의 기준점으로 사용될 수 있다.

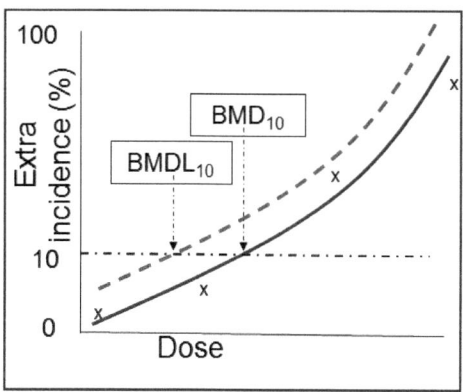

MOE = $\dfrac{BMDL_{10} \text{ (동물)}}{\text{노출량 (인체)}}$

<10,000 : possible concern
 10,000-1,000,000 : low concern
>100,000 : negligible concern with action
          minimizing future exposure
>1,000,000 : negligible concern

10 : interspecies differences
10 : intraspecies variability
10 : quality of the database
10 : seriousness of the carcinogenic response

에틸 카바메이트, 니트로사민, 헤테로사이클릭 아민과 같이 식품 처리 과정에서 생성될 수 있는 물질과 음료, 바질에서의 메칠유제놀과 같은 자연 발생 물질 등이 포함된다.

MOE 접근 방식은 ALARA 접근 방식<small>식품 내 불가피한 유전독성 발암물질 농도는 가능한 "낮게" 유지해야 한다</small>과 관찰된 용량 범위 밖에서의 생물 검정에서 관찰된 반응을 보간법을 통해 적용하는 것이 필요한 모델링 접근 방식의 대안적 접근 방식이라 할 수 있다.

위해성이란 측면에서 MOE 수치를 해석하는 것에 관한 여러 이슈들도 함께 요약하였다.

- 유전독성 발암성 물질이 의도적으로 식품에 첨가되지 않았다는 사실을 분명하게 할 필요가 있고,
- MOE 산출에는 ALARA<small>ALARA는 위해관리 선택 사항임</small>의 사용을 홍보하는 것은 포함되어 있지 않으며, 결론적으로 MOE는 계산에 매우 의존적이며, 식품 소비와 발생 데이터의 가정들은 섭취 노출 추정치에 극적인 영향을 미칠 수 있다.

[위해평가에서 인체노출안전역MOE 적용 물질]

물질명	임계 종말점	$BMDL_{10}$ (mg/kg b.w./day)
Acrylamide	고환	1.0
	유방	0.16
Aflatoxin B1	간세포	0.00025 0.00087[a]
Benzene	Zymbal gland	17.6
Benzo[α]pyrene and polycyclic aromatic hydrocarbon	전체	0.12
1,3-dichloro-2-propanol	신장	9.62
Ethyl carbamate	폐, 기관지	0.25
Furan	간세포	-
Leucomalachite green	간세포	20.4
1-methylcyclopropene(1MCP) impurities	코	11.0
Methyleugenol	간세포	7.90
PhIP[b]	전립선	0.48
	유방	0.74
Sudan I	간세포	7.32

a) 노출 기간을 60년(수명)으로 하였을 경우 10% 간암 발생률을 BMD_{10}으로 산출하고 외삽을 통해 $BMDL_{10}$ 산출함 ⇒ 870 ng/kg b.w./day
b) PhIP, 헤테로고리아민류(HCAs)의 일종

*출처: *Food and Chemical Toxicology 48 (2010) S2-.S24*

3) 비규제 유해물질의 유해 크기 결정

(1) 비규제Unregulated 오염물질의 신속 위해평가는 정량적 측정값이 컷오프값*1µg/kg을 초과하는지 여부를 판단한다.

* 컷오프값: 하루 식사를 통하여 독성학적으로 가장 잘 보호받을 수 있는 값을 말하며, 하루에 식품을 체중kg당 25g을 섭취하고 해당 식품의 10% 정도가 오염되었다는 가정과 유전독성또는 발암성, 즉 DNA 반응성 돌연변이 또는 발암성 물질의 독성 역치TTC를 고려해서 산출한 값

(2) 컷오프값을 초과할 경우, 독성 자료를 충분히 확보한 후, 기존의 절차에 따라 위해평가를 실시한다.

참고 자료 1. 컷오프값 산출 근거

컷오프값 도출에 사용된 계산식은 다음과 같다.

컷오프값 = (TNC/ (BWM×CAF))×CF

컷오프값 = $1\mu g/kg$ = (0.0025 $\mu g/kg$ bw/day / (25 g/kg bw/day× 0.1))×1,000

TNC: DNA 반응성reactive 돌연변이 또는 발암성carcinogenic 물질에 대한 독성역치값 TTC*, 0.0025 µg/kg bw/day이다. 이 TTC 값은 식단에서 독성을 가장 잘 보호하는 값으로 선택되었으며, 해당 값 이하의 노출은 건강에 부정적인 영향을 미칠 가능성이 낮다. 참고자료 JECFA가 검토한 모든 유해 오염물질제외 범주에 속하지 않는이며 $0.0025\mu g/kg$ bw/day 값은 급성 및 만성 인체노출안전기준에 비해 보호적protective이고 인체노출안전기준HBGV이 없는 오염물질 출발점의 104~106배 이하임을 나타낸다.

* TTCThreshold of Toxicological Concern

* Review of the TTC approach and development of new TTC decision treeEfsa, 2016

BWM: 하루 소비되는 식품의 체중조정 질량g/kg body weight/day으로 25g/kg bw/day 값은 성인이 소비하는 연간 550kg의 식품 질량을 계산하여CXS 193-1995의 방사성핵종 지침 Annex 1에서 보고 1.5kg으로 환산한 다음, 평균 성인 체중을 사용하여 성인 60kg의 체중 기준으로 조정한 것이다.

CAF: 오염물질의 검출에 영향을 미칠 것으로 예상되는 일일 식단의 최대 질량 비율이다. 방사성핵종 지침의 계산과 일관되게 0.1₁₀%의 값은 다양한 식단에서 개인이 하루에 섭취하는 총량의 10% 이상을 차지할 가능성이 낮다는 점을 근거로 사용된다.

CF: 단위 전환 요인₁,₀₀₀이며, 도출된 컷오프값을 $\mu g/g$에서 $\mu g/kg$으로 전환한다.

참고 자료 2. JECFA에 의한 독성값과 컷오프값 비교 예시

JECFA가 확립한 인체노출안전기준HBGV에 비해 TTC Genotoxic/DNA 반응 등급 0.0025 µg/kg bw/day이 제공하는 보수적 평가와 비교하거나 혹은 식별된 독성학적 출발점 POD이 없을 경우와 비교한다. 제외 범주금속, 아플라톡신 및 다이옥신 등 내의 오염물질은 고려하지 않았다.

오염물질	JECFA HBGV	TTC-Genotoxic/DNA 반응등급 보호 크기 (0.0025 µg/kg bw/day)
1,3-DCP	None- Genotoxic carcinogen; POD: $BMDL_{10}$ 3.3 mg/kg bw/day	Margin of 106 to POD
3-MCPD/3-MCPD esters	4 µg/kg bw/day	1,600 x lower than HBGV
Acrylamide	None- Genotoxic carcinogen; POD: $BMDL_{10}$ 0.18/0.31 mg/kg bw.day	Margin of 104-105 to POD
Cyanogenic glycosides	ARfD: 0.09 mg/kg bw HCN eqv. PMTDI: 20 µg/kg bw/day HCN eqv.	36,000 x lower than ARfD 8,000 x lower than PMTDI
DON	ARfD: 8 µg/kg bw PMTDI: 1 µg/kg bw/day	3,200 x lower than ARfD 400 x lower than PMTDI
Ethyl carbamate	None- Genotoxic carcinogen; POD: $BMDL_{10}$ 0.3 mg/kg bw/day	Margin of 105 to POD
Fumonisins	PMTDI: 2 µg/kg bw/day	800 x lower than PMTDI

Furan	None- Genotoxic carcinogen; POD: $BMDL_{10}$ 0.96 mg/kg bw/day	Margin of 105 to POD
Glycidyl esters	None- Genotoxic carcinogen; POD: $BMDL_{10}$ 2.4 mg/kg bw/day	Margin of 105 to POD
Ochratoxin A	PTWI: 0.112 µg/kg bw/week (0.016 µg/kg bw/day)	6 x lower than PTWI
PAHs	None- Genotoxic carcinogen; POD: 100 µg B[a]P/kg bw/day	Margin of 104 to POD
Patulin	PMTDI: 0.4 µg/kg bw/day	160 x lower than PTWI
Sterigmatocystin	None- Genotoxic carcinogen; POD: $BMDL_{10}$ 0.16 mg/kg bw/day	Margin of 105 to POD
Styrene	PMTDI: 40 µg/kg bw/day	16,000 x lower than PMTDI
T-2, HT-2, DAS	PMTDI: 0.06 µg/kg bw/day	24 x lower than PMTDI
Zearalenone	PMTDI: 0.5 µg/kg bw/day	200 x lower than PMTDI

4) 위해요소의 유해 크기독성 결정 절차는

가. 위해요소의 독성실험 자료는 용량–반응 실험의 결과로써 얻은 NOAEL, LOAEL, BMDL 등을 활용한다.

– 직접 실험으로 얻거나 WHO, 미국, 일본, 호주, 유럽 등 선진국 자료 활용

나. 독성실험 자료를 활용하여 독성값TDI, ADI, BMDL 등을 결정하는데, 이때는 불확실성 계수를 적용한다.

– 불확실성 계수 적용: 동물과 사람 1~10, 사람 간 민감도 1~10, NOAEL 대신 LOAEL 사용한 경우 1~10 등이다

– 독성종말점 선택은 체중 감소, 장기 무게 감소, 조직학적, 그 밖의 독성시험 결과 및 인체역학 결과 등을 활용한다.

– 논문이나 국제기구에서 발표한 알려져 있는 TDI, ADI, BMDL 등 활용할 수 있다.

가) 비발암성 유해물질의 노출에 따라 의도적, 비의도적 노출로 구분하여 독성

값을 결정한다.

- 첨가물, 잔류농약과 같이 의도적 노출의 경우 ADI를 설정하고, 환경 또는 제조 과정 등에 의한 비의도적 노출의 경우 TDI를 설정한다.

나) 완전 발암물질은 아니나, NOAEL 설정을 위한 자료가 부족한 경우 BMDL을 이용하여 평가하고 독성값을 결정한다.

- BMDLBMD의 lower 95% 신뢰 구간에 해당하는 양은 동물실험 결과로부터 외삽된 그래프에서 통상 control로부터 5%BMDL$_5$ 또는 10%BMDL$_{10}$ 종양 발생률을 나타내는 양으로 산출한다.

다) 유전독성, 발암성 유무에 따라 평가 방법이 달라질 수 있다.

- 유전독성, 발암성이 있어 NOAEL 값이 없는 경우 BMDL 값 사용한다.

3. 식품의 안전성 평가

1) 식품의 안전 섭취량 평가

가. 식품의 최대무독성량 산출

① 단회 투여 독성시험설치류, 비설치류 : 개략의 치사량의 측정

② 3개월 반복 투여 독성시험설치류

같은 용량을 매일 3개월가량 연속 투여하는 시험으로 일반 증상, 이화학적 검사, 부검, 장기중량, 조직병리학적 검사를 통해 최대무독성량NOAEL을 찾아내는 시험

나. 식품의 인체 1일 섭취허용량 산출

최대무독성량NOAEL, No Observed Adverse Effect Level 값을 확인하고 1일 섭취허용량ADI, Acceptable Daily Intake 값을 구한다.

$$ADI = \frac{NOAEL}{\text{안전계수}} = \frac{2\,g/kgbw/day}{10(\text{종간 차이}) \times 10(\text{개체 차이})}$$

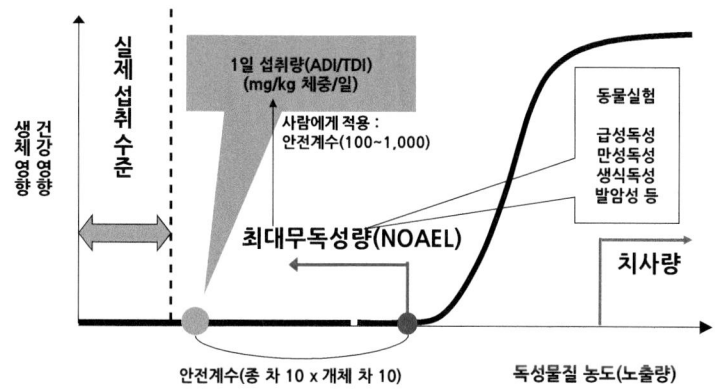

다. 일반 성인의 식품 1일 안전섭취량 산출

식품의 1일 섭취허용량ADI에 일반 성인의 몸무게를 곱하면 일반인의 안전 섭취량이 산출된다.

2) 국민의 실제 식품섭취량 평가

섭취량 평가를 위한 근거 자료로 '국민건강영양조사질병관리청', '한국인 영양섭취기준한국영양학회', '식품 수급표농촌경제연구원', '식품 성분표농촌진흥청' 등의 자료로 한국인에 대한 자료를 우선으로 하며, 관련 자료가 없는 경우 외국의 자료 혹은 과학적이고 객관적인 문헌을 이용해야 한다.

- 식품 원료의 사용 용도사용 대상 식품 및 사용량을 제안하고, 해당 원료에 대한 연령별 평균 섭취량, 극단 소비군의 극단 섭취량을 계산한다.
- 사용 대상 식품은 「식품의 기준 및 규격」에 명시되어 있는 식품의 유형으로 정해야 함.
  * 예: 과자, 만두류, 두부, 과채 음료, 혼합 음료, 시리얼류

3) 식품의 안전성 평가

식품의 독성시험을 통하여 산출한 1일 안전섭취량1일 섭취허용량과 평소 일반 국민의 실제 식품 섭취량과 비교하여 평가한다.

평소 우리 국민의 실제 식품 섭취량이 유해 크기인 1일 섭취허용량을 초과하면 안 전하지 않은 식품이다.

4. 식품 등의 독성시험법 가이드라인

식품 등의 독성시험법 가이드라인은 식약처 홈페이지/법령 자료/법령 정보/민원인 안내서https://www.mfds.go.kr/brd/m_1060/view.do?seq=14916 에 수록되어 있다.

독성시험 시 단회 투여 독성시험과 반복 투여 독성시험으로 나누어 가이드라인을 제공하고 있다.

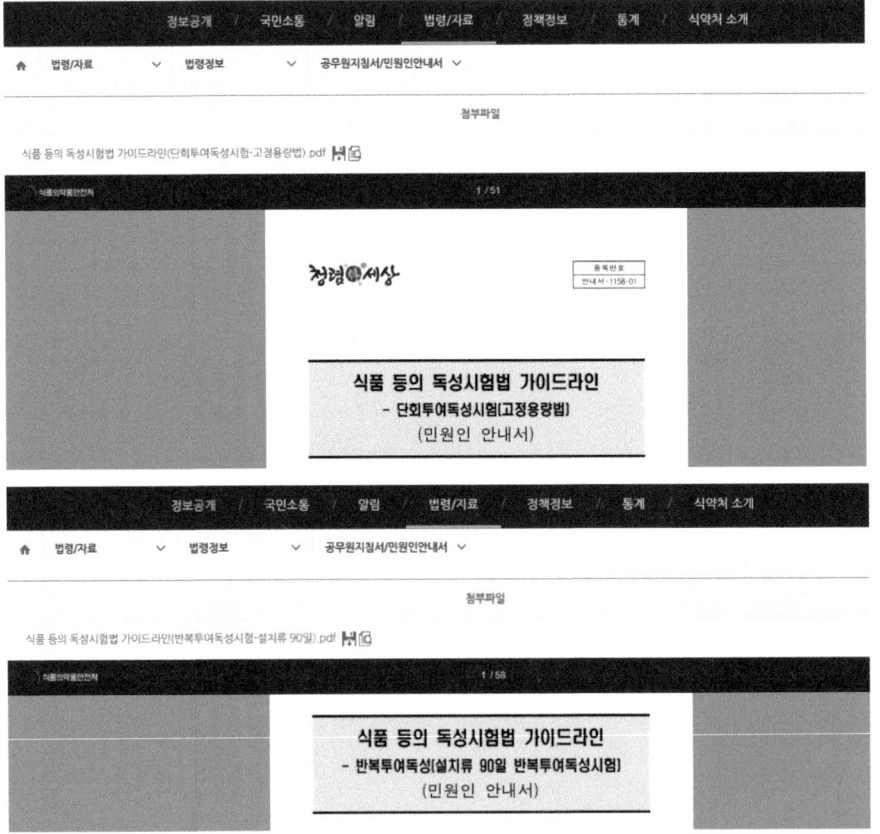

부록 2
위해 크기 측정

위해 크기 측정

1. 유해물질의 인체 노출량과 위해관리

지구 표면에는 중금속 등 수많은 유해물질이 존재하고 있기 때문에 식품 중에 유해물질을 '0'으로 할 수는 없다. 이러한 유해물질이 조금이라도 오염된 식품을 섭취하게 되면 인체에 유해물질은 축적된다.

또한, 환경 변화와 산업 발달은 중금속 등 유해 오염물질의 증가, 기후 변화에 따른 독소를 생성하는 플랑크톤의 증가로 생물 독소의 신종 출현 및 증가, 그리고 생물 다변화에 따른 약제 사용 증가 등으로 유해 오염물질은 지속적으로 증가하고 있고, 이러한 새로운 유해물질은 식품으로 오염될 수밖에 없고 인간의 건강을 위협하고 있다.

자연환경 그 자체를 바꿀 수 있는가?

- 지각(지구표면) 성분 : 중금속
- 자연환경 중 미생물 : 곰팡이독
- 생물의 특성 : 패독, 복어독

생산환경을 위한 생활방식을 바꿀 수 있는가?

- 생활폐기물 등의 처리 : 다이옥신, 폴리염화비닐(PCBs) 등

전통적인 식습관을 바꿀 수 있는가?

- 굽기, 훈연 과정 중 단백질 변성 : 벤조피렌
- 발효과정에서 성분 변화 : 메탄올, 에틸카바메이트
- 튀김과정에서의 성분 변화 : 아크릴아마이드

식품 섭취로 인한 인체 유해물질의 축적노출은 유해물질에 얼마나 오염된 식품을 얼마나 섭취하였느냐에 따라 축적되는 양인체 노출량이 결정될 것이다.

※ 식이로 인한 유해물질 인체 노출축적량 = 식품별 유해물질 농도 x 식품별 섭취량

유해물질의 안전관리에 있어서 유해와 위해의 차이는 무엇일까? 예를 들어, 집 앞 뜰에 있는 뱀은 무서운 유해를 가져오는 유해물질이다. 하지만 그림책 속의 뱀 그림은 전혀 무섭지도 해를 입히지도 않는다. 즉 그림 속 뱀은 유해하지 않다는 이야기다. 분명히 뱀은 인간에게 해를 끼칠 수 있는 유해한 것이지만 그림책 속의 뱀과 집 앞뜰에 있는 뱀은 유해 정도가 다르다. 이러한 유해의 정도확률을 위해라고 한다. 즉 유해를 입힐 수 있는 가능성을 위해가 있다고 말한다. 이렇듯 위해는 유해물질뱀에 노출집 앞뜰에 있는 뱀되었을 때 일어나고 노출되지 않았을 때그림 속 뱀 위해는 일어나지 않는다.

더 구체적으로 예를 들어보면, 어항 속 물고기에게 세제는 유해물질이고, 어항 속에 세제를 넣었을 때 위해는 일어난다. 하지만 위해 정도는 세제를 어항에 얼마만큼 넣었느냐에 따라 다르다. 많은 양을 넣으면 물고기는 죽지만 아주 적은 양은 아무런 영향이 없다.

여기서 세제의 양은 세제의 독성 특성무해 용량, NOAEL에 따라 물고기에 미치는 영향이 다르고, 이것이 식품 중 유해물질에 대한 위해관리의 근간이 되는 것이다.

어항 속 금붕어와 세제 - 위해관리

어항 속 세제 양에 따라 금붕어의 위해 정도가 다름(노출)

세제의 독성 크기에 따라 금붕어의 위해 정도가 다름(독성)

따라서 식품 섭취로 인한 유해물질의 안전관리는 유해물질이 함유된 식품을 얼마나 섭취하였는가를 보면 소비자가 어느 정도의 유해물질을 먹었는지_{유해물질 인체 노출량}를 알 수 있으며, 유해물질의 노출량 관리는 그 축적_{노출}된 양이 인체 건강에 영향을 미치는지를 평가하여 관리하는 것이다.

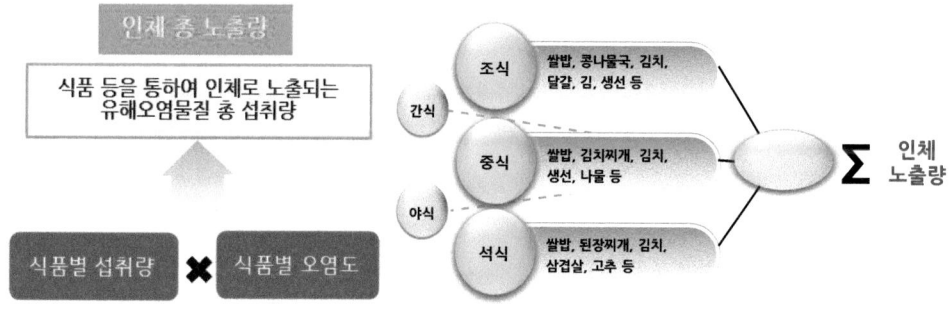

우리 사회는 식품 중 유해 오염물질 검출이 곧 사회적 이슈로 등장하였으며, 식품 중 유해물질 검출량과 그 식품 섭취량으로 보면, 위해하지 않을 수 있음에도 불구하고 검출된 것만으로 위해성 논란이 가중되었다. 이러한 논란은 사회적 이슈로 발전하여 사회적 갈등과 막대한 비용을 유발하여 산업계의 경제적 손실을 주고 있다.

따라서 식품 섭취로 인해 유해물질이 일정량_{독성값, 인체노출안전기준} 이상으로 인체에 축적_{노출}되지 않도록 관리가 필요하며, 유해물질의 인체 총 노출량_{축적량}을 인체노출안전기준_{독성값} 대비 적정한 수준을 유지할 수 있도록 인체 총 노출량을 관리하는 것이다.

유해물질의 안전관리는 식품별 검출량오염도 관리에서 인체 총 노출량유해물질 섭취량 관리 체계로 전환되고 있으며, 그 특성의 비교는 아래 표와 같다.

식품 중 유해물질 함량 관리	유해물질 인체 총 노출량 관리
• 식품별 검출량(오염도) 관리 (위해 예측 불가능) • 소비자의 인체노출 관리 부재 • 식습관 변화를 반영한 유해물질 노출 평가 부재 • 기준 설정 시 안전역 미확보 • 극단 민감 집단 관리 부재	• 유해물질 인체 총 노출량 관리 (위해 예측 가능 → 사전 예방) • 소비자의 인체노출 특성을 반영한 안전관리 • 기후 및 식습관 변화를 반영한 유해물질 과학적 안전관리 • 기준 설정 시 충분한 안전역 확보 • 유해물질 극단 민감 집단 관리 가능

유해물질의 노출량 관리의 장점은 첫째, 식품에서 유해물질의 검출만으로 발생되었던 소비 불안, 기피 현상 등 사회적 갈등 등이 완화된다. 둘째, 환경 변화와 소비자 식습관을 반영한 안전관리이다. 셋째, 일정 식품 극단 섭취군에까지 위해관리가 가능하다. 넷째, 위해와 직접 관계가 적은 규격은 완화 또는 폐지로 사회적 손실 비용 저감 등이다.

유해물질의 인체 총 노출량 관리를 위하여 인체 총 노출량에 근거하여 기준 규격을 설정하여 관리하는 국가 중 독일의 경우, 알루미늄Al의 총 노출량이 인체 안전기준 대비 50%를 초과하자 노출 기여율이 높은 사과주스에 대해 권고기준성인: 사과주스 kg당 알루미늄 30mg 이하, 어린이: 사과주스 kg당 알루미늄 7mg 이하을 마련하여 관리하고 있다.

ex) 최근 독일은 알루미늄 기준은 없으나, 노출량이 독일 국민의 건강을 위해할 수준이라 판단, 우리나라가 수출한 당면알루미늄 함유에 대해 수입 금지 조치를 취한 바 있다.

인체 총 노출량 관리에 대한 제외국 사례

독일의 경우, 과일주스 섭취로 인한 알루미늄 노출량 관리

과일주스 섭취로 인체노출안전기준(PTWI) 대비
50%를 넘지 않도록 알루미늄 함량(오염도) 제한

예
• 평균 섭취시
 － 성인 : 30 mg/kg
 － 어린이 : 7 mg/kg
• 극단 섭취시
 － 성인 : 8 mg/kg
 － 어린이 : 2 mg/kg

2. 유해물질 인체 노출량 평가

(1) 식품 품목별 오염도와 섭취량을 활용한 노출량 조사

식품별 오염도 조사와 식품별 섭취량 조사를 통한 인체 유해물질 총 섭취량노출량 평가한다. 일반적인 노출량 평가 방식은 조리되지 않은 식품[식품원료ingredient, 가공식품processed food]의 유해물질 함량 모니터링 결과와 국민의 해당 식품 섭취량에 근거해 평가한다.

이 노출량 조사는 노출량 관리를 위해서는 가장 필수적인 조사로 기준 설정 식품 품목 결정, 저감화 품목 결정, 식품 안전 섭취 품목 결정 등에 활용한다. 하지만 고비용과 장시간 소요, 인체 실체 축적량과 차이가 있을 수 있다.

- 노출량 산출 방법

유해물질의 인체 노출량은 유해물질의 오염도, 식품 섭취량[95th percentileP95 극단 섭취량 포함], 체중 등을 고려하여 산출한다.

※ 유해물질 1일 인체 노출량 (μg/kg b.w./day)

$$= \frac{\text{식품별 유해물질 함량(mg/kg)} \times \text{인구집단의 식품 섭취량(g/day)}}{\text{인구집단의 체중(kg b.w.)}}$$

- 최근 식생활 패턴을 반영한 식품 섭취량 조사

우리나라는 매년 국민건강영양조사를 하고 있으며, 그중에 식품 섭취량을 조사한다.

(2) 실제 섭취 형태의 총 식이조사를 통한 노출량 조사

조리 후 식이식사별 오염도와 식사량에 따른 노출량을 측정하는 것으로 실제 섭취 형태조리, 가공 등의 형태에 따른 유해물질의 존재 형태를 고려한 오염도 조사를 통한 노출량 평가이다.

총 식이조사TDS를 통한 노출량 평가 방식은 먹기 직전table-ready 상태로 준비된 식단의 유해물질의 함량 모니터링 결과와 우리 국민의 1인 1일 섭취량에 근거해 평가하는 방식으로 실제 식생활에 가장 가까운 노출량 평가 방식으로 알려져 있다.

이 조사는 유해물질 관리 방향 설정 시 주로 이용, 신속한 노출량 조사 시 사용, 저비용과 단시간에 조사 가능1년 정도하다. 하지만 식품별 노출 기여율이나 어떤 식품에 의해 노출되는지를 파악하기 힘들다.

(3) 인체 바이오모니터링을 통한 노출 조사

인체 조직 내 유해물질 조사를 통한 노출량 조사로서 인체 혈액, 뇨, 머리카락 등의 인체 조직에 축적된 유해물질 농도를 조사한다.

※ 바이오 모니터링: 인체 시료혈액, 요, 대변, 모발 또는 모유 등에서 생체지표 물질biomarkers의 농도를 측정하는 것, 노출 평가 방법 중 직접적인 노출 평가 방법임.

이 조사는 가장 현실적인 유해물질 인체 유입량 조사 방법, 식품뿐만 아니라 환경, 물 등에 의한 노출까지 파악 가능하다는 것이다.

3. 유해물질의 인체 노출량 관리

지금부터는 유해 오염물질의 인체 노출량 관리에 대해 자세히 살펴보도록 하자. 유해물질이나 영양소는 인체에 총 섭취되는 양이 인체에 영향 여부를 가르는 중요한 판단 기준이다. 결국 유해물질은 우리 인체에 얼마나 들어왔느냐를 따져야 하므로 우리 몸속에 들어오는 양을 관리해야 한다.

인체 총 노출량 관리 기법은 인체 노출 수준과 식품별 노출 기여율에 따른 노출량 관리 방법에 따라 결정된다.

어느 정도 우리 몸에 들어와야 위해 할까? 바로 인체노출안전기준을 초과하지 않도록 해야 하는 것이 중요하고, 유해물질이 식품으로 인한 것이든 다른 환경에 의한 것이든 간에 인체에 총 노출되는 양이 인체노출안전기준, 즉 독성값을 초과하지 않도록 해야 한다.

그렇다면 식품으로 인해 우리 몸속에 유해물질이 쌓이는 것을 어떻게 관리해야 할까?

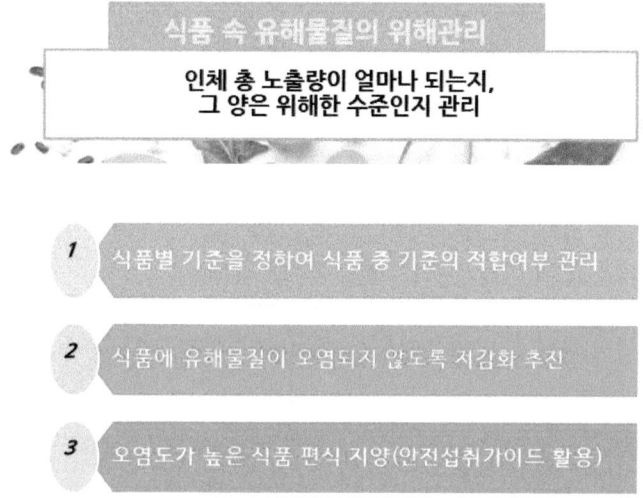

첫 번째로 식품마다 최대 기준을 설정하고 너무 많이 오염된 식품이 섭취하지 않도록 조치하여야 한다. 노출량이 인체노출안전기준을 초과하지 않도록 사전 예방 차원에서 기준 설정, 노출 기여율이 높은 식품 위주로 기준을 설정한다.

식품에 대한 유해물질의 기준을 설정하고자 할 경우 어느 정도의 원칙이 있어야 하는데, 그 원칙을 제시한 것이다.

원칙은 상황에 따라 달라질 수 있으며, 유해물질에 대해 기준 설정할 때는 일반적으로 인체노출안전기준 대비 10% 초과, 노출 점유율 상위 80%까지 기준을 설정한다.

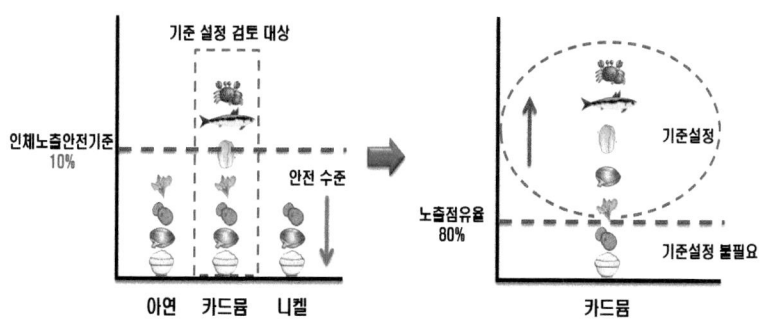

기준 재설정을 통한 노출량의 적정 관리 방법에 대해 가상의 사례를 살펴보겠다.

카드뮴 총 노출량 적정 관리 가상 사례로서 쌀 기준을 재설정한 사례이다.

쌀 중 카드뮴 기준을 0.2ppm에서 0.15ppm으로 재설정 관리하여 상향 조정하였으며, 평균 오염도가 현행 0.017ppm에서 0.007ppm으로 0.01ppm 저감화되었다.

이를 통해 인체 카드뮴 노출량섭취량은 인체노출안전기준 대비 현행 22.7%에서 18.9%로 3.8% 낮아졌다.

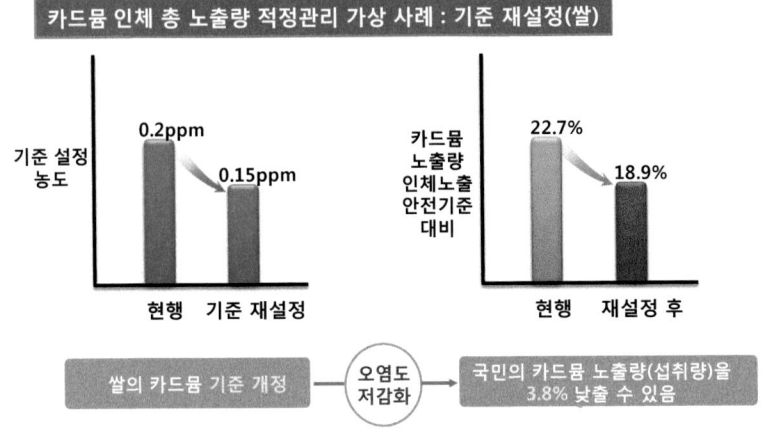

두 번째로 식품에 유해물질이 오염되지 않도록 저감화에 신경을 써야 한다. 제조 공정이나 생산 환경 개선으로 저감화가 가능한 경우 우선적으로 저감화를 추진위해 수준이 높을 경우 기준 설정과 저감화 동시 추진한다. 저감화 후 인체 총 노출량을 평가하여 인체노출안전기준 초과 우려 시 기준 설정을 고려한다.

제조·가공 중 생성되는 유해 오염물질 저감화로 노출량을 관리하는 방법은 인체 위해 우려 물질인 경우 저감화 지침서 제공 등으로 저감화를 추진하고, 저장 중 생성 유해 오염물질의 경우 저장 시설 기준 강화로 저감화할 수 있다. 그리고 저감화 기술이 개발된 물질은 적극적인 기술을 이용하여 저감화를 유도할 수 있다.

제조 공정이나 생산 환경 개선으로 저감화가 가능한 경우 우선적으로 저감화를 추진위해 수준이 높을 경우 기준 설정과 저감화 동시 추진한다. 저감화 후 인체 총 노출량을 평가하여 인체노출안전기준 초과 우려 시 기준 설정을 고려한다.

인체 위해 우려 물질	· 제조가공 기준 강화, 업계 자율 저감화 등
저장 중 생성 유해오염물질	· 저장시설 기준 강화로 저감화 추진
저감화 기술이 개발된 물질	· 적극적인 기술 이전으로 자율 저감화 유도

제조·가공·조리 단계에서 유해물질의 생성을 저감화_{최소량의 원칙 적용}하는 과정은 필요하다.

* 제조·가공·조리 과정에서 발생되는 물질은 ① 벤조피렌 ② 벤젠 ③ 아크릴아마이드 ④ 에틸카바메이트 ⑤ 바이오제닉 아민류 ⑥ 퓨란 ⑦ 헤테로사이클릭 아민류 ⑧ 다환방향족 탄화수소 ⑨ 1,3-디클로르프로파놀(DCP), ⑩ 2-아미노-3,8-디메칠이미다조(4,5-f)퀴녹살린, ⑪ 2-아미노-3-메틸이미다조(4,5-f)퀴놀린, ⑫ 3-메틸클로란스렌, ⑬ 3-MCPD, ⑭ 니트로소디메틸아민, ⑮ 니트로소디에틸아민, ⑯ 니트로소피롤리딘, ⑰ 니트로소피페리딘, ⑱ 아세트알데히드, ⑲ 에틸렌옥사이드, ⑳ 트랜스지방, ㉑ 트리할로메탄, ㉒ 포름알데히드, ㉓ 히스타민 등

마지막으로 무엇보다 중요한 것은 개인의 식품 섭취량 관리이다. 즉 그 식품의 기준에 적합한 식품이라도 오염도가 높은 식품을 편식하지 않아야 한다.

즉 식품은 골고루 섭취해야 하며, 우리는 오염도가 높은 식품이라도 먹지 않을 수 없으니 안전 섭취 가이드를 통하여 적절하게 섭취해야 한다.

예를 들어, 심해성 어류와 같이 메틸수은의 오염도가 높은 식품을 많이 섭취하는 지역 주민의 경우, 1회 섭취 시 200g 이하로 주 1회 이하로 섭취하라는 섭취 권고량을 제시하고 있다.

특히 일정 식품을 극단적으로 섭취하는 사람의 경우, 노출 패턴, 위해 영향, 총 노출량에 따른 위해 수준을 종합 평가하여 극단 섭취 집단의 노출량 감소를 위하여 식품 섭취 가이드라인 등이 필요하다.

식품 중 유해 오염물질 함량은 높은데 그 식품 섭취량이 미미하여 전체 노출기여율이 낮은 식품노출량이 미미한 식품은 일부 소비자, 언론, 국회에서는 기준 설정을 요구하고 있으나, 기준 설정보다는 극단 섭취자를 위한 관리 체계가 필요하다. 극단 섭취자의 경우 노출량이 인체노출안전기준을 초과할 수 있어 소비자가 스스로 섭취를 제한하여야 한다.

식품을 섭취하여 유해 오염물질의 노출량이 인체노출안전기준TDI, PTWI 등을 초과하지 않도록 올바른 식품 섭취 요령을 제공하는 것이다.

예를 들어, 톳은 무기비소 함량이 높은 식품으로 대부분 소비자는 섭취량이 미미하나, 일부 극단 섭취자는 무기비소의 노출량이 독성치인 인체노출안전기준허용량을 초과할 우려가 있다.

식품 안전 섭취 가이드는 기준 설정이나 저감화와 무관하게 필요하다. 일반인과 식품 섭취 방법, 섭취량이 다르고, 영유아 등은 유해물질에 대한 민감도가 달라서 별도의 섭취량 관리가 필요하다.

4. 위해 크기 측정

가. 위해평가 방법 및 절차 등에 관한 규정

위해평가 방법 및 절차 등에 관한 규정

식품의약품안전처 고시 제2018-101호2018. 12.7, 개정

제1장 총칙

제1조(목적) 이 고시는 「식품위생법」 제15조 및 같은 법 시행령 제4조에 따른 식품, 식품첨가물, 기구, 용기·포장, 「축산물 위생관리법」 제33조의2 및 같은 법 시행령

제27조에 따른 축산물, 「화장품법」 제8조제3항 및 같은 법 시행규칙 제17조에 따른 화장품의 위해평가 및 「농수산물 품질관리법」 제68조 및 「유전자변형농수산물의 표시 및 농수산물의 안전성조사 등에 관한 규칙」 제14조에 따른 농수산물 등의 위험평가를 과학적이고, 객관적이며, 투명하게 수행하기 위하여 평가의 방법 및 절차 등에 관한 세부 사항을 정함을 목적으로 한다.

제2조(용어의 정의) 이 고시에서 사용하는 용어의 정의는 다음과 같다.

1. "위해요소"란 식품, 식품첨가물, 기구, 용기·포장, 축산물, 농수산물 등_{이하 "식품등"}_{이라 한다} 또는 화장품에 존재하여 인체 건강에 유해 영향을 일으킬 수 있는 화학적, 물리적, 미생물적 요인을 말한다.

2. "위해평가"_{농수산물 등에 대해서는 위험평가를 말한다. 이하 같다}란 인체가 식품 등 또는 화장품에 존재하는 위해요소에 노출되었을 때 발생할 수 있는 유해 영향과 발생 확률을 과학적으로 예측하는 일련의 과정으로 위험성 확인, 위험성 결정, 노출평가, 위해도 결정 등 일련의 단계를 말한다.

3. "위험성 확인"이란 위해요소를 대상으로 인체 내 독성을 나타내는 잠재적 성질을 과학적으로 확인하는 과정을 말한다.

4. "위험성 결정"이란 동물독성자료, 인체독성자료 등을 토대로 위해요소의 인체 노출 허용량 등을 정량적 또는 정성적으로 산출하는 과정을 말한다.

5. "노출평가"란 식품 등의 섭취 또는 화장품의 사용 등을 통하여 노출된 위해요소의 정량적 또는 정성적 분석 자료를 근거로 인체 노출 수준을 산출하는 과정을 말한다.

6. "위해도 결정"이란 위험성 확인, 위험성 결정 및 노출평가 결과 등을 토대로 위해도를 산출하여 현 노출 수준이 건강에 미치는 유해 영향 발생 가능성을 판단하는 과정을 말하며, 불확실성의 평가를 포함한다.

7. "인체 노출 허용량"이란 식품 등 또는 화장품 및 생활 환경 등을 통하여 위해요소에 노출되었을 경우 현재의 과학 수준에서 유해 영향이 나타나지 않는다고 판단되는 인체노출안전기준을 말한다.

8. "위해지수"란 식품 등에 존재하는 위해요소의 1일 평균노출량을 인체 노출 허용량 등으로 나눈 값을 말한다.

9. "안전역"이란 화장품에 존재하는 위해요소의 최대무독성용량을 1일 인체노출량으로 나눈 값을 말한다.

제2장 식품 등의 위해평가

제3조(위해평가의 대상 및 평가대상인 위해요소) 식품 등의 위해평가 대상 및 요소는 「식품위생법 시행령」 제4조제1항 및 제2항, 「축산물 위생관리법 시행령」 제27조의 제1항제1호 및 제2호 또는 「유전자변형농수산물의 표시 및 농수산물의 안전성조사 등에 관한 규칙」 제14조의 제1항제1호 및 제2호에 따른다.

제4조(위해평가의 방법) ① 식품 등의 위해평가 방법은 다음 각 호와 같다.

1. 위험성 확인: 위해요소에 노출됨에 따라 발생할 수 있는 독성의 정도와 영향의 종류 등을 파악한다.

2. 위험성 결정: 동물 실험결과 등의 불확실성 등을 보정하여 인체 노출 허용량을 결정한다.

3. 노출평가: 식품 등을 통하여 노출되는 위해요소의 양 또는 수준을 정량적 또는 정성적으로 산출한다.

4. 위해도 결정: 위해요소 및 이를 함유한 식품 등 섭취에 따른 건강상 영향, 인체 노출 허용량 또는 수준 및 식품 등 이외의 환경 등에 의하여 노출되는 위해요소의 양을 고려하여 사람에게 미칠 수 있는 위해의 정도와 발생 빈도 등을 정량적 또는 정성적으로 예측한다.

② 현재의 과학기술 수준 또는 자료 등의 제한이 있거나 신속한 위해평가가 요구될 경우 식품 등의 위해평가는 다음 각호와 같이 실시할 수 있다.

1. 국제식품규격위원회 등 국제기구 및 신뢰성 있는 국내·외 위해평가기관 등에서

평가한 위험성 확인 및 위험성 결정결과를 준용하거나 인용할 수 있다.

2. 위험성 결정이 어려울 경우 위험성 확인과 노출평가만으로 위해도를 예측할 수 있다.

3. 식품 등의 섭취에 따른 사망 등의 위해가 발생하였을 경우 위험성 확인만으로 위해도를 예측할 수 있다.

4. 노출평가 자료가 불충분하거나 없는 경우 활용 가능한 과학적 모델을 토대로 노출평가를 실시할 수 있다.

5. 특정 집단에 노출 가능성이 클 경우 어린이 및 임산부 등 민감 집단 및 고위험 집단을 대상으로 위해평가를 실시할 수 있다.

③ 화학적 위해요소에 대한 위해도 결정은 물질의 특성에 따라 위해지수 등으로 표현하고, 국내·외 위해평가 결과 등을 종합적으로 비교·분석하여 최종 판단한다.

④ 미생물적 위해요소에 대한 위해도 결정은 미생물 생육 예측 모델 결괏값, 용량−반응 모델 결괏값 등을 이용하여 인체 건강에 미치는 유해 영향 발생 가능성 등을 최종 판단한다.

⑤ 기타 위해요소의 종류 및 특성 등에 따른 구체적 위해평가 방법은 식품위생심의위원회 위해평가분과에서 정하는 바에 따를 수 있다.

제5조(위해평가의 절차 등) ① 식품의약품안전처장은 제4조에 따라 위해평가를 수행하여야 한다.

② 식품의약품안전처장은 위해평가 수행에 필요한 자료를 국내·외 관련 전문기관, 대학, 학회 등에 요청할 수 있다.

③ 식품의약품안전처장은 위해평가 과정에서 필요한 경우 관계 전문가의 의견을 청취할 수 있다.

④ 식품의약품안전처장은 위해평가가 완료되면 요약, 위해평가의 목적·범위·내용·방법·결론, 참고문헌 등을 포함한 결과보고서를 작성하여야 한다.

⑤ 식품의약품안전처장은 위해평가 결과에 대하여 식품위생심의위원회 위해평가분과 또는 축산물위생심의위원회의 심의·의결을 거쳐야 한다. 다만, 위해평가가 시급한

경우 사후에 심의·의결을 거칠 수 있다.

⑥ 제5항에도 불구하고 기준·규격 설정 시 식품위생심의위원회 또는 축산물위생심의위원회 해당 전문 분야별 분과의 심의·의결을 거친 경우에는 위해평가분과의 심의·의결을 거친 것으로 본다.

제6조(외부기관의 위해평가 요청 등) ① 식품의약품안전처장은 「식품위생법 시행령」 제4조제1항제3호에 따른 소비자 단체 또는 식품 등 관련 학회의 위해평가 요청이 있는 경우 식품위생심의위원회 위해평가분과 또는 축산물위생심의위원회를 소집하여 인체의 건강을 해칠 우려가 있는지 여부를 심의한다.

② 식품의약품안전처장은 식품위생심의위원회 위해평가분과 또는 축산물위생심의위원회의 심의를 위하여 필요한 경우 「식품위생법 시행령」 제4조제1항제3호의 요청 단체 등에 대하여 다음 각호의 자료를 요구할 수 있다.

1. 위해 발생 또는 위해의 가능성에 대한 객관적 입증 자료

2. 위해요소와 그 대상 식품의 종류 및 위해요소 검출 수준

3. 국제식품규격위원회 등 국제기구나 제외국의 규제 현황 및 위해평가 결과

4. 기타 위해평가에 필요한 자료

③ 식품의약품안전처장은 위해평가를 실시함에 있어 「식품위생법 시행령」 제4조제1항제3호의 요청 단체 등에 필요한 자료를 보완 요청할 수 있다.

제4장 권한의 내부 위임 등

제10조(권한의 내부 위임) 식품의약품안전처장은 다음 각호의 사항에 관한 권한을 식품의약품안전평가원장에게 위임한다.

1. 제5조제1항부터 제4항까지 또는 제9조제1항부터 제4항까지에 따른 위해평가 수행, 외부 자료 요청, 전문가 의견 청취 및 결과 보고서 작성

2. 제6조제3항에 따른 자료 보완 요청

3. 그 밖에 위해평가를 위하여 식품의약품안전처장이 필요하다고 인정하는 사항

제11조(세부 지침의 제정·운영) 식품의약품안전평가원장은 이 규정에 저촉되지 않는 범위에서 제10조제1호에 따른 위해평가 수행 등을 위한 세부 지침을 제정·운영할 수 있다.

제5장 보칙

제12조(보고) 제10조 관련 위해평가 수행 등에 대하여 권한을 위임받은 식품의약품안전평가원장은 위해평가 결과보고서 작성이 완료되었을 경우, 이를 식품의약품안전처장에게 보고하여야 한다.

나. 위해평가 지침서

식품 위해성평가 공통 지침서https://www.mfds.go.kr/brd/m_210/view.do?seq=14364는 식품의약품안전처 홈페이지/법령자료/법령정보/공무원지침서에 수록되어 있다.

위해평가 방법 등 위해평가에 대한 모든 절차가 자세히 서술되어 있다.

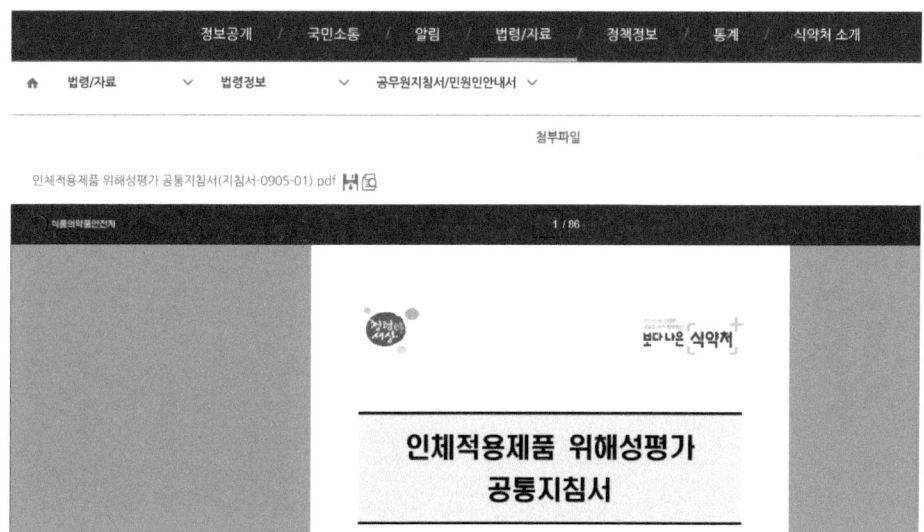

참고문헌

1. 강길진, 식품위해관리개론. 2017, 광문각

2. Coleacp PIP Training manual 1. Principles of Hygiene and Food Safety Management. 2011, Coleacp

3. Coleacp PIP Training manual 3. Risk Analysis and Control in Production. 2011, Coleacp

4. AFSCA (2005). Terminology for hazard and risk analysis according to the Codex Alimentarius. PB 05 - I 01 - REV 0 - 2005 - 30.

5. AFSCA (2007). Risk assessment as a basic process for a formal opinion of the Scientific Committee(General Pragmatic Approach). DRAFT-Version 5: 19-3-07.

6. Coleacp PIP Training manual 5. Regulations, Norms and Private Standards. 2011, Coleacp

7. EPA ORD Research on 《environmental futures》 including 《emeging pollutant》 (USA, www.epa.gov/osp/regions/emerpoll_rep.pdf)

8. FOOD SAFETY MANAGEMENT : http://www.foodsafetymanagement.info/

9. FSS (Food Surveillance System) : http://www.food.gov.uk/enforcement/monitoring/fss/

10. GLOBAL FOOD SAFETY INITIATIVE (GFSI) : http://www.mygfsi.com

11. SAFE QUALITY FOOD INSTITUTE : http://www.sqfi.com/sqf_documents.htm

12. GPHIN : http://www.who.int/csr/alertresponse/en/

13. INFOSAN (OMS) : http://www.who.int/foodsafety/fs_management/infosan/en/

14. RASFF(CE) : http://ec.europa.eu/food/food/rapidalert/index_en.htm

15. 유해오염물질 안전관리 종합계획. 2012, 식품의약품안전처

16. 식품 등의 기준 설정 원칙 및 적용. 2017, 식품의약품안전처 https://www.foodsafetykorea.go.kr/upload/residue/6-1200.pdf

17. 위해성평가 공통지침서. 2019, 식품의약품안전처 https://www.mfds.go.kr/brd/m_210/

view.do?seq=14364

18. 독성학의 이해. 2007, 국립독성연구원

19. 식품안전 위해분석. 2007, 식품의약품안전처

20. 제외국 식품안전 위해분석 지침, 2007, 식품의약품안전처

21. 식품첨가물의 사용기준 설정에 관한 이해. 2011, 식품의약품안전처

22. 식품위해성 평가 방안 연구. 2011, 한국보건사회연구원

23. The Precautionary Principle. 2005, COMEST

24. 제3차 식품의약품 위기대응 국제심포지엄 자료집. –식품의약품 안전 위기대응 사례와 미래대응 전략. 2016, 식품의약품안전처

25. 미국 식품안전 현대화법 http://www.foodnavigator-usa.com/Regulation/FDA-agrees-to-new-deadlines-on-FSMA-final-rules

26. (새로운 식품원료의 안전성 평가 가이드라인) http://www.mfds.go.kr/index.do?mid=689&pageNo=1&seq=11469&sitecode=2016-12-28&cmd=v

27. 위해분석 기반 식품감시의 이해 http://www.nifds.go.kr/nifds/08_part/part01_c_c.jsp?mode=view&article_no=6651&pager.offset=10&board_no=80&default:category_id=20

28. 알기쉬운 독성학의 이해 http://www.nifds.go.kr/nifds/08_part/part10_c_c.jsp?mode=view&article_no=4483&pager.offset=0&board_no=80

29. 식품 등의 독성시험법 가이드라인. 2022. 식품의약품안전처

30. http://www.law.go.kr/식품위생법

31. https://www.law.go.kr/식품안전기본법

32. https://www.law.go.k/축산물위생관리법

33. https://www.law.go.k/건강기능식품에관한 법률

34. 식품공전 http://www.foodsafetykorea.go.kr/portal/safefoodlife/food/foodRvlv/foodRvlv.do

35. 식품첨가물공전 http://www.mfds.go.kr/fa/index.do?page_gubun=1&gongjeoncategory=1&nMenuCode=12

40. 식품원료 한시적 기준 및 규격 제출자료 작성 가이드. 2023, [출처]식품의약품안전처 홈페이지

41. 건강기능식품 안전성 평가 해설서[해설서] http://www.mfds.go.kr/index.do?searchkey =title:contents&mid=1161&pageNo=84&seq=4418&cmd=v

42. 위해평가보고서 https://www.nifds.go.kr/nifds/02_research/sub_09_10.jsp?mode= list&pager.offset=0&board_no=197

43. 위해평가 방법 및 절차 등에 관한 규정. 2018, 식품의약품안전처 http://www.cnpm.re.kr/ board/lib/down.php?boardid=board_data&no=54&num=1

44. 식품등의 한시적 기준 및 규격 인정 기준. 2021. 식품의약품안전처 https://www.mfds.go.kr/ brd/m_1060/view.do?seq=14916

45. https://www.dietitian.or.kr/index.do/영양사협회 교육자료

46. AFSCA (2004). Guide of "Good agricultural practices for food safety", published by the Federal Agency for the Safety of the Food Chain, FASFC (editor-in-chief: Piet Vanthemsche, written by: DG Contrôle, version February 2004).

47. BLANC, D. (2007). ISO 22000 - HACCP and food safety AFNOR Editions, La Plaine Saint-Denis Cedex, 416 pages.

48. FAO & OMS (Codex Alimentarius Commission) (2007). Working Principles for Risk Analysis for Food Safety for Application by Governments. FAO & WHO, first edition. Rome, 33 pages.

49. FSA (2007). Food Standards Agency's international workshop on food incident prevention and horizon scanning to identify emerging food safety risks, organised in cooperation with European. Food Safety Authority, London, 5-6 March 2007

50. ACIA (Agence canadienne d'inspection des aliments / Canadian Food Inspection Agency) : http://www.inspection.gc.ca/

51. BRC GLOBAL STANDARDS : http://www.brcglobalstandards.com/bookshop/

Hazard and Risk in Food Safety
과학과 법리로 읽는 인체 위해성 기반

식품 안전성 이해

| 2024년 | 6월 | 25일 | 1판 | 1쇄 | 인 쇄 |
| 2024년 | 7월 | 5일 | 1판 | 1쇄 | 발 행 |

지 은 이 : 강　　　길　　　진

펴 낸 이 : 박　　　정　　　태

펴 낸 곳 : **광　　　문　　　각**

10881
파주시 파주출판문화도시 광인사길 161
광문각 B/D 4층
등　　록 : 2022. 9. 2 제2022-000102호
전 화(代) : 031-955-8787
팩　　스 : 031-955-3730
E- mail : kwangmk7@hanmail.net
홈페이지 : www.kwangmoonkag.co.kr

ISBN : 979-11-93965-02-3　　93590

값 : 28,000원

한국과학기술출판협회
Korean Science & Technology Publisher Association